班田収授法の復原的研究

服部一隆著

吉川弘文館

目次

凡例

一、養老令については、『日本思想大系　律令』（岩波書店）とその条文番号を使用し、田令21（養老田令21条の意）のように記した。便宜のため田令21六年一班条のように条文名を併記する場合もある。

二、天聖令については、『天一閣蔵明鈔本天聖令校証』（中華書局）を使用した。条文の記載法は下記のとおりである。

① 天聖令の宋令・唐令は『天一閣蔵明鈔本天聖令校証』の条文番号を使用し、宋5条（宋令5条の意）・唐25条（不行唐令25条の意）のように記した。宋令から唐令を復原した部分については宋復原5条（宋令5条から復原した唐令の意）のように記した。

② 唐田令については行論の必要上、筆者の唐令配列復原案の通し番号を使用し、通35〔宋復原5〕条・通27〔唐25〕条のように宋令復原唐令・唐令番号と併記した。複数条を示すときは通し番号のみを記す場合もある。

③ 復原唐令とくに田令・賦役令には便宜上条文名を記した。

三、唐日田令の表記については、本書第一編第二章末の「唐日田令対照史料」に従った。詳細は同所の凡例を参照。

四、従来の復原唐令については、『唐令拾遺』『唐令拾遺補』（東京大学出版会）とその復旧番号を使用した。

五、唐律・唐律疏議については、『訳註日本律令　律本文篇』（東京堂出版）とその条文番号を使用した。

六、延喜式については、『訳注日本史料　延喜式』（集英社）とその条文番号を使用した。

七、参考文献については可能な限り最新のものをあげ、最初に発表された年を初出、異なった版元で最初に刊行された年を初刊とした。また、編者と発行者が同一の場合は編者を省略した。

八、上記以外に使用した史料は下記のとおりである。その他は注に記した。

令集解・令義解・弘仁格抄・類聚三代格・日本三代実録（以上新訂増補国史大系）、日本書紀（日本古典文学大系）、律令（日本思想大系）、続日本紀（新日本古典文学大系）、日本後紀（訳注日本史料）、編年文書・東南院文書（大日本古文書）、通典・唐六典（中華書局標点本）、宋刑統（中国伝世法典・中華書局本）

序章　班田制研究の課題

はじめに

律令法は、東アジアで最初に国家が成立した中国において支配の手段として制定され、隋唐期に律令格式という体系的法典として完成した。(1) 日本古代国家も律令法を基本とした律令制国家として完成したのである。

その律令制国家が経済的基盤としたのが土地公有制度といわれる班田制(班田収授制)である。その内容は、現存する養老令によれば、戸籍に記載された人に対して口分田を支給し(班田)、死後に返還させるしくみで、支給と返還が六年に一度の班田の年(班年)に実施され、その業務は国司が行うこととなっている。これらの規定が班田収授法と呼ばれている。

手本とした中国の均田制が課税対象者を中心に給田するのに対し、班田制は、課税と関係なく給田し、収穫量の三%にあたる租を徴収するという独特の規定があるため、立制の意図については、中国と同様に課税のための経済政策であるとか、農民の生活を保護する社会政策であるというように様々な議論がなされている。

また人民支配に関する主要規定は、大化改新詔に「戸籍・計帳・班田収授之法」を造るとあり、その内容は一般的には上記の養老令の規定によって説明されている。このなかで戸籍・計帳は八世紀前半のものが多数現存するのに対し、班田に関する帳簿等は八世紀前半のものが残存せず、その立制意図とともに謎に包まれている。

班田制の研究史は、虎尾俊哉[2]・村山光一[3]両氏によりまとめられ、とくに村山氏のものは時代背景なども含めて詳細に記されている。その後荒井秀規氏により詳細な文献目録が作成され[4]、二〇世紀の研究については、山尾幸久氏が論点を網羅した著書を記し[5]、小口雅史氏によって通説の枠組みが整理されている[6]。近年では、北宋天聖令の発見により日本令が参照した唐令の概容が明らかになり、班田制に関する日唐令比較や大宝令の復原研究も新展開を迎えている[7]。

村山氏によれば、班田制の研究史は、①班田制成立の時期・意図、②浄御原令における班田制の内容、③大宝田令の復原研究、④班田制崩壊期における実施状況の背景、⑤班田制と律令国家との構造的関連の究明、⑥班田農民の階級的性格の六つに整理される[8]。

本章では、詳細な研究史は村山氏の著書に譲り、上記のうち①・②・③を中心とした班田制に関する法制およびその成立についての主要な研究を整理する。なぜなら、班田制は成文法に基づいた制度であるから、その本質を探るためには、まず法規定自体の分析が必要であり、法規定の内容を理解するためにはその立法の意図を知る必要があるからである。なお、大宝令の復原に関する諸説の紹介は最小限とし、その他は必要に応じて第二編「大宝田令の復原研究」の各章でふれることとする。また、学説の整理は研究の到達点を知るため、主にその完成時のものを取り扱うこととする。

論述にあたっては、画期となった研究により、「一　戦前・戦中に提起された諸説」、「二　虎尾俊哉氏を中心とした戦後の研究」、「三　『日本の古代国家』から天聖令の発見まで」、「四　関連分野の研究と天聖令の発見以後」と区分し、現状における研究の課題を整理する。

一　戦前・戦中に提起された諸説

近代班田制研究の起点となったのは、中国の均田法との比較によって、日本の班田収授法の性質を明らかにし、その前提として班田類似慣行の存在を推測した、内田銀蔵氏による比較経済史的研究であり(9)、その要点は以下の三つである。

第一に、北魏から唐に至る均田法では、人頭課税・労働力の負担に対応して給田するが、日本の班田収授法は、労働力・租税の負担に対応せず、各戸生活の必要を標準として給田し、均田法より均分主義であるとする。

第二に、班田収授法にはすでに土地共産および班田類似慣行が存在したことが推測できるとする。その根拠として、①人民の経済的利害に重大な影響を生ずる制度で従来の慣行に反するものは容易に行われない、②大隅・薩摩のみ旧慣に反して班田収授が実施できなかったことは、他所においては旧慣に反していなかったことを示す、③度地法（高麗尺）・田租（代制《しろ》）が旧慣に準拠しているのに班田収授法のみそれに反していることはありえない、④班田制の施行にあたり唐制を変更しているのは慣行との差異を斟酌したと考えられること、などがあげられている。

第三に、班田類似慣行を探るために近世の田地割替制を検討し、班田制には、①中央政府の認可を経て官司が施行する、②人頭に給田する、③班田の度ごとに田をすべて収めて改めて班つものではない、という特徴があり、近世の割替には、①村内限りの旧慣により執行される、②戸別支給を原則とし、③すべての田を収めて改めて班つ、という相違点があるとする。

ここでは日中の比較により班田制の特徴を導き出すという基本的な研究法から、班田と賦課が対応しないという重要な事実が指摘され、直接証明する根拠がないものの班田類似慣行の存在が想定され、あらゆる角度から検討されている。また近世との旧慣の比較は、班田制とその類似慣行との相違点を探るうえでは示唆的な内容となっている。

ついで比較法制史的研究の側面から、班田制を経済政策としたのが、中田薫氏であり、以下の三論文にまとめられている。

第一に、逸文から復旧した唐令と日本令（養老令）を比較するという方法によって、戸令・田令・賦役令の特徴を論じる。[10] 田令については、国土民衆が数倍であり、経済も発達した唐制をそのまま適応できないため、日本の立法者はそれを模擬しつつ、規模を縮小して国情に適応させたとし、①日本令が口分田のみであるのに対し、唐令では世襲の永業田が給与された、②日本令に位田があるのに対し、唐令では永業田を加増するにとどまる、③日本令には功田という独特の制度がある、④田地の売買について唐日令に差異がある、⑤唐制は毎年田を収授するが、日本令は煩雑を避けるため六年一班の制を定めている、⑥唐では工商に永業・口分を給与したのに対し、日本では工商の規定がないため田地を給与しない、⑦唐では賤民に田地を与えなかったが、日本では口分田を与えた、⑧日本令が唐の屯田を棄てて新たに官田の制を設けた、という留意点を示す。

これらは、日唐令比較の基本的視角を提示したものとして、研究史上非常に重要である。田令については、「模擬」「縮小」のなかに独特の制度があるという観点で論じているのが特徴であるが、時代的制約もあって、養老令と大宝令の差異は考慮されていない点に注意が必要である。たとえば上記の「官田」は大宝令では唐令と同じ「屯田」なのである。[11]

第二に、日中の比較から班田制を経済政策であると論じる。[12] 皇極末期から孝徳初期は、経済史においては秦漢時代にあたるとし、均田制・班田制ともに土地兼併を防止するために各個人に同額の土地を占有させる経済政策であるとする。個人的経済活動の要件である所有権と所得自由の公認に否定的な均田制や班田制は人の性情に反し、経済上の進歩発達を阻害するため、均田制・班田制ともに短期間で廃絶されたとする。発展段階の差を考慮し、所有権の侵害が人の性情に反するとする近代市民法的視点が特徴である(13)。

第三に、口分田を私有田とする土地私有主義学説を提起する(14)。所有権は、歴史的経済的状況に順応して変転する概念であり、絶対無制限性を誇張した近代の概念によって説明するのは本末転倒であって、当時の法律確信によらなければならないとする。律令時代には、田地において国家が所有権の主体であるときは「官」、私人が主体であるときは「主」ということから、当時の土地所有権は地主権・田主権という私有権であり、永代所有権と有期所有権に区別することが適当であるとし、口分田は土地国有の制度ではなく、私有の制度であるとする。

所有権は状況に順応して変転する概念であり、口分田に私有を認めるという見解は重要で、以後の研究に多大な影響を与えることとなる。

仁井田陞氏は、中田氏の土地私有主義学説を継承し、養老令および逸文から復原した大宝令文を唐令の土地私有制と比較する(15)。

比較検討の内容は、①日本令の園地・宅地と唐令の園宅地、②日本令の園地と唐令の戸内永業田、③日本令の功田・位田と唐令の官人永業田、④日唐令の賜田・口分田・職分田、⑤日本令の墓地と唐令および礼の墓田、の五項目にわたり、日本令の土地私有権が唐より多様なことに注目すべきとする。唐では永代的（永業田・居住園宅）か終身的（口分田）かという二区分であるのに対し、日本令では永代的（園地・宅地・大功田）、子孫三代（上功田）、子孫二代（中功田）、子一代（下功田・死王事父之身分地）、自己一生間（賜田・口分田）、期限付きのもの（位田・職分田）という多様性が認められるとする。

仁井田説は、田令全条文にわたる大宝令文を復原したことと、中田氏が「模擬」「縮小」とした田令の継受において、日本令ではなぜ多様な私有権を設定したのかという問題提起をしたことが重要である。

さらに、大化の改新は土地国有とその分配とによって国民間に富の分配を平均にし、一部階級の独占を防ぐことが目的の社会政策であるとの視角が、三浦周行氏によって提起される。[16]

この視角を継承した滝川政次郎氏は、日中の比較により、班田制が社会政策であることを主張する。[17]

まず、班田類似慣行を推定する内田説に反論し、①西洋諸国にあった氏族共産制は日本古代に想定できず、班田法が大化改新以後円滑に行われたのは、国民が土地私有の弊害に苦しんでいて、大化の新政府の勢力が強大であったからとし、②大隅・薩摩の隼人が班田制の実行に反対したのは、大和朝廷の威令が及ばないためであり、③もし慣行によるのであれば、戸籍・計帳などの制度が頽廃しても、班田の制度は残るのではないか、④中国の均田法と日本の班田法に差異点が存在するのは制定の動機が異なっているためとする。

次に日中の相違点について、均田法には、土地を労働力に応じて配分し生産能力を充実させるという経済政策的性格が濃厚であるのに対し、日本の班田法は、豪族の土地兼併を廃して皇室中心の中央集権的国家を樹立するための社会政策的精神のほうが濃厚であるとする。

滝川説は、均田制・班田制ともに経済政策・社会政策的な要素をもつが、班田制においては後者のほうが強いとし、中田説と比較して、班田制の独自性を主張する点が特徴である。

その他、班田制は、班田収授法が定められた大化改新と関連づけて検討されている。

津田左右吉氏は、班田とは、唐の均田制を模範とし、田を国有としてその私有を禁じ、一定の田をある期間を限り民衆に班授する制度であるが、私有財産の観念の発達していた時代に、財産として最も重要な田の私有制を廃し、国有にしたという無理な点があることから、表面的には施行されても、事実においてはその精神が貫徹されなかったとした。(18)私有財産を重視する市民法的発想は中田説に共通している。また津田氏は、大化前代の「氏」が内田氏のいうような西洋における「氏族」ではないことを証明したため、(19)以後は「氏族制」に基づく班田類似慣行の存在を否定することが通説となった。

坂本太郎氏は、まず内田氏の類似慣行存在説について批判し、班田制度が土地私有に反しているとされることに対しては、六歳から終身一定の田を占有し、収穫は租を除いて己の所得になるなら土地への愛着も生じるから、班田法は土地私有とそれほど異なったものではないとする。ついで人民の経済的利害に重大な影響を生ずべき制度が容易に行われたとされる点については、班田法は社会政策的精神をもっといわれるように、人民的利害に少なくとも悪い影響を与えたものではなく、類似慣行をもって説明する必要はないとした。

さらに班田制度の要点は、従来の土地所有の錯雑を整理し、各人に一定の基礎財産を与えてその生活を保障し、豪族の兼併から安全にすることであるとし、大化改新とともに社会政策的な要素があるとした。(20)

昭和に入ると、社会全体のなかでの班田制の位置づけを論じた史的唯物論からの研究も始まる。

渡部義通氏は、班田収授制は「班田農民」に対する口分田の配給を目的とするが、貴族による階級的な集団所有を原則としているとし、班田制の一般的性質は律令国家における租税徴収のための統一的制度であるが、租・庸・調・雑徭・出挙等の負担体系と直接の関係がないとする。(21)

早川二郎氏は、「班田農民」は国家により口分田および若干の園地を支給され、代償として租・庸・調・雑徭の諸義務を負担するとし、彼らは国家の「公民」として保護を受け、国家に隷属しているとする。(22)

渡部・早川論争は、奈良時代が奴隷制か農奴制かという日本古代の社会構成史的位置づけをめぐるものとして著名であるが、口分田班給と租税との関連が理論的に検討され、それが「班田農民」の階級制をめぐる論議に発展したことは重要である。

石母田正氏は、内田氏の班田類似慣行存在説を発展させ、土地所有の発展段階を検討した。

まず、村落の耕地が区画されて、多数の農家の耕地が入り混じっているという錯圃形態は、班田制において各農家に対して村落の各所に小面積の口分田を班給したことによるとする。口分田班給において、耕地の班給額は国家が規定するが、具体的な耕地の班給は村落自身の決定による慣習によっており、それは大化前代には死滅しつつあった耕地の共同所有としての定期的割替の遺制であるとする。(23)

ついで、大化前代の村落における土地所有は、共同体的土地所有から私有権が発達してくる段階を表す、荒蕪地・耕地・宅地園地の三種類であり、その主体は世帯共同体（のちの郷戸に対応）であったとする。(24)そこでは、耕地が永続的な占有となっても世帯共同体内部で各グループ（個別家族）の間に耕地が割り替えられること、世帯共同体全体による開墾とその成員間における分割の併存がありうることも指摘されている。

石母田氏は、内田氏の班田類似慣行存在説および中田氏の土地私有主義学説を総合し、①耕地の錯圃形態から、遺制となっていた大化前代における耕地の定期割替慣行が証明されるとしたこと、②土地私有の段階を地目別に検討したこと、③土地私有の主体となる共同体に言及したことは重要であり、以後の研究はこれら論点の批判を中心になされることとなる。

中世史研究者の清水三男氏は、奈良時代を古代よりも中世に近い「上代」と定義し、律令制が中世を通じて根強く残存していることから、中世研究の出発点が奈良時代にあるとする。(25)

清水氏は、班田収授法について、①村落における耕地配分の慣習に基づいた国家の制度であり、②土地共有制ではなく各郷戸の口分田占有を認めていた、③国民を直接国家生活に結びつけ、国務の一端を分担させる役目を果たした、④班田収授は租庸調を負担する郷戸単位で行われたが、農業経営の基本単位は房戸であり、奈良時代は家族全員農民として国家の租庸調を貢納する日本独特の機構であり、奴隷制ではなかったとする。班田制が国家の制度であることを強調して、奈良時代は中世と連続した「上代」であり、奴隷制ではない独特の時代であったとすることが特徴である。

以上のような近代における班田制研究を初めて単著として整理したのが今宮新氏である(26)。

今宮氏は、班田収授制は、土地公有主義による一般国民の生活保証・福利増進を目的として制定され、理想的社会の実現を期したものであり、経済目的の均田制とは立法の精神が異なるとする。日唐令の比較にあたって「日唐田令の対照」という上下に日唐令条文を対照した表を作成したのも注目される。

また班田制の実施について、令制に準拠したと想像される奈良時代において施行に関する記録が少ないことを不思議であるとし、初めて施行されたときに全面的な耕地収公が行われたのかという問題点も指摘している。また、日本の社会状態・文化程度を十分顧みないで制定されたため廃絶したとする。

以上を整理すると、内田銀蔵氏により、①均田制との比較から班田制の特徴を導き出すという基礎的な方法が提起されたこと、②班田と賦課とに直接の関係がないという特徴が指摘されたこと、③班田制の前提に類似慣行が想定されたことが重要であり、日唐令比較とその歴史的前提を検討するという現在使用されている方法の基礎が確立されたことに着目すべきであろう。ついで、①立法の意図について経済政策説・社会政策説が提起されたこと、②土地公有主義を批判した土地私有主義学説が提起されたこと、③社会全体における班田制の位置づけが検討されたことがあげられる。史的唯物論の立場から班田類似慣行存在説と土地私有主義学説を総合した石母田説、土地公有主義を再確認した今宮説が、この時代の到達点を表した研究であるといえ、以後の研究から判断すると前者のほうがやや有力であった。なおこの段階では、班田制と大化改新の目的はほぼ同一とされている点に注意が必要である。

二　虎尾俊哉氏を中心とした戦後の研究

戦後の古代史学において、班田制研究を主導したのは虎尾俊哉氏であり、その集大成といえる『班田収授法の研究』を中心に論点をまとめてみる。[27]

虎尾氏は、従来班田法が養老令のみによって論じられていたことを批判し、大宝令およびそれ以前の内容を明らかにしなければならないとする。以下、①班田法の内容、②日唐令比較、③立制の意図の三点に整理する。

第一に、各段階の班田法の内容について、まず史料に基づいた考証を行う。養老令では、六年に一度の班田で六歳以上の者に口分田を支給し、死後最初の班田に収公する規定なのに対して、大宝令では生後最初の班田後六年間に死去した場合のみ死後二度目の班田で収公するという相違があるとする。六年一班条にあたる大宝令に「初班死三班収授」という特例規定が復原できるというのが主な根拠である。浄御原令については、大宝二年西海道戸籍が同令に基づくという前提から、大宝令にあった六歳受田の規定がなく、全員受田であったとし、同時に三六〇歩一段制も始まったとする。また戸籍の六年一造制とともに六年一班制が開始されたとする。さらに大化改新において班田収授法は定まったが、戸籍の六年一造制がないことから定期的な収授のない不完全な制度であり、大化直前には水田の私的占有が永続化していたことから、班田類似慣行は存在しないとする。次に法典編纂の流れについては近江令否定説に基づき[28]、大宝令は律令制の総仕上げであって、実質的な確立は浄御原令であるとし、近江令については、編纂はされているがその施行は疑問であり、仮に施行されたとしても浄御原令と比較すると整っていないとする。これらを時系列に沿って整理すると以下のようになる。

大化直前　水田の私的占有が永続化　班田類似慣行なし
大化改新　班田収授法の制定　収授のない不完全な制度
近江令　施行されないか、施行されたとしても浄御原令に比べると整わない
浄御原令　大宝令における実質的な規定の確立
　六年一班制（戸籍六年一造制に伴う）・三六〇歩一段制が成立
　戸籍記載者全員授田制
大宝令　六歳受田制の成立
　初班死三班収授制（生後最初の班田後六年間に死去した場合は収公を延長）
養老令　つねに死後最初の班年に口分田を収公（初班死三班収授制の廃止）

大化改新から養老令に至る各時期の具体的な検討が不足していた旧説に対して、それぞれの変化について考証をふまえて詳論したことは特筆に値するであろう。ただし、六年一班条にあたる大宝令の復原や、大宝二年西海道戸籍が浄御原令に基づくという点については異説も提起されており[29]、確実とはいえない点も多い。さらに、浄御原令が大宝令とほぼ同一であり、近江令との断絶があるとの法典編纂における認識は、田制関連史料から実証されたものではなく、青木和夫氏が提起した近江令否定説[30]の影響が強い点に注意が必要である。

第二に、日唐令を比較すると、均田法が租調制度との対応関係をもっているのに、班田法はまったくこれを無視しているという相違があり、班田法に独自な規定として、①女子給田制、②受田資格の無制限と終身用益制、③郷土法

の設定、④六年一班制、⑤奴婢給田制があり、①②からは、班田額は受田戸の消費食料とのバランスをとろうとしており、③からは同一国内での分配の公平を主としており、④は制度の実施を容易にするためのもの、⑤は奴隷所有者層の土地保有額をそのまま認めたものであるとする。

これらの日唐令比較研究は、「附録　田令対照表」として示されているとおり、田令全条文にわたって実施され、従来とは比較にならない詳細なものであった。漠然と大化改新で成立したとしていた通説を覆して、浄御原令段階を班田制の完成とした意義は大きい。ただし、日本令の規定のうち、唐令にないものが独自規定で実態を伴うものであり、唐令を引き写したものは実施されなかった可能性が高いという論法が目につくが、ここでいう唐令は逸文から復原された『唐令拾遺』(31)所載のものであり、全条文を網羅したものではないため、独自規定自体が明確でないことが問題である。

第三に、班田収授法立制について、①根本的な意図は、農民に直接賦課するためにその基礎を提供することにあり、大化立制当初は戸税主義に基づく賦課の制と対応していた、②浄御原令の制定に至るまでに、賦課の原理が戸税主義から人頭税主義へと変更され、班田法における賦課の制との不対応が生じた、③確立期には村落内の階級分化の進行を阻止する働きを有し、律令国家の収入源の確保とのみみることは十全ではないとする。

立制の意図として、農民に直接賦課するための基礎提供および村落内の階級分化の進行阻止とするのは、社会政策的な視角であるといえる。また賦課の制との不対応が生じたのは戸税主義から人頭税主義へと変更されたためとして解決をはかるが、最終的に不対応を生じることになった理由は明確でない。

その後虎尾氏は、公私田概念の変化について検討し、令本来の用法においては、有主田が私田であり、無主田が公田であったが、天平十五年の墾田永年私財法の発布を契機として、永年私財田と認められた田が私田、それ以外の田が公田とされたとした。[32] これによって「主」が所有権を表し、口分田は私有田とする中田薫氏の説は成立が困難となり、土地公有主義が通説となるのである。

以下は、虎尾説以外の重要な成果を整理する。まず実証面からの検討をあげる。

岸俊男氏は、越前国における口分田耕営の分析から、一郡全郷的な錯圃形態を確認し、これは石母田氏が想定した村落規模の錯圃形態の限界を超えたものであるため、共同体的遺制と関連づけるのは問題であり、その背後に強大な政治権力の存在を考えるべきであるとする。[33] この検討によって、村落規模の錯圃形態が耕地割替慣行の遺制であるという石母田説は、そのままでは成り立たなくなったといえるが、岸氏は、その強大な権力が律令国家権力なのか国造などの地方豪族の統治権力までつながるのかは課題としており、条件を変えれば共同体的遺制であることが成立する余地は残されたといえる。

また岸氏は、条里制（条・里・坪呼称の完備）を前提とした班田図が整備されたのが四証図の筆頭である天平十四年（七四二）とし、[34] 条里制と班田制の成立時期が大きく離れていることが確認された。

ついで弥永貞三氏は、班田制の前提となる口分田の形成について、以前からの水田は、大化以降に強大な国家権力が公功を加えることによって、班田制と切り離せない全国的に統一した規格をもつ条里地割として編成され、口分田特有の耕地形態を整えたとする。[35] また、養老田令の田長条・田租条・口分条という順序から、田の町段を定めたのは田租の徴収が立法上の目的であり、口分田の班給と密接不可分の関係にあることが証明されるとする。[36] 公功を加えた条里地割の形成という口分田の形成過程と、田令の配列から町段・田租と口分田の班給に関係が深いことを指摘したのは、従来漠然と考えられてきたことを論理化したという意味で重要である。

一方、史的唯物論に基づく研究も引き続きなされた。

これまでの土地私有主義学説に依拠した唯物史観研究、とくに石母田説を継承したのが、菊地康明氏である。[37]

まず、班田制の歴史的意義は貴豪族と農民との階級矛盾――大土地私有の抑制策という点にあり、このような国家公権の機能が高次の共同体的機能であり、貴豪族による土地・人民の分割領有という大化前代の体制を改めて、律令国家の統一的支配体制を実現するために施行された政策であるとする。

ついで、班田法は土地の国有化を目指したものではなく、その目的は、貴豪族の農民に対する私的支配（私出挙に伴う不動産質として農民耕地が貴豪族の支配下に置かれること）を断ち切り、階級的隷属関係の再生産を防止することにあったとする。

そして、班田制の目的は、貴豪族と農民との階級矛盾の解消とし、それによって統一的支配すなわち国家的土地所有と租庸調制が成立したとする。階級矛盾の解消という律令国家権力の機能の一現象形態であるとする点が特徴である。ただしその前提として土地の永売を認める点は問題である。[38]

宮原武夫氏は、日本古代において、国家が農民に口分田を割り当てる「アガチダ」と、貴族階級に位田・賜田・職田等を分配する「タマヒダ」と呼ぶ二つの班田収授制が存在したとする。そしてアガチダが国司の職掌に属したのに対し、タマヒダは畿内班田使の職掌であり、タマヒダが浄御原令制下の持統六年（六九二）に成立したのに対し、アガチダは大宝令制下で初めて成立したとする。このような考えにより、班田収授制の本質は、貴族に対するタマヒダの側面にあり、農民に対する班田であるアガチダの側面は副次的なものであると結論づける。[39]

班田収授制の本質は貴族階級に対する給与であるというのは新たな視点であるが、すでに指摘があるように、「アガチダ」と「タマヒダ」の二つの班田収授制があったとするのは、史料解釈に問題があり成立しがたい。[40]

以上を整理すると、まず虎尾説によって、①大宝令の復原や西海道戸籍の活用など基礎的な史料を使用した実証方法が提起されたこと、②それにより漠然と大化期に成立したと考えられていた班田制が、浄御原令段階の確立とされたこと、③土地公有主義が通説化したことがあげられる。その他、①一郡規模の錯圃形態が確認され、それが村落における耕地割替慣行の遺制とする石母田説の根拠が揺らいだこと、②条里制の成立が天平期となり班田制の成立時期とずれること、③口分田の形成には国家的開発が必要であったという論理の問題点が再確認されたことが重要であろう。(41)

とくに班田制と条里制の成立時期にずれがあることが確認され、大化改新で両者が成立したという旧説の枠組みを変更し、どう論理化するかが新たな課題となったといえる。

三 『日本の古代国家』から天聖令の発見まで

このような状況のなか、戦後歴史学の総括的役割を果たした石母田正氏の『日本の古代国家』は、班田制研究にも大きな影響を与えた。(42)

石母田氏は、世帯共同体による耕地に対する私的占有が存在したという旧説を放棄し、一郡規模の首長が共同体を代表し、唯一の所有者となるという、在地首長制説を提起した。

そこでは編戸と班田収授制とが、収取と税制の基礎となっており、班田制の基礎に律令制の国家的土地所有があるとする。班田収授制の全国的実現は浄御原令施行以後で、それ以前の土地所有形態は、ミヤケ等の大土地私有制を除けば、在地首長制の生産関係の一部として存在したとし、口分田が一郡内において錯圃形態をとるのは、郡司に制度化されている在地首長層の公民層に対する階級的権力に基づくとする。

また班田収授制の意図を解明するためには、日本令の規定ではなく、その歴史的前提が問題であるとし、浄御原令の班田制は、公権力による収公を伴わない一回的班田である賦田制が前提であるとする。賦田制は大化前代の在地首長層による「計画村落」の発展であり、戸口数を基準とし、戸を対象として班給されたとする。

石母田氏は、理論面においては、マルクスの『資本制生産に先行する諸形態』に記された総体的奴隷制概念によって、日本古代の社会構成史的位置づけを変更し、社会人類学の概念を応用した在地首長制を提起した。端的にいえば、日本は中国より「遅れて」いることになったのである。実証面においては、青木和夫氏の近江令否定説[43]によって浄御原令を律令制の成立とし、岸俊男氏の一郡規模錯圃形態説[44]により大化前代における村落単位の耕地割替慣行存在説から賦田制説に、虎尾俊哉氏の公私田概念変化説[45]により土地私有主義から土地公有主義説に、それぞれ変更したのである。

ただし、班田制の前提には、国家的開発が必要であるとの理論的前提から、「賦田」制概念を創出したことは問題である。賦田制について、石母田氏が開発の根拠とした「条里制第二層」の存在は確認できず[46]、大町健氏は国家的開墾を指標とした国家的土地所有を示す「公功―公田」という法論理は律令制下に存在しないとしている[47]。また「日本令の規定」にも未解明な部分は多く、検討の余地は十分に残されているので、その点も課題となる。以後この石母田説を中心として、新たな学説が提起されていくことになる。

吉田孝氏は、日唐令を構造的に比較することによって、新たな班田制論を提起した[48]。まとめると以下の五点となる。

第一に、日本の班田制は、中国の均田制がもっていた限田的要素（田地を調査して帳簿に登録し、田地を占有する面積を規制しようとする体制）と屯田的要素（公田とか官田を一定規準で人民に割り付けて耕作させる体制）との二つの側面のうち、後者の屯田制的要素だけを継受したとする。

第二に、隋唐の均田制において、応受田額（田令によって班給すべき田積）は計一〇〇畝（永業田二〇畝・口分田八〇畝）という一般には超えるはずのない占田限度額を設定しており、フィクションを内包している。それに対して日本の田令では、中国の口分田と永業田の二重構造を採用せず、墾田と関連の深い永業田の規定を切り棄て、口分田の規定だけとし、その班給額は実際に班給しようとした目標額と推定されるとする。

第三に、日本の班田法は、墾田を民戸の已受田に組み込むしくみを欠いており、熟田を集中的・固定的に把握する体制であり（熟田主義）、班田制に欠けていた限田的要素は墾田永年私財法によって補完され、未墾地と新墾田を弾力的に規制できるようになったとする。

第四に、日本において「公」は元来共同体的機能を示しており、墾田永年私財法以後に口分田が「公田」とされるのは、百姓を包括する共同体がそのまま律令国家の体制のなかに統合されていたからであるとする。(49) その動因は、田制においては、和銅・養老間の条里制開発が、本格的な班田である天平元年の班田を経由して、墾田永年私財法につながることであるとする。

第五に、「班田収授」は律令制的土地所有制度の重要ではあるが一つの側面にすぎず、墾田永年私財法は田令の全面的否定ではなく、土地に対する支配の深化でもあるとの位置づけをする。

以上では、日唐令比較により、大宝令では唐の限田制・屯田制的要素のうち屯田制要素を継受して熟田主義をとり、墾田永年私財法によって限田制的要素を導入したとする。したがって墾田永年私財法は田令の全面的否定ではないことを実証し、新たに班田収授制から墾田永年私財法への発展を論じるという視点を提起したことが重要である。この考え方は通説化していき、以後律令制とともに班田制は崩壊したとする論考はみられなくなっていく。

また和銅・養老間に条里制地割を伴う国家的開発が実施され、天平元年班田から墾田永年私財法へと支配体制が深化していくとする。そうすると大宝令制定から天平期に至る班田制がどのように展開したのかという課題も残されたように思われる。なお大宝律令に提示された国制の大部分はあるべき目標（いわゆる「青写真」）とされているが[50]、班田制は限田制を継受せず屯田制のみを導入し実態に合わせたとされており、両者の関係も問われるところであろう[51]。

吉村武彦氏は、史的唯物論と日唐令比較研究を融合させ、班田制を国家論のなかに位置づけた[52]。整理すると以下の三点となる。

第一に、日本田令は国家的規制が非常に濃厚であり、唐令と比較すると、①日本令は人格的支配・隷属関係の性格が強く、唐令は課税との関係が濃い、②日本令においては国家的土地所有の性格が強いが、唐令では私有的要素が含まれている、③社会的分業の発展段階差があるという点があげられ、日本令のほうが社会的発展段階が低い法体系であり、国家的土地所有の性格が強いとする。

第二に、上記の国家的土地所有は、国造レベルの首長に体現される共同体的土地所有を基礎にして生成され、律令国家成立期には、画一的な条里制地割の施行を伴う公功を使用した国家的開墾によって維持されていたとする。そしてこのような共同体的規制の作用を介して国家的規制が作用する土地が「公地」と呼ばれるようになり、田図・田籍の作成により行政上の意味をもつようになるとする[53]。

第三に、国家的土地所有を基礎として成立した班田制は、①公民となることで口分田が班給され、②口分田班給によって田租が徴収され、③公民となることで課役の負担が生じるという三点から、公民制によって課役体系と結びついており、公民制（身分制＝国家対人民の人格的支配・隷属関係）が支配体制の基軸であったとする。また、このように考えることによって、日本では田租が田令に規定され課役との関連がうすいことも説明できるとする。

さらに、班田制の歴史的前提としての国造制的土地所有について論じる[54]。

国造制的支配の本質は、重層的な共同体構造を媒介とした国造と民戸との人格的支配・隷属関係の存在であって、領域的な土地支配がそれに付随するとし、①東国国司詔によれば、造籍・校田の任務を行いうる権限が在地首長層にあり、②延喜臨時祭式によれば、国造が給田を含む田地編成の権限を有しているという根拠から、国造制段階における校田・班田を想定する。これは班田類似慣行存在説の再評価といえよう。

上記は、田令研究に条文構成の検討という新たな方法を導入し、①日唐令間に発展段階の差異があること、②国家的土地所有は国造制的土地所有を前提とすること、③班田制は公民制の支配・隷属関係によって課役体系と結びついていること、などの点を指摘し、国家的土地所有のなかに班田制を位置づけた画期的なものである。また史料用語としての「公地」を検討し、「通説」による「公地公民制」の非歴史性を指摘したことも重要であり、[55]これによって班田制の目的を公地公民制の導入とすることは不可能となったといってもよい。

吉村説は、石母田氏が『日本の古代国家』で提起した土地所有論を批判的に継承した研究であり、現在最も整った国家的土地所有論に基づく班田制論であるといえる。ただし歴史的前提を重視するという立場から、大宝令の復原など虎尾説に依拠した部分が多く、『延喜式』の規定から国造制的班田制を想定することは不可能とする吉田晶氏の批判[56]も存在し、実証面では課題を残している。

伊藤循氏は、吉村説を展開させ、国家前段階の国造制的土地支配が村落首長の私富追求によって動揺し、その止揚のために在地の共同体的秩序（一郡規模の在地首長制）に結びつく公民制と、基盤となる班田制が成立するとし、班田制は個々の共同体成員を国家的・身分的に編成することによって可能となったとする。[57]大町健氏と共通する第三権力論に基づく国家成立史観[58]が特徴であり、身分的編成が班田制を可能とするということは法解釈の論理としては成立するが、村落首長の私富追求への対策として、班田制が成立したということを証明するには根拠となる史料もなく非常に困難であろう。

これらの公民身分への編成を重視する説に対して、開発（再開墾）を重視すべきという説もあり、坂江渉氏は、「天下立評」による国家的な開発——未墾地の開発と荒廃田の再開発——が編戸制の確立よりも先行し、班田制成立の前提条件となるとする。(59)『日本書紀』の記載から推論しているが、根拠となる史料が少なく、証明は困難である。

その他吉村氏は、大宝田令荒廃条に一般農民の開墾権を表す「百姓墾」の規定が存在するとし、以後の研究に大きな影響を与えている。(60)

河内祥輔氏は、律令制成立期は低位の発展段階であるとする班田制論を展開する。(61)要点は以下の三点である。

第一に、班田収授制の基盤は、大宝令あるいは浄御原令の施行とともに一挙に形成されたのではなく、死亡者の墾田が徐々に収公されることによって成立したとする。そして天平元年班田が制度的起点となり、奈良時代を通してのいわゆる四証年（天平十四年〈七四二〉～延暦五年〈七八六〉）の時期が、班田収授制の最も典型的な時代であったとする。

第二に、私的土地所有の発展を七世紀に認めることはできず、律令制成立期の土地所有関係は、社会発展史的にみて、いまだ相当低位の段階にあったと想定でき、律令制下においても、墾田主が占有する墾田に対してもつ権利は用益権にとどまるとする。

第三に、均田制において、戸には経営体的な性格が認められるのに対し、班田収授制には、戸を経営体として位置づけようとする志向が希薄であり、班田収授制の目的は、郡が掌握する人口に見合った面積額の田地を口分田として確保することにあり、在地首長制の生産関係を基礎に成立したとする。

河内氏が律令制成立期を低位の発展段階とするのは、日本古代の社会構成史的位置づけを総体的奴隷制に変更した石母田説の発展として一理ある考え方である。ただし班田収授制の基盤となる口分田が墾田の収公により形成されることの前提として、百姓墾田の収公制が大宝令施行とともに存在したことは証明されていない。

また氏は『令集解』古記の分析から、班田に関する規定が「六年一班」であり、それに基づく班数呼称が基数（一班―二班―三班…）で表現されたのに対し、収授に関する規定が「三班収授」であって、その収授の回数の呼称には序数（初班―再班―三班…）が使われたとする。(62)しかしこの説は論証過程が複雑すぎて成立は困難である。(63)

石上英一氏は、在地首長制論を基にして田制研究に日唐令の条文群配列比較という新たな方法を導入した。(64)まず所有とは生産関係の総体として定義されなければならず、日本古代においては、首長制の生産関係（首長と共同体成員の支配隷属関係）の歴史的特質を考察することであるとし、財政のための収取のあり方は、直接に生産関係の内実を示さないことを指摘している。ついで田令については、条文群配列の改変によって、唐令における完成された給田体系から班田収授法体系を作成したとし、土地所有の二次的形態である班田収授制の基盤に存在する一次的形態としての「首長制の生産関係」の内実を直接究明することは困難であるとする。

律令に規定された租税が、「首長制の生産関係」の内実――首長が共同体成員から収取する論理――を示さないという指摘は重要であり、班田制の実施（班田・収授）は、いかなる形態をもつのか再考する必要があるだろう。また条文群配列の改変により日本令の法体系を分析するという方法は、養老令の配列に準拠していた旧説より合理的である。ただし、復原根拠とされた『通典』による条文群引用の方法についての検討は必要であろう。(65)

村山光一氏は石母田氏の賦田制論を展開させ、一回的給田である「アカチダ」が存在したとする説を提起している。まず、班田収授とは「班」と「授」が重複した表現であり、大宝令では「収授」が「収」の意味で使用されていることから、大宝令制定者は、口分田の支給には「班田」を、収公には「収授」という表現を用いることとしたとする。

その理由として「班田」という用語が支配者層のなかで長期間にわたって使用されていることをあげ、その前提に土地制度の存在が推定できるとする。(66)

次に、「アカチダ」制は収授の規定がない一回限りの水田分給であり、国家的土地支配が行われている地域で実施され、(67)大化前代には、「移住・開発型の屯倉」において行われており、五世紀代に天皇供御造食料田の一部において行われたものが起源であるとする。(68)

「班田収授」という字句に重複があり、「班田」が以前から使用されていたという点は説得的である。しかしそこから水田分給の制度を想定することには論理的飛躍があり、出挙的経営のようなものとどのように異なるのか説明が必要であろう。

『日本の古代国家』以後も、虎尾説に関する論考が出されているので、その代表的なものをあげる。

梅田康夫氏は、浄御原令画期説に基づいた班田収授制の成立を論じる。(69)制度的な班田収授制の成立には、定期的な班給と収公が全国的な規模で実施される必要があり、その前提条件として、①全国的な規模での定期的な造籍・校田、②造籍・校田・班田の実務担当者が編成された官制機構、③編纂法典が必要であり、天武・持統朝の浄御原令段階に求めることができるとする。

また、①『日本書紀』には持統四年から全国的な規模での賜田記事があること、②『続日本紀』では「壬申功封」が天武朝に賜与されるのに「壬申功田」が持統朝に賜与されることからも、班田収授制の施行は持統朝の浄御原令段階であるとする。

賜田記事を根拠としたのは新見解であるが、全体の構想は浄御原令を体系的法典とする青木説に依拠しているといえる。

岸俊男氏は、出土木簡によれば大宝令以前の度地法は代制であり、一〇〇代の地割が基本であるとして、虎尾氏の浄御原令における一町＝三六〇歩説に疑問を呈した[70]。

明石一紀氏は、大宝・養老令における口分田の六歳受田制説を否定し、受田資格がないことを主張した[71]。田令口分条の「五年以下不給」という表記について、「年」「歳」の用例調査によって、「五年」が年齢表記でなく、年度か期間を示す場合に限って用いられているとし、大宝二年西海道戸籍の「受田」対象者に年齢制限がみられなかったのも大宝令において口分田班給に年齢制限がなかったためであるとする。

明石説は、虎尾氏も疑問とした「五年以下不給」という字句の説明としては単純明快であり、説得力をもつものといえる。ただし六年一班条との関連など田令全体の説明に及んでいない点に、課題を残したといえる。

ついで、均田制との比較で、賦課と給田が対応しているかという問題は、戸が小経営体である家を基礎としていたかという構造的な相違によるものであり、班田制がより原始的な社会に適合的な方式であることから発展段階の相違に基づくとする[72]。これは先の河内説とほぼ共通する認識といえるだろう[73]。

鎌田元一氏は、従来認識が不十分であった田籍について、初めて本格的に検討した[74]。戸籍（一般公戸籍）とは戸主に属する人間の籍であり課役の基本台帳であって、田籍（一般口分田籍）とは戸主に属する田地の籍であり田租徴収のための基礎台帳であるとし、律令国家の公民支配は、戸籍と田籍を一体的基礎として成り立っていたとする。それに対して田図は田籍の欠陥を補うものとして田地の所在地に即してまとめられており、両者は編成原理が異なるとする。さらに田籍は田図より先行して、大宝令の規定に基づき、その制定時にさかのぼると想定しているようである。

田籍と田図の質的な違いを指摘したことは重要であるが、現存最古の田籍が天平十四年であることから[75]、田籍が大宝令制定時にさかのぼることが証明されたとはいえないだろう。

ついで鎌田氏は、大宝二年西海道戸籍において、戸籍登載者全員が受田者とされ、男女奴婢別に年齢を問わず同一の班給額が適用されているということは、この戸籍が大宝令の規定に基づいた西海道における（それ以前も含めた）最初の班田であったとしか説明できないとする。(76)これにより西海道戸籍によって浄御原令が復原できるとする虎尾説は根拠を失ったといえる。

以上を整理すると、『日本の古代国家』においては、①虎尾説の新たな公田論を採用したことにより、土地公有主義が定説化したこと、②総体的奴隷制に基づく在地首長制論を提起したことから、日本古代の発展段階は低く、律令制成立期に私的土地所有の成立を認めない説が主流となったこと、③班田制の前提として設定した賦田制について議論が続出したことが特徴としてあげられる。賦田制の批判的継承としては、国造制的班田制論、「アカチダ」論が、法的説明としては身分編成論が提起されている。

そのなかでとくに注目されるのが、大宝令は唐令の屯田制的要素のみを導入し、墾田永年私財法において唐令の限田制的要素を導入したとする吉田説と、国家論のなかに班田制を位置づけ、その前提に国造制的班田を設定した吉村説である。また班田収授法から首長制の生産関係の内実を探るのは困難とした石上説は、班田制の実施がいかなるものであるか、律令の規定にはない、何らかの仮説の提起が必要なことを示唆したといえる。

その他実証面については、虎尾説の浄御原令班田制説の中核をなす、一町＝三六〇歩の田積法、六歳受田制、大宝二年西海道戸籍の三点に変更を迫る有力な研究が続出し、再検討の必要が生じている。さらに田籍の成立時期という新たな問題も提起された。

この時期までの論点は、山尾幸久『日本古代国家と土地所有』に整理されている。(77)

四　関連分野の研究と天聖令の発見以後

前節までで二〇世紀における班田制の研究を整理したが、本節では関連する諸分野を代表する研究成果をあげ、班田制研究に重要な史料である天聖令発見以後の研究を整理する。

第一に、条里制研究の進展である。班田図の成立が天平期であるとの岸説を受けて、金田章裕氏は、従来の条里制が班田収授と関連づけて研究されていたのに対し、条里制の必要条件である条里地割と条里呼称法の両者が成立するのは八世紀中頃であるとし、これを「条里プラン」と命名している[78]。また発掘成果によれば、条里地割が確認されるのは主に「条里プラン」より遅れた平安時代以後であり、八世紀に施工が進んだ可能性はあるが、先行する地割の重層は確認されていないとする[79]。したがって、班田制の前提に代制・条里制の地割を想定する考え方に考古学的な根拠はないということになる[80]。近年では八世紀中頃の土地管理に班田図がいかに利用されたかという実証的な研究も始まっている[81]。

第二に、出土文字資料の発掘成果である。①岸俊男氏により大宝令以前は「代制」であるとの提言がなされたが[82]、現在でも明確に町段歩制を示すものは発見されていない、②七世紀中頃から八世紀前半の木簡には、班田制等の国家的土地制度を示すと思われるものがなく、七世紀後半に中心となっているのは荷札・出挙木簡であり、未分化である「調（贄）」・「養」（合わせて調〈ミツキ〉と呼ぶ）の荷札木簡は天武期のものが確認されている[83]、③長屋王家木簡の発掘によって、長屋王が高市皇子の御田・御薗などの家産を継承した可能性が高まり[84]、律令田制によって土地制度が一挙に施行されたということに疑問がもたれるようになった、ということがあげられるであろう。

第三に、国府・郡家といった地方官衙の発掘成果である。従来漠然と国府・郡家は律令制成立期から存在したと考えられてきたが、近年の発掘成果によると、郡庁の成立が七世紀後半以後であり、左右対称の定型的な国庁の成立が八世紀前半から中頃であって、八世紀初め頃までの地方支配が郡家（大宝令以前は評家）を拠点として在地豪族の伝統的支配力に依拠していたことが推測されている。[85]

上記をまとめると、①班田制と関連づけられていた条里制、②田制を記した出土文字資料、③定型的な国庁の三つが七世紀末には一般的に存在しないことになる。つまりは、大宝令制定時において班田制の施行を直接示す一次史料が確認できず、班田を実施する国司の拠点である国庁も確立していないというのが現状なのである。これに対して、七世紀後半の宮都において、飛鳥浄御原宮以後の遺構は明確で、[86]荷札木簡も多く出土しており、[87]地方においても出挙木簡は出土している。[88]これらを総合すれば、七世紀後半において中央と地方における支配の拠点である宮都と郡家（評家）、およびそれを維持するための調（ミツキ）と出挙の存在が明確になったのに対して、大宝令制定時に地方支配の拠点である国庁およびそれを維持するための田制は確認できていないということになる。

これらの事実は、日本古代の発展段階は低く私的土地所有が成立していないという考え方と合致しており、浄御原令田制の根拠が揺らいできたことをあわせると、七世紀後半から八世紀前半における班田制とその実施については、再検討の必要が生じてきたといえるだろう。

石母田氏が提起したように、班田制の意図解明には、その歴史的前提を問題とすべきというのであれば、上記の要素を組み込む必要があるだろう。

このような状況のなかで、一九九九年に中国において発見・公表された北宋天聖令のうち、田令が他令に先駆けて日本に伝えられた。[89]天聖令は宋代の令であるが唐令を基礎として作成されていることから、大宝令が手本とした唐令の全貌をうかがうことが可能となった。ここに日唐令比較においても新展開が生まれたのである。

そこで明らかになったのは、養老令のほぼすべてについて対応する唐令条文があるという事実である。これは日本令で作成された独自条文がほとんど存在しないことを明確に示し、『唐令拾遺』に依拠して六年一班条などの多くの独自条文を想定してきた従来の研究に根本的な再検討を迫るものである。たとえば虎尾説に多い、日本令の規定のうち唐令にないものが独自規定で実態を伴うものであり、唐令を引き写したものは実施されなかった可能性が高いという論法を用いると、田令はほとんど実施されなかったということになりかねない。

そこで本書では、新発見の天聖令を使用した新たな大宝令班田収授法の復原的研究を行うことを目的とする。まず第一編において、論証の中核となる天聖令研究の方法について論じる。第一章では天聖令研究の現状を総括して全編にわたる唐令復原や日唐令比較に関する基礎的な問題点を指摘し、第二章では天聖令から復原した唐田令と日本田令を具体的に比較して、唐令を基礎として大宝令・養老令がどのような意図で編纂されたかその形式的な側面を明らかにする。ついで第二編では、第一編で明確にした基礎的な事実に基づき、天聖令を使用した新たな大宝田令条文の復原を行う。第一章では班田収授法に関する基礎的条文とされる六年一班条を、第二章では六年一班条と関係の深い口分条の受田資格規定を復原し、その法意について論じる。第三章では農民の土地所有に関する重要条文である荒廃条について復原し、いかなる段階の法として規定されたか、その意義を述べる。第三編では、第二編における大宝令復原を受けて、古代田制の特質について論じる。第一章では大宝令以後に展開する土地管理制度としての田制に関わる「水田」と陸田について明らかにする。第二章では上記の検討を総合したうえで日唐田令の内容を比較し、班田収授法の成立とその意義について論じる。

天聖田令については、早くに唐令には庶人永業田に関する規定が存在せず、大宝田令荒廃条から墾田を班田収授制の体系に組み込むしくみがあったことが論じられ、[90]大谷文書の検討とあわせて、日本の班田収授法は唐の狭郷における均田制規定を継承したものであるということが主張されている。[91]

さらに近年三谷芳幸氏は班田手続きの分析によって、班田制の施行が首長制的支配を解体して経営体としての戸を形成させる目的であり、校班田は首長制的支配を否定・超克しようとする事業でありながら、首長制的支配の衰退によってその現実的な基盤を失うことになったとする注目すべき見解を提起し、[92]班田には土地分配機能と土地認定機能があり、一〇世紀前葉には前者が限定的に残存するのに対し、後者がかなりの程度維持されていたとする。[93]

その他、天聖令の発見を重視せず浄御原令で成立した令制班田は国境確定事業による国・評の領域区画化と庚寅年籍の領域的な「里」の編成によって可能となったとする説も提起されており、[94]新たな田令荒廃条の復原による大土地経営論も始められている。[95]その他、延喜式の班田手続きは八世紀後半に成立したことも指摘されており、[96]大宝令段階における班田収授法研究の意義はいっそう高まったといえよう。

天聖令の使用法には、上記のように様々な可能性が想定できるが、筆者は天聖令から復原した唐令を日本令作成のための手本と位置づけ、そこから大宝令・養老令作成の意図を探るという方法をとることとする。「はじめに」で述べたとおり、現段階では法規定自体の分析が先決との立場をとるからである。

注

（1）滋賀秀三「法典編纂の歴史」（『中国法制史論集 法典と刑罰』創文社、二〇〇三年）。
（2）虎尾俊哉「緒論」（『班田収授法の研究』吉川弘文館、一九六一年）。
（3）村山光一『研究史班田収授』（吉川弘文館、一九七八年）。
（4）荒井秀規「律令制的土地制度関連研究文献目録」（滝音能之編『律令国家の展開過程』名著出版、一九九二年、初版一九九一年）。
（5）山尾幸久『日本古代国家と土地所有』（吉川弘文館、二〇〇三年）。

(6) 小口雅史「古代」(渡辺尚志他編『新体系日本史3　土地所有史』山川出版社、二〇〇二年)。
(7) 第一編第一章「天聖令研究の現状」を参照。
(8) 村山氏は①〜⑥の下に小項目を付している。試みにあげると下記のとおりである。①班田制成立の時期・意図(i大化改新研究との関連・ii授田と賦課の不対応・iii口分田の経済的価値)、②浄御原令における班田制の内容(i西海道戸籍・ii田積法)、③大宝田令の復原研究(六年一班条)、④班田制崩壊期における実施状況の背景(i班田制崩壊の過程を全体として把握・ii律令体制崩壊の視点)、⑤班田制と律令国家との構造的関連の究明、⑥班田農民の階級的性格。
(9) 内田銀蔵「我国中古の班田収授法」(『日本経済史の研究　上』同文館、一九二一年)。
(10) 中田薫「唐令と日本令との比較研究」(『法制史論集一』岩波書店、一九二六年、初出一九〇四年)。
(11) 大宝令の復原研究は、その後中田氏本人により開発された。中田薫「養老戸令応分条の研究」(『法制史論集一』注(10)、初出一九二五年)。
(12) 中田薫「日本庄園の系統」(『法制史論集二』岩波書店、一九三八年、初出一九〇六年)。
(13) 永原慶二「歴史意識と歴史の視点」(『歴史学叙説』東京大学出版会、一九七八年、初出一九七五年)。
(14) 中田薫「律令時代の土地私有権」(『法制史論集二』注(12)、初出一九二八年)。
(15) 仁井田陞「日本律令の土地私有制並びに唐制との比較―日本大宝田令の復旧―」(『補訂　中国法制史研究　土地法・取引法』東京大学出版会、一九八〇年、初出一九二九・三〇年)。
(16) 三浦周行「中古の社会問題」(『国史上の社会問題』岩波文庫、一九九〇年、初刊一九二〇年)。
(17) 滝川政次郎「土地制度より観たる農民の生活」(『律令時代の農民生活』刀江書院、一九六九年、初刊一九二六年)。
(18) 津田左右吉「大化改新の研究」(『津田左右吉全集三』岩波書店、一九六三年、初出一九二九―三一年)。
(19) 津田左右吉「上代の部の研究」(『津田左右吉全集三』注(18)、初出一九二九年)。
(20) 坂本太郎『坂本太郎著作集六　大化改新の研究』(吉川弘文館、一九八八年、初刊一九三八年)。
(21) 渡部義通「律令制社会の構成史的位置」(『古代社会の構造』三一書房、一九七〇年、初出一九三七年)。
(22) 早川二郎「王朝時代庄園制度発生の諸前提」(『早川二郎著作集2　日本古代史研究と時代区分論』未来社、一九七七年、初出一九三七年)。

(23) 石母田正「王朝時代の村落の耕地」(『石母田正著作集一　古代社会論Ⅰ』岩波書店、一九八八年、初出一九四一年)。
(24) 石母田正「古代村落の二つの問題」(『石母田正著作集一　古代社会論Ⅰ』注(23)、初出一九四一年)。
(25) 清水三男『清水三男著作集一　上代の土地関係』(校倉書房、一九七五年、初刊一九四三年)。
(26) 今宮新『班田収授制の研究』(竜吟社、一九四四年)。
(27) 虎尾俊哉『班田収授法の研究』(注(2))。その後の検討による修正は、同『日本古代土地法史論』(吉川弘文館、一九八一年)にまとめられている。
(28) 青木和夫「浄御原令と古代官僚制」「律令論」(『日本律令国家論攷』岩波書店、一九九二年、初出一九五四・六五年)。
(29) 六年一班条には多数の復原案が提起されている(第二編第一章参照)。西海道戸籍に関する虎尾説への反論は、田中卓「大宝二年西海道戸籍における「受田」」(『田中卓著作集6　律令制の諸問題』国書刊行会、一九八六年、初出一九五八年)が早いものである。
(30) 青木和夫「浄御原令と古代官僚制」「律令論」(『日本律令国家論攷』注(28))。
(31) 仁井田陞『唐令拾遺』(東京大学出版会、一九六四年、初刊一九三三年)。
(32) 虎尾俊哉「律令時代の公田について」(『日本古代土地法史論』注(27)、初出一九六四年)。
(33) 岸俊男「東大寺領越前庄園の復原と口分田耕営の実態」(『日本古代籍帳の研究』塙書房、一九七三年、初出一九五四年)。
(34) 岸俊男「班田図と条里制」(『日本古代籍帳の研究』注(33)、初出一九五九年)。
(35) 弥永貞三「律令制的土地所有」(『日本古代社会経済史研究』岩波書店、一九八〇年、初出一九六二年)。
(36) 弥永貞三「条里制の諸問題」(『日本古代社会経済史研究』注(35)、初出一九六七年)。
(37) 菊地康明「律令制土地政策と土地所有」(『日本古代土地所有の研究』東京大学出版会、一九六九年)。
(38) 吉村武彦「賃租制の構造」(『日本古代の社会と国家』岩波書店、一九九六年、初出一九七八年)によって批判されている。
(39) 宮原武夫「班田収授制の成立」(『日本古代の国家と農民』法政大学出版局、一九七三年、初出一九七〇年)。
(40) 虎尾俊哉「三たび浄御原令の班田法について」(『日本古代土地法史論』注(27)、初出一九七二年)は、「アカチダ」と「タマヒダ」は訓みの違いにすぎないとする。
(41) なお、この時期までの到達点は、弥永貞三「律令制的土地所有」(『日本古代社会経済史研究』注(35)、初出一九六二年)、宮本救「律令制的土地制度」(『律令田制と班田図』吉川弘文館、一九九八年、初出一九七三年)に整理されている。
(42) 石母田正『日本の古代国家』(岩波書店、一九七一年)。
(43) 青木和夫「浄御原令と古代官僚制」「律令論」(『日本律令国家論攷』注(28))。
(44) 岸俊男「東大寺領越前庄園の復原と口分田耕営の実態」(『日本古代籍帳の研究』注(33))。
(45) 虎尾俊哉「律令時代の公田について」(『日本古代土地法史論』注(27)、初出一九六四年)。
(46) 井上和人「条里制地割年代考」(『古代都城制条里制の実証的研究』学生社、二〇〇四年、初出一九九四年)は、発掘成果によれば条里の重層は確認できないとする。
(47) 大町健「律令国家論ノート」(『日本古代の国家と在地首長制』校倉書房、一九八六年)。
(48) 吉田孝「編戸制・班田制の構造的特質」(『律令国家と古代の社会』岩波書店、一九八三年)。
(49) この部分は、吉田孝「「律令国家」と「公地公民」」(『律令国家と古代の社会』注(48))による。
(50) 吉田孝「律令国家の諸段階」(『律令国家と古代の社会』注(48)、初出一九八二年)。
(51) 大津透「唐の律令と日本—日唐律令財政の比較—」(『日唐律令制の財政構造』岩波書店、二〇〇六年)では、上部構造は中国化(文明の移植)で、下部構造は固有法の継承としてとらえるべきとする。
(52) 吉村武彦「律令制国家と土地所有」(『日本古代の社会と国家』注(38)、初出一九七五年)。
(53) この部分は、吉村武彦「土地政策の基本的政策」(『日本古代の社会と国家』注(38)、初出一九七二年)による。
(54) 吉村武彦「律令制的班田制の歴史的前提について—国造制的土地所有に関する覚書—」(井上光貞博士還暦記念会編『古代史論叢 中』吉川弘文館、一九七八年)。
(55) 吉村武彦「古代社会と律令制国家の成立」(『日本古代の社会と国家』注(38)、一九九六年)。
(56) 吉田晶「古代の土地所有」(『日本古代村落史序説』塙選書、一九八〇年)。
(57) 伊藤循「日本古代における身分と土地所有」(『歴史学研究』五三四、一九八四年)。
(58) 大町健「古代村落と村落首長」(『日本古代の国家と在地首長制』注(47)、一九八六年)。
(59) 坂江渉「律令国家成立期の開発政策と建評」(『神戸大学史学年報』四、一九八九年)。
(60) 吉村武彦「大宝田令荒廃条の復旧と荒地の百姓墾規定について」(『歴史学研究月報』一四三、一九七一年)、同「律令体制と分業体系」（永原慶二他編『日本経済史を学ぶ　上　古代・中世』有斐閣、一九八二年）など。百姓墾の問題については、第二編第三章「大宝田令荒廃条の復原」を参照。

(61) 河内祥輔「班田収授制の特質」（『歴史学研究別冊特集―一九七六年度歴史学研究会大会報告―世界史の新局面と歴史像の再検討』一九七六年）。

(62) 河内祥輔「大宝令班田収授制度考」（『史学雑誌』八六―三、一九七七年）。

(63) 虎尾俊哉『大宝田令六年一班条について』（『日本古代土地法史論』注(27)、一九八一年）が批判するとおりである。

(64) 石上英一「日本古代における所有の問題」（『律令国家と社会構造』名著刊行会、一九九六年、初出一九八八年）。

(65) 第一編第一章「天聖令研究の現状」で考察する。

(66) 村山光一「班田収授制の成立についての一考察―「収授」の語の検討を通して―」（『杏林大学外国語学部紀要』二、一九九〇年）。

(67) 村山光一「班田収授制の前段階としての「アカチダ」制について」（村山光一編『日本古代史叢説』慶応通信、一九九二年）。

(68) 村山光一「再び「アカチタ」（班田）について」（三田古代史研究会編『政治と宗教の古代史』慶應義塾大学出版会、二〇〇四年）。

(69) 梅田康夫「班田収授制の成立」（『法学』四八―六、一九八五年）。

(70) 岸俊男「方格地割の展開」（『日本古代宮都の研究』岩波書店、一九八八年、初出一九七五年）。

(71) 明石一紀「班田基準についての一考察―六歳受田制批判―」（竹内理三編『古代天皇制と社会構造』校倉書房、一九八〇年）。

(72) 明石一紀「班田制」（雄山閣出版編『古代史研究の最前線一　政治・経済編上』雄山閣出版、一九八六年）。

(73) 明石氏は、『日本古代の親族構造』（吉川弘文館、一九九〇年）、『古代・中世のイエと女性』（校倉書房、二〇〇六年）によって家族論を展開している。

(74) 鎌田元一「律令制的土地制度と田籍・田図」（『律令公民制の研究』塙書房、二〇〇一年、初出一九九六年）。

(75) 「山背国久世郡天平十四年寺田籍」。翻刻は鎌田元一「律令制的土地制度と田籍・田図」（『律令公民制の研究』注(74)）による。なお『東寺文書とそのかたちを読む―東寺古文書入門―』（東寺宝物館、二〇〇二年）に精細な写真がある。その他、鹿の子遺跡f区南端の第二五号住居跡から「天平十四年田籍」と記された漆紙文書が出土している。平川南「検田関係文書―鹿の子遺跡f区調査第一号文書―」（『漆紙文書の研究』吉川弘文館、一九八九年、初出一九八七年）を参照。

(76) 鎌田元一「大宝二年西海道戸籍と班田」（『律令公民制の研究』注(74)、初出一九九七年）。

(77) 山尾幸久『日本古代国家と土地所有』(注(5))。
(78) 金田章裕『条里と村落の歴史地理学研究』(大明堂、一九八五年)。近年の研究については、同「条里プランと古代都市研究の二〇年」(『条里制・古代都市研究』二〇、二〇〇四年)を参照。
(79) 金田章裕「条里地割の形態と重層性」(『古代景観史の探究』吉川弘文館、二〇〇二年、初出一九九五年)。
(80) ただし、井上和人「条里制地割施工年代考」(『古代都城制条里制の実証的研究』注(46)、初出一九九四年)のように奈良盆地における条里地割の形態(下ツ道が基準となり平城京の条坊地割に先行する)から、統一的な条里地割の設定・施行は七世紀後半とする説もあるが、施工自体は確認されておらず、仮にあったとしても現状では計画線の設定にとどまるとするべきであろう。
(81) 三河雅弘「班田図と古代荘園図の役割―八世紀中頃の古代国家による土地把握との関わりを中心に―」(『歴史地理学』二四八、二〇一〇年)。
(82) 岸俊男「方格地割の展開」(『日本古代宮都の研究』注(70))。
(83) 出挙木簡については、三上喜孝「古代の出挙に関する二、三の考察」(笹山晴生編『日本律令制の構造』吉川弘文館、二〇〇三年)を参照。近年では伊場遺跡群出土木簡(浜松市生涯学習課編『伊場遺跡総括編(文字資料・時代別総括)』浜松市教育委員会や西河原遺跡群木簡(市大樹「西河原遺跡群の性格と木簡」『飛鳥藤原木簡の研究』塙書房、二〇一〇年)などが注目される。荷札木簡について、各木簡のデータは、奈良文化財研究所編『評制下荷札木簡集成』(東京大学出版会、二〇〇六年)を、内容については、市大樹「飛鳥藤原出土の評制下荷札木簡」(『飛鳥藤原木簡の研究』前掲)をそれぞれ参照。
(84) 奈良国立文化財研究所編『平城京長屋王邸跡』(吉川弘文館、一九九六年)。
(85) 山中敏史『古代地方官衙遺跡の研究』(塙書房、一九九四年)、同「評制の成立過程と領域区分―評衙の構造と評支配域に関する試論―」(岸和田市他編『考古学の学際的研究―浜田青陵賞受賞者記念論文集Ⅰ―』昭和堂、二〇〇一年)。『古代の官衙遺跡Ⅱ遺物・遺跡編』(奈良文化財研究所、二〇〇四年)。近年、大橋泰夫「国郡制と地方官衙の成立―国府成立を中心に―」(『古代地方行政単位の成立と在地社会』奈良文化財研究所、二〇〇九年)は七世紀末から八世紀初頭に国府が成立したとするが、郡家(評家)に依拠した段階ととらえるべきであろう。
(86) 橿原考古学研究所編『飛鳥京跡Ⅲ―内郭中枢の調査1―』(橿原考古学研究所、二〇〇八年)など。
(87) 市大樹「飛鳥藤原出土の評制下荷札木簡」(『飛鳥藤原木簡の研究』注(83))。

(88) 三上喜孝「古代の出挙に関する二、三の考察」(『日本律令制の構造』注(83))、同「出挙・農業経営と地域社会」(『歴史学研究』七八一、二〇〇三年)、同「出挙の運用」(山中章編『文字と古代日本3　流通と文字』吉川弘文館、二〇〇五年)。

(89) 天聖令の概要については、第一編第一章「天聖令研究の現状」を参照。

(90) 坂上康俊「律令国家の法と社会」(歴史学研究会他編『日本史講座2　律令国家の展開』東京大学出版会、二〇〇四年)。

(91) 大津透「吐魯番文書と律令制―唐代均田制を中心に―」(土肥義和編『敦煌・吐魯番出土漢文文書の新研究』東洋文庫、二〇〇九年)、同「吐魯番文書と日本律令制―古代東アジア世界と漢字文化―」(高田時雄編『漢字文化三千年』臨川書店、二〇〇九年)。

(92) 三谷芳幸「律令国家と校班田」(『史学雑誌』一一八―三、二〇〇九年)。ただし、班田制成立期の土地認定機能がどのようなものであったかは問題であろう。

(93) 三谷芳幸「班符と租帳―平安中・後期の班田制について―」(義江彰夫編『古代中世の政治と権力』吉川弘文館、二〇〇六年)。

(94) 荒井秀規「律令国家の地方支配と国土観」(『歴史学研究』八五九、二〇〇九年)。

(95) 北村安裕「古代の大土地経営と国家」(『日本史研究』五六七、二〇〇九年)。

(96) 田中禎昭「「諸国校田」の成立―延喜民部省式班田手続き規定の歴史的意義」(『史苑』六七―一、二〇〇六年)、同「「諸国校田」の展開過程―隠没田勘出制を中心に―」(野田嶺志編『地域のなかの古代史』岩田書院、二〇〇八年)。

第一編　天聖令研究の方法

第一章　天聖令研究の現状

はじめに

東アジアの国家形成は中国に始まり、成文法による支配は律令格式という法体系として隋唐期に完成した。なかでも令法典は、支配の要として日本をはじめとする周辺諸国に多大な影響を与えたが、中国では早くに失われたため研究には大きな制約があった。

このような事情により、令法典は逸文からの復旧が進められ、『唐令拾遺』『唐令拾遺補』という二冊の大著として結実し(1)、これ以上の大幅な進展は難しいかに思われた。

ところが近年、天聖令というまとまった令法典が中国において初めて発見された。天聖令は宋令であるが、そこから依拠した唐令の概容をうかがうことが可能で、その影響は唐令を手本とした日本令ひいては日本古代史研究にも及んでいる。二〇〇六年の全文公開を契機として、中日の各地で研究が始まっており、今後ますますの進展が期待されている。

天聖令研究は、上記のように中日の歴史学や法制史学など様々な分野にまたがっており、個人でその全貌を理解するのは非常に困難である。

そこで本章では、天聖令の発見が日本に伝えられた一九九九年から二〇一〇年に至るまでの一〇年余における研究

について、日本古代史の立場から整理してみたい。(2)

一　天聖令の発見と全文公開

1　戴建国氏の発見と初期の研究

一九九八年、戴建国氏は中国の寧波市天一閣博物館において「官品令」という名称の明代写本を調査し、考証の結果、これが北宋仁宗朝に制定された天聖令であることを発見した。(3)この結果は、一九九九年に論文として公表され、(4)一部の釈文が日本へも戴氏からの私信によって伝えられ、数年のうちに田令(5)・捕亡令(6)・賦役令(7)がそれぞれ公開された。

戴氏によれば、「官品令」は形式からみて令典であることは間違いなく、「東西八作司」や「杖」の規定が宋代の制度であり、令文が仁宗までの諱は避けるが、英宗の諱は避けないことなどの理由から、これが仁宗朝に完成されたとする。そして仁宗朝の令典は天聖七年（一〇二九）に制定された天聖令しかなく、形式が『宋会要輯稿』(8)にある同令の記載と合致することからも、「官品令」は天聖令で間違いないとする。(9)この説の要点は池田温氏によって紹介され、(10)日本古代史学界において広く知られることとなったのである。

戴氏は引き続き、田令を題材として天聖令から唐開元二十五年令を復原するという具体的な研究方法を提示し、天聖令が宋代だけでなく、唐代の研究にもいかに有用であるかを示した。(11)この論文は邦訳されており、現在では容易にその内容を読むことができる。(12)

上記二つの論文で天聖令研究における主要な論点が提示されたとみてよいであろう。また戴氏は二〇〇三年に日本

において天聖令に関する講演を行っており、氏の考え方の概要が日本語訳によってまとめられている。(13)

その後、二〇〇一年に中国社会科学院の宋家鈺・徐建新両氏によって天一閣博物館における天聖令の原本調査が実施され、新たな田令釈文が提供された。(14)この調査は後の天一閣博物館と中国社会科学院歴史研究所の共同研究につながるものとしても重要な意味をもつ。

このように初期の研究は、戴氏の翻刻と論点の提示によって進められ、日本においても氏が提供した釈文から唐日令比較を中心とした田令・賦役令の検討が始められた。日本令の独自条文と想定されてきた田令六年一班条の基になった唐令が存在し、唐令に存在すると考えられてきた賦役令雑徭条が存在しないなど、旧来の通説を再検討すべき発見があったが、公開されている天聖令の編目が少なかったため、全体のなかでの位置づけができないのが問題点であった。

2　天聖令の全文公開と概要

天聖令は二〇〇六年に『天一閣蔵明鈔本天聖令校証　附唐令復原研究』（以下『天聖令校証』と略称する）の刊行によって全文が公開された。(15)その内容は、解題・影印本（写真）・校録本（翻刻と校勘）・清本（校訂釈文）・唐令復原研究となっており、史料の写真とその翻刻・校訂および唐令復原などの基礎研究がまとめられた画期的なものである。

同書に基づいて天聖令の概要を述べると、まず残存部分は、巻二一〜三〇の一〇巻と巻数全体（三〇巻）の三分の一であり、「官品令」と記された題箋の下部に「貞」字があることから元亨利貞という四分冊のうちの四冊目と考えられる。(16)残存しているのは、21田・22賦（役）・23倉庫・24厩牧・25関市（捕亡）・26医疾（仮寧）・27獄官・28営繕・29喪葬（喪服年月）・30雑の一二編目で、（　）内は前のものの「附」として同一巻内に入れられている。

その内容は、まず冒頭に編目名が記され、前半に宋令が、後半に唐令が配置される。宋令の末尾には、「右並因㆓旧文㆒以㆓新制㆒参定（右は並びに旧文〈唐令〉に因り、〈宋代の〉新制を以て参《まじ》へ定む）」と、宋令が唐令を基とし、それに宋代の新制がまじえられていることが記され、唐令の末尾には、「右令不㆑行（右の令〈唐令〉は行はず）」と、これが現行法ではないことが記されている。そのほか誤字・脱字・衍字が多く、営繕令には錯簡があることも指摘されている。[17]なお天聖令に関する基礎的な事項は、岡野誠氏によって整理・紹介されている。[18]

同書の編集作業によって、中国社会科学院歴史研究所を中心とした全編目にわたる唐令復原および関連研究が始まり、[19]その刊行を契機として中日における研究がいっせいに始まったのである。

二　天聖令研究の論点——唐令復原を中心に——

ここからは、天聖令について、日本古代史との関わりが深い唐令復原研究を中心として、論点ごとに研究の現状を整理する。[20]

1　「不行令」に関する諸問題

まず「右令不行」とされる「令」の呼称（以下本項では表記に即して「不行令」と呼ぶ）について、発見当初の邦文文献では「不用の唐令」という表記が多くみられた。それは戴建国氏の論文で「不用之唐令」とされ、使用しないが必要であるという意味を込めたと考えられる学術用語である。[21]最近では「右令不行」という表記と「右令」が示すと考えられる「唐令」を組み合わせた「不行唐令」[22]という呼称が一般的であるが、より厳密に天聖令附属の唐令（「不行令」）を「（天聖令）所附唐令」、天聖令（宋令）作成の際に依拠した唐令を「（天聖令）依拠唐令」と区別する表記もある。[23]宋令・唐令の条文番号についても近年では「宋○条」「（不行）唐○条」と呼ぶことが定着してきたが、[24]初期の研究では表記法が定まっていなかったため、復原唐令に条文番号を付すものもあるなど、ばらつきがあることに留意が必要である。[25]

それでは、現行法である宋令の後に「不行令」が付された理由は何であろうか。従来は法律を修訂する際の参考という見解が有力であったが、[26]唐令が無効であることを明示するためという考え方も提起されている。[27]これらの機能的側面に対して、「唐令」は軽々しく改変することが困難な「古典」のごとき存在であったというような思想的な問題を論じる余地もある。[28]この点は、唐宋令および唐令間の変化に関連することもあり、今後の検討が待たれる。[29]

ここで問題になるのは「不行令」が天聖令以前の唐宋代における何令にあたるかということである。早くに戴建国氏は唐開元二十五年令であるという説を提起し、[30]日本の研究者はおおむねこの見解に賛同しているようである。[31]ところが『天聖令校証』の「唐令復原研究」においては開元令であること自体に疑問をもつ研究者も多く、[32]黄正建氏は『唐律疏議』にみえない『宋刑統』所引の令が天聖令と一致しないことから「晩唐・五代或いは宋初の令」であり、開元令以後の制度が反映されているため唐後期に修訂がなされているとする。[33]さらに修訂の令は建中令であるとする説も提起されている。[34]

これに対して、戴氏は『宋刑統』所引の令には改変があり、天聖令が基にした唐令は後唐代に定州から進納された開元二十五年令だとして自説を補強し、[35]坂上康俊氏は宰相府としての「中書門下」（天聖獄官令不行唐1条）は開元十一年に成立したという理由から開元二十五年令とし、建中令説の批判も行っている。[36]近年の研究として岡野誠氏による総合的な考察があるので少し詳しく紹介する。[37]氏によれば、「益州大都督府」「京兆・河南府」「南寧（州）」「弘文館」「太史局」「江東・江西（道）」という地名・官司名の改称から上限は開元二十一年（七三三）、下限は天宝元年（七四二）となり、所附唐令は開元二十五年令であるとする。また唐皇帝の避諱（同字を避ける）・嫌名（同音を避ける）の調査によれば、玄宗までは守られているが、代宗以後は実施されていないことから、所附唐令は玄宗期の写本であった可能性が最も大きく、依拠唐令も開元二十五年令の玄宗期の写本（あるいはその転写本）であるとする。天聖令の所附・依拠唐令が編目によって異なるとは考えにくいことから、開元二十五年令説は有力といえよう。ただし部分的な改訂の可能性や、諸書への引用文に相違があることについての検討は継続する必要がある。(38)なお、『唐律疏議』『宋刑統』の前後関係については研究者により評価が分かれているため、注意が必要である。(39)以下「不行令」を「不行唐令」と呼称する。

2　宋令と唐令の相違点

それでは開元二十五年令説の是非は別にして、宋令と唐令の違いはどの程度のものであろうか。従来の研究では、開元二十五年度の編纂を最後として律令格式は固定して動かなくなるとされてきた。(40)天聖獄官令の検討によれば、宋令での変更は喫緊の事項に限られていたとされ、(41)単行法令で新制が出されるに際し、字句の追加ですむ場合には新条文に盛り込み、数条にわたる操作が必要な場合は改変しなかったという傾向があることが示唆されている。(42)また天聖令全体について、唐初には「不用此令」という用法が多く、宋代にかけてしだいに「従別勅」が増加してくるという傾向があること、(43)営繕令において、唐令の一部を削除したために条文構成の原理が変更されること、「聴旨」という表記は宋令独自の可能性が強いとすること、などが指摘されている。(44)

これらの成果によれば、唐宋令間には字句や条文構成の原理に関する相違はあるものの、唐令の枠組みを変更するほどの大幅な改変はなされなかったようである。次項の検討もあわせると唐宋令間にそれほどの変更はないと考えてよいだろう。ただし天聖令中に確認されない条文の存在も指摘されており[45]、唐令の一部分から宋令を作成したり、配列変更の可能性があることへの注意も喚起されていることから[46]、さらなる個別研究の深化が必要であろう。

3　唐令復原に関する諸問題

次に唐令復原に関する諸問題についてまとめる。まず編目の復原については、附編の発見が大きな意味をもつ。天聖令には、各巻に一編目だけが収められているわけではなく、「関市令巻二十五捕亡令附」「医疾令巻二十六仮寧令附」のように附編の存在する編目がある。この二例は、ちょうど『唐六典』（巻六尚書刑部）に未記載の部分にあたり、開元七年令では編目数が減少したとする通説[47]に問題を投げかける。ここから敷衍して、天聖令残存部分以外についても附編の存在を想定して、編目の配列は永徽令から開元二十五年令まで同一であるとする考え方が近年有力である[48]。試みに編目に関する史料を比較してみると、ほぼ完全に符合する。具体的には、唐令逸文によって判明している編目名を『唐六典』の順序に合わせて配列し、附編と思われる部分については、天聖令によって後半を、「隋開皇令」によって前半を補足すれば、三三編三〇巻の唐令編目のほぼすべてが復原できる（表1）[49]。ただし楽令の配列については史料的根拠がなく[50]、「隋開皇令」と『唐六典』の令（開元七年令に依拠するといわれる）は完全には一致しないため若干の変更があった可能性はある。また附編が存在する理由については、正編と附編には関連性がある[51]、単に長さの関係で付されるという二つの見解がある[52]。一般的な巻割の方式からいえば後者の説が有力に思えるが、『唐六典』が全編目をなぜ掲載しなかったかという疑問は残る[53]。

条文配列については、①天聖令の宋令と不行唐令は基の唐令の配列を崩していない、②日本令は唐令の配列を継承

表1　令編目の比較

隋開皇令 30巻	令(唐六典) 27令30巻	唐令復原編目 33編30巻	天聖令 30巻	郡　斎 21門30巻	養老令 30編10巻
1官品上	1官品上下	1官品上		1官品	1官位19
2官品下		2官品下			
3諸省台職員	2三師三公台省職員	3三師三公台省職員			2職員80
4諸寺職員	3寺監職員	4寺監職員			3後宮職員18
5諸衛職員	4衛府職員	5衛府職員			4東宮職員11
6東宮職員	5東宮王府職員	6東宮王府職員			5家令職員　8
7行台諸監職員					
8諸州郡県鎮戍職員	6州県鎮戍嶽瀆関津職員	7州県鎮戍嶽瀆関津職員			
9命婦職員	7内外命婦職員	8内外命婦職員			
10祠	8祠	9祠		2戸	6神祇20
11戸	9戸	10戸		3祠	7僧尼27
12学		(附)学			8戸　45
13選挙	10選挙	11選挙		4選挙	9田　37
14封爵俸廩		(附)封爵			10賦役39
		(附)禄			11学　22
15考課	11考課	12考課		5考課	12選叙38
16宮衛軍防	12宮衛	13宮衛			13継嗣　4
	13軍防	14軍防		6軍防	14考課75
17衣服	14衣服	15衣服		7衣服	15禄　15
18鹵簿上	15儀制	16儀制		8儀制	16宮衛28
19鹵簿下	16鹵簿上下	17鹵簿上		9鹵簿	17軍防76
20儀制		18鹵簿下			18儀制26
21公式上	17公式上下	19公式上		10公式	19衣服14
22公式下		20公式下			20営繕17
23田	18田	21田	21田　56	11田	21公式89
24賦役	19賦役	22賦役	22賦役50	12賦	
25倉庫厩牧	20倉庫	23倉庫	23倉庫46	13倉庫	22倉庫22
	21厩牧	24厩牧	24厩牧50	14厩牧	23厩牧28
26関市	22関市	25関市	25関市27	15関市	24医疾27
		(附)捕亡	附捕亡16	16捕亡	25仮寧13
	23医疾	26医疾	26医疾35	17医疾	26喪葬17
27仮寧		(附)仮寧	附仮寧29		
28獄官	24獄官	27獄官	27獄官71	18獄官	27関市20
	25営繕	28営繕	28営繕32	19営繕	28捕亡15
29喪葬	26喪葬	29喪葬	29喪葬38	20喪葬	29獄　63
30雑	27雑	30雑	30雑　64	21雑	30雑　41

〔凡例〕
隋開皇令…巻数・番号・編目名は『唐六典』尚書刑部による
令（唐六典）…令数・巻数・番号・編目名は『唐六典』尚書刑部による
唐令復原編目…関連史料から復原できる巻割と編目名
　※楽令については典拠がないため記していない
天聖令…『天聖令』（『天聖令校証』）の巻割と編目名および条文数
郡斎…『郡斎読書志』にある天聖編勅（30巻）の門数・番号・編目名
　※天聖編勅は天聖令の誤りとされる
養老令…思想大系本『律令』による編目番号・編目名・条文数

していることが多い、という点[54]から考えると、養老令の配列に従い、宋令・唐令の順序を変更しないで復原するのが原則である。ただし、まれに日本令での配列変更があることには注意が必要である。たとえば賦役令の冒頭部分における改変や[55]、田令において唐の園宅地を園地・宅地に分割したことなどが指摘されている[56]。

次に配列の論理性つまりは条文構成をどこまで認めるかという問題点もある。天聖令発見以前には厳密な条文構成を想定する説が有力であったが[57]、唐田令については、旧来の規定の後に新たな規定を付加しているとする説があり[58]、全編目の全条文が厳密に配列されているかは疑問とする考え方もある[59]。このような現状からすると、ある程度の条文のまとまりとそのなかでの大まかな配列があるということは認めてもよいが、あまりに厳密な条文構成を想定するのは行き過ぎのように思う。ただ条文配列の論理構成を考える視点は重要なので[60]、今後の検討が待たれるところである。

付言すると田令については、『通典』の引用順に誤りがあることが一時強調されたが、唐令配列の復原に使用する研究は多い[61]。

試みに田令について、復原唐令と『通典』の配列を整理してみると、『通典』には食貨に三カ所、職官に一カ所の計四カ所に複数の唐令条文（条文群①～④）が引用されている（表2[62]）。一見して気づくのは整然と番号が並んでいることで、とくに条文群内の配列は正確に引用されている。各条文群どうしの引用順については、①に前後があることが問題になっている[63]。しかしこれは『通典』編纂方針として、①では給田規定（1～19）の後に手続き規定（20～25）を、その後に②で公廨田・職分田とその関連規定を配列したとみて問題はないであろう[64]。また賦役令についても『通典』の引用順は正確である（表3[65]）。上記の検討からいえば、『通典』は編纂方針によって条文群どうしの配列を変更することがあるが、条文群内の配列は変更しておらず、配列の復原根拠として活用できるだろう。

条文の復原については、天聖令にはすべての条文に対応する唐令が存在するという説が有力である[66]。確かに天聖令

表2　復原唐令と通典（田令）

復原唐令				通典			
通	宋	唐	条文名	①	②	③	④
1	1		田広	1			
2		1	丁男永業口分	2			
3		2	当戸永業口分	3			
4		3	給田寛郷	4			
5		4	給口分田	5			
6		5	永業田親王	6			
7		6	永業田伝子孫	7			
8	2		永業田課種	8			
9		7	五品以上永業田	9			
10		8	賜人田	10			
11		9	応給永業人	11			
12		10	官爵永業	12			
13		11	襲爵永業	13			
14		12	請永業				
15		13	寛郷狭郷	14			
16		14	狭郷田不足	15			
17		15	流内口分田				
18		16	給園宅地	16			
19		17	庶人身死	20			
20		18	買地	21			
21		19	工商永業口分	22			
22		20	王事没落外藩	23			
23		21	貼賃及質	24			
24		22	口分田便近	25			
25		23	身死退永業				
26		24	還公田				
27		25	収授田				
28		26	授田				
29		27	田有交錯				
30		28	道士女冠				
31	3		官人百姓				
32		29	官戸受田				
33	4		為水侵射				
34		30	公私荒廃				
35	5		競田				
36		31	山崗砂石				
37		32	在京諸司公廨田		1		1
38	6		在外諸司公廨田		2		2
39		33	京官職分田	17	3		3
40		34	州等官人職分田	18	4		4
41		35	駅封田	19			
42	7		職分田日限		5		5
43		36	公廨職分田				
44		37	応給職田				
45		38	置屯			1	
46		39	屯用牛			2	
47		40	屯役丁				
48		41	屯所収雑子				
49		42	屯分道巡歴				
50		43	屯所収藁草				
51		44	屯雑種運納				
52		45	屯納雑子無藁				
53		46	屯警急				
54		47	管屯処				
55		48	屯官欠負				
56		49	屯課帳				

〔凡例〕
復原唐令…復原唐令の配列
通…復原唐令の通し番号
宋…天聖令宋令の番号
唐…天聖令唐令の番号
条文名…仮の条文名
通典の唐令引用箇所
①…食貨2田制下「大唐開元二十五年令」
②…食貨2田制下「又田令」
③…食貨2屯田「大唐開元二十五年令」
④…職官17職田公廨田「大唐」

※条文名および配列は服部案による

表 3　復原唐令と通典（賦役令）

復原唐令				通典	
通	宋	唐	条文名	①	②
1	1		課戸	1	
2		1	計帳		1
3		2	調庸物		2
4		3	租		3
5	2		貯米		4
6		4	租運送		
7		5	輸租調庸		
8	3		諸州		
9		6	課役		
10		7	食実封		
11		8	水旱		
12	4		諸州豊倹		
13	5		辺遠州		5
14	6		蠲符		6
15		9	春季		7
16		10	口及給侍		
17		11	居狭郷		8
18		12	没落外蕃		9
19		13	公役使還		
20	7		孝子順孫		10
21	8		皇宗		
22		14	職事官三品		
23		15	正義常平倉督		
24		16	職事六品		
25		17	蔭親属		
26		18	漏刻生		
27		19	父母喪		
28		20	応役丁		
29		21	州丁支配		
30	9		戸等		
31		22	歳役		11
32	10		丁匠上役		
33		23	丁匠赴役		
34		24	庸	2	
35	11		有事故		
36	12		科喚		
37	13		役丁匠		
38	14		大営造		
39	15		在役遭父母喪		
40	16		貯藁		
41	17		粟草等		
42	18		斟量功力		
43	19		丁匠往来		
44	20		丁匠身死		
45	21		昼作夜止		
46		25	応入京		
47		26	丁営造		
48	22		車牛人力		
49		27	朝集使貢献		
50	23		庸調物雑税		

〔凡例〕
復原唐令…復原唐令の配列
通…復原唐令の通し番号
宋…天聖令宋令の番号
唐…天聖令唐令の番号
条文名…仮の条文名
通典の唐令引用箇所
　①…食貨 6 賦税下「二十五年定令」
　②…食貨 6 賦税下　末尾

※条文名および配列は大津説による

宋令の編纂方針に「旧文（唐令）に因り新制を以て参へ定む」とあり、「不行令」部分が避諱等による字句の変更はあるとしても唐令とほぼ同文だとすると、原則として対応条文は存在すると考えてよさそうである。ただし、天聖令に対応条文がない唐令が一部存在することも指摘されているので(67)、個別検証が求められる。また喪葬令・仮寧令を中心とした検討から、『慶元条法事類』の所引令は多く宋令と一致するため、天聖令が存在しない編目の唐令復原に活用できることが指摘されており(68)、日本古代史研究においても注意が必要である。

また宋令と養老令が同一、もしくは宋令と『唐令拾遺』『唐令拾遺補』などの旧来の復原が同一の場合は、唐令の復原が可能とされている(69)。確かに宋令と養老令が同一の場合は両者の基となった唐令も同文である可能性が高いが(70)、旧来の復原を根拠とする場合には、その典拠を再検討する必要がある。『唐令拾遺』『唐令拾遺補』などの唐令復原条文は、厳密な考証に基づいてはいるが、学説であって史料そのものではない点に注意しなければならない(71)。

字句の復原については、天聖令不行唐令と『通典』『唐律疏議』などの引用唐令が異なることから、各令間に改変の可能性があることが指摘されており、個別検討が必要である(72)。これらの相違には誤字・脱字に起因するものも多いので、諸書との校勘が必要であり、避諱・嫌名および官司名・地名の改変などを考慮する必要がある(73)。また『唐六典』は取意文が多いことから、厳密な唐令の復原には使用しにくい点はすでに指摘されているとおりである(74)。

4　各唐令間の相違

各唐令間の相違については、従来官司名・地名等の改称が行われ、開元七年令において令の体系が改まったとされたが(75)、改訂の繰り返しであって大幅な変更はないとされてきた(76)。唐令の編目が一貫して同一である可能性が高まった現状では、各令間の変化は、さらに少なく考える必要が出てくる。さらには編目名によって開元七年令ではないとする『唐令拾遺』による年代推定にも問題が生じるなど、[77]全面的な再検討が必要となってくるであろう。このほか「2　宋令と唐令の相違点」と同様の問題点があることにも留意が必要である。

三　天聖令と日本古代史研究

1　唐日令における一般的な継受関係

上記のような唐令復原研究の現状は、日本古代史研究にどのような影響を与えるのだろうか。従来の研究では唐令が不明であったため、日本令には、かなりの独自条文が存在すると想定されてきた。たとえば田令六年一班条などは、独自条文であることが前提となって議論が進められてきたのである。[78]さらに日本令は唐令の条文構成を大幅に変更しているとの説も有力であった。[79]

ところが天聖令と養老令を比較してみると、唐日令は条文配列および字句が想定以上に類似していたことが判明した。[80]従来の前提が崩れた現状では、日本令研究には全面的な再検討が必要となってくるのである。

具体的には前節で整理したように、①唐令の編目は一貫して同一であり、②天聖令では唐令に依拠しない宋令を新たに作成しないという前提が成り立つとすれば、唐日令の具体的な条文比較が可能となり、①継受しなかった部分、②継受した部分、③日本で独自に作成した部分という継受関係が明確になる。[81]唐令復原の精度によって一字一句の比較が不可能な場合でも、対応条文の存在によって唐日令の継受関係が判明する場合は多いので、日本史研究に活用することは十分に可能である。

従来日本古代史研究では唐日令の改変部分（独自条文や配列の変更）から日本令の特徴（「独自性」と呼ばれることが多い）を論じる傾向が強かった。しかし天聖令発見後は、日本令は唐令のなかから、継受する部分としない部分を主体的に選択したという「選択的継受」という概念を使用した研究が盛んになり[82]、条文や文言の削除、法解釈の工夫によって、独自性を創出したという説[83]や、『礼記』に出典がある規定を継受する場合があるという説[84]も提起されている。要するに日本令における「独自性」の問題は、大幅な改変からでなく、唐令の枠組みのなかでの微細な差異から検討されるようになったといえる。唐令継受における主体性の評価については今後の議論が待たれるが、今まで以上に両者の共通性を前提とする必要があるだろう[85]。

上記のように唐日令の継受関係が明確になってきたことから、日本令における独自条文の作成についても、ある程度の傾向があることがわかってきた。まず独自条文は編目の最後（賦役令・雑令）に作成する傾向があることが指摘され[86]、編目末尾の独自条文（末尾条文群）は大宝令段階で作成されたと推定されている[87]。また独自条文は七世紀、とくに天武朝に起源をもつものが多いという指摘もあり[88]、今後の検討が待たれるところである。

その他日本令作成に際して唐礼が多く使用されたとする説[89]にも上記の結論は変更を迫ることになり、唐日令の継受関係は原則として唐令と日本令を中心に考えるべきである[90]。

2　唐令継受における編目ごとの特徴

前項では唐令継受における一般的な傾向を述べたが、各編目によって特徴がある。以下編目ごとに宋令（宋）・不行唐令（唐）・宋令と唐令の合計（計）・養老令の条文数（養老）・独自条文数（独自）、天聖令全条に対する唐令の割合（唐令率）、養老令が唐令を継受した割合（継受率）をあげ[91]、編目全体に関わる唐日令比較研究を整理してみる（表4）。

表4　天聖令と養老令の比較

巻	編目	宋令	唐令	計	養老	独自	唐令率	継受率
21	田令	7	49	56	37	3	88%	66%
22	賦役令	23	27	50	39	4	54%	78%
23	倉庫令	24	22	46	22	2	48%	48%
24	厩牧令	15	35	50	28	2	70%	56%
25	関市令	18	9	27	20	0	33%	74%
25＊	捕亡令	9	7	16	15	0	56%	93%
26	医疾令	13	22	35	27	0	63%	77%
26＊	仮寧令	23	6	29	13	0	21%	45%
27	獄官令	59	12	71	63	1	17%	89%
28	営繕令	28	4	32	17	0	13%	53%
29	喪葬令	33	5	38	17	0	13%	45%
30	雑令	41	23	64	41	3	36%	64%
合　計		293	221	514	339	15		
平均値		24.4	18.4	42.8	28.3	1.25	43%	66%
最大値		59	49	71	63	4	88%	93%
最小値		7	4	16	13	0	13%	45%

〔凡例〕
巻…『天聖令』の巻数　＊は附編
編目…『天聖令』の編目名
宋令…『天聖令』宋令の条文数
唐令…『天聖令』不行唐令の条文数
計…宋令＋唐令の値
養老…養老令の条文数
独自…養老令における独自条文数
唐令率…唐令÷計の値
継受率…養老÷計の値
合　計…上記条文数の合計
平均値…上記数値の平均値
最大値…上記数値の最大値
最小値…上記数値の最小値

①　田令　宋7　唐49　計56　養老37　独自3[92]　唐令率88%　継受率66%

唐令率が非常に高く、唐日令比較研究には最も条件が整っている。継受率は標準である。日本令は唐令の条文配列を踏襲しており、内容を変更する場合も字句の修正によることが多いと指摘されている。[93]また田令は唐令の復原が比較的容易であり、[94]具体的な比較研究とその応用である六年一班条や荒廃条の新たな大宝令復原研究が始まっている。[95]また大宝令の制定にあたっては唐の収授法を班田収授法にするなど列島の実情に合わせた改変が行われていたとされる。[96]ただし、天聖令が発見されても従来の考えを変更する必要はないとする説もある。[97]

②　賦役令　宋23　唐27　計50　養老39　独自4[98]　唐令率54%　継受率78%

唐令率・継受率ともにやや高い。唐日令が類似していることは同様であるが、日本令で仕丁・斐陁国などの唐令に確認できない規定が作成され、冒頭部分の配列がかなり異なっているなど、最も改変が多い編目である。[99]とくに唐令の配列から、大宝令の歳役条は全員から庸を取る規定であるとする説が有力であるとされる。[100]条文配列を一部改変しているのは、調庸などの税制は国家を支える根幹部分であるので、伝統を継承して唐制を変更した可能性があることが指摘されている。[101]これらの説には反論も提起されており、今後の議論が期待される。[102]

③　倉庫令　　宋24　唐22　計46　養老22[103]　独自2[104]　唐令率48％　継受率48％

唐令率は標準的で、継受率は低い。日本令には唐令とは異なる独特の「蔵」（調庸の収納倉庫）が規定されており、[105]倉庫運用管理の規定のうち適用可能なものを積極的に継受したとされ、大宝令制定の眼目は大税の蓄積を目指した地方の正倉管理にあったとされる。[106]

④　厩牧令　　宋15　唐35　計50　養老28　独自2[107]　唐令率70％　継受率56％

唐令率が高く、継受率はやや低い。駅伝関係条文の検討によれば、日本令は唐令継受にあたって取捨選択をしており、交通手段・財源が一元化され、軍事的な規定が継受されていないことが指摘されている。[108]

⑤　関市令　　宋18　唐9　計27　養老20　独自0[109]　唐令率33％　継受率74％

唐令率が低く、継受率はやや高い。唐令と養老令の配列が共通していることを前提として、唐令復原がなされ、日本の状況に合わせて、いくつかの条文を継受していないとする。[110]

⑥　補亡令　　宋9　唐7　計16　養老15　独自0[111]　唐令率56％　継受率93％

唐令率はやや高く、継受率が非常に高い。検討が開始されているが、[112]編目全体にわたる比較研究はまだ公表されていない。

⑦　医疾令　　宋13　唐22　計35　養老27[113]　独自0[114]　唐令率63％　継受率77％

唐令率が高く、継受率はやや高い。令の構成、表現・字句は細部に至るまで一致しており、日本令は唐の先進的な医学教育システムと医療制度をまるごと継受しようとしていることが確認され、独自条文は存在しないとされる。[115]

⑧　仮寧令　宋23　唐6　計29　養老13　独自0[116]　唐令率21％　継受率45％

唐令率・継受率はともに低い。唐の仮寧制度を官人の政務運営に関わる規定として継受しており、中国社会の伝統に基く個人の礼に関わる規定は削除する傾向にあったとされている。[117]

⑨　獄官令　宋59　唐12　計71　養老63　独自1[118]　唐令率17％　継受率89％

唐令率は非常に低く、継受率は非常に高い。日本の獄令研究が元来少ないこともあり、唐日令比較研究は低調である。

⑩　営繕令　宋（28）　唐（4）　計（32）[119]　養老17　独自0[120]　唐令率13％　継受率53％

唐令率が非常に低く、継受率はやや低い。唐令からの継受が少ない理由について、日本令制定時には地方における大規模造営が少なく、制度や技術段階が異なっているため継受されなかったとする説がある。[121]これに対し、字句の削除、法解釈の工夫によって独自性を創出したとする見解もあり、[122]よりいっそう議論が深まることが期待される。

⑪　喪葬令　宋33　唐5　計38　養老17　独自0[123]　唐令率13％　継受率45％[124]

唐令率は非常に低く、継受率も低い。日本令は唐令をほぼそのまま引き写して作成されていることが明白となったとされている。[125]

⑫　雑　令　宋41　唐23　計64　養老41　独自3[126]　唐令率36％　継受率64％

唐令率は低く、継受率は標準的である。日本令は唐令の条文配列を踏襲しており、特殊技術生や雑任に関わる規定を継受していないとされる。[127]

以上によれば、唐令率の平均値は43％で、宋令のほうがやや多い。内訳は、田令が88％と圧倒的に高く、厩牧令・医疾令が70～60％台で続き、捕亡令・賦役令・倉庫令は50％前後である。そして雑令・関市令が30％台、仮寧令・獄官令・営繕令・喪葬令が20〜10％台と低い。唐令の割合が高いほどその復原精度も上がり、日本令との比較研究もしやすい。

また日本令への継受率の平均は66％と六割を超え、補亡令・獄官令は90％前後と非常に高く、70〜60％台で賦役令・医疾令・関市令・田令・雑令が続く。厩牧令・営繕令・倉庫令・仮寧令・喪葬令は50％前後である。

独自条文は、賦役令・田令・雑令・厩牧令が多く、田令・賦役令には配列の変更や班田・仕丁などの唐令に確認できない字句があり、これらは後述のように浄御原令との関係が想定できる。

上記は形式的な特徴であるので、今後は各編目における精緻な規定内容の分析結果を統合することが求められる。[128]また継受の際に編目を移動した条文があることにも注意が必要であろう。[129]その他、天聖令から導き出された学説がどの編目に依拠しているか留意しなければならない。

3　天聖令研究の応用

天聖令の効用としては、逸失令の復原が大きい。倉庫令と医疾令については、江戸時代における逸文収集の成果が、塙本『令義解』（後刷本）に収載され、国史大系本『令義解』[130]および日本思想大系本『律令』[131]へと引き継がれている点に注意が必要である。[132]逸文には、部分的であり配列も不明という問題点があるが、天聖令によって両令ともに配列の変更や新条文の復原などが行われており、今後の進展が期待される。[133]

唐日令比較をする場合、厳密には直接の継受関係がある永徽令と大宝令の検討が必要であり、唐令間の変化と同様に養老令と大宝令の差異が問題となる。天聖令の全文公開以前に、田令の分析から、大宝令では唐令の条文構成を極力踏襲し、養老令では踏襲が弱まるという傾向が指摘されているが、[134]賦役令は大宝令で大きな組み替えがあり、養老令で唐令に近づく修正が行われているため、今後全面的な検討が必要であるとの意見もある。[135]次項の検討によれば、日本令の大綱は大宝令で定まったとすべきであろう。大宝令と養老令のどちらが唐令に近いかについては、字句の差異を中心にして議論されてきたが、[136]今後は天聖令によって判明する配列を含めた検討が必要である。[137]また天聖令を使用した大宝令の復原研究も行われているが、[138]宋令が少ない田令以外では、その前提となる唐令の復原が困難であるという問題点がある。この分野はまだまだ未解明な部分が多く、今後の全面的な検討が求められる。

天聖令は残存しない編目の研究へも応用ができる。まずは、関連条文における用語の検討であり、たとえば養老儀制令17五行条の「五行」が「財物五行見在帳」（雑令宋39条）という表記により「役所の備品」であると解釈できることが指摘されている。[139]また残存編目の検討から判明する傾向の利用も可能である。たとえば大宝令の復原にあたって、配列の変更や独自条文はそれほどない、新条文を作成する場合は末尾に作成する、という一般的な傾向を考慮しておくことは必要であろう。これだけでなく、旧来の研究が主に『唐令拾遺』『唐令拾遺補』によって復原された唐令を前提としていることから、天聖令によって新たに唐令が復原されれば、将来的にはすべての編目の律令研究に影響を与えることは間違いない。以上により、今後の律令研究には天聖令の検討が必須になるはずである。

4　律令制の成立・展開史の再検討

天聖令によって唐日令の継受関係が明確化すると、それは養老令のみならず、さかのぼって大宝令・浄御原令・近江令など、その成立史にも影響を与える。

大宝令については、田令・倉庫令の唐日令比較によれば、唐令の体系的継受は大宝令段階であるという説が提起されている。[140]また浄御原令施行後における諸法令の分析から、浄御原令は唐令を個別的に継受した単行法の集成であり、唐令の体系的継受は大宝令であるとの指摘がある。[141]厳密な論証には全編目の詳細な分析を待つ必要があるが、編目によって継受の方式が異なるとは考えにくいことから、唐日令の類似性について、その起源が大宝令段階における永徽令の体系的継受に求められるということは、ほぼ確実であろう。このように考えると、大宝令と浄御原令の形態はずいぶんと異なっていることとなり、両者をほぼ同一としてきた通説は変更を余儀なくされる。

これに対して、天智朝までの中国的な礼の受容とは別に、天武朝には「ヤマトの礼」に基づく神祇祭祀が創出された、[142]浄御原令の編纂段階で唐令条文の取捨選択について相当な吟味が加えられ、それを進めたのは天武朝である、[143]などと日本令における主要規定の淵源は天武朝であることを強調する説がある。

大宝令画期説は、体系的法典の完成を重視し、天武朝画期説は、実効的な規定の成立時期を重視する点にそれぞれ特徴があるが、天武朝に制定した主要法令を基にして大宝令で体系化したと両者を折衷して解釈することも可能である。

このような状況は、近江令否定説の問題にも波及する。そもそも近江令否定説は、内容を分類されて編目をもった体系的法典（編纂法典）としての「狭義の律令」と単行法である「広義の律令」に律令を分類し、「狭義の令」が浄御原令において成立したとするものである。[144]この論理によれば、そもそも単行法としての近江令は否定されていないし、上記のように体系的法典の成立が大宝令であるとするならば、浄御原令が否定されることとなる。ただし体系的法典と単行法は二者択一ではなく、浄御原令を編目別に分類した単行法というような中間的性格をもつものと考えれば、[145]「浄御原朝庭」を「准正」とすることと大宝令における唐令（永徽令）の体系的継受は両立できる。[146]

以上を最大公約数的に述べると、近江令は単行法もしくはその集成であって、浄御原令の段階で編目別に整理され、大宝令で唐令（永徽令）の体系的継受を実施したということになろう。[147]

近年提起された近江令新肯定説は、近江令の編纂・施行を認めるというが、[148]旧説のように大宝令と同様の近江令を想定することは不可能であるので、その内容および施行について論究することが必要となろう。ただし天智から天武の時代をひと続きとする考え方は、近江令と浄御原令の差はそれほどないという事実と共通性があり、両者を総合していく作業が求められる。[149]

その他、条文には継受されなかった唐令が比較的早い段階で受容され、式文に定着していくという例も指摘されており、[150]今後は唐令だけの継受ではない、律令格式全体にわたる唐制受容が検討されなければならない。また大宝令段階でなぜ唐令の体系的継受を行ったか、機能的問題だけではなく、思想的・文化的側面を考える必要もあるだろう。[151]

なお、天聖令研究によって唐日令の確実な継受関係が判明していけば、朝鮮半島を経由して受容した南北朝時代以前における中国の制度もしくは朝鮮の制度、ひいては列島社会の「固有法」を具体的に再検討することも可能になり、今後の検討が待たれる。[152]

おわりに

本章で論じた研究の現段階をまとめると、まず唐令復原研究については、①天聖令が依拠した唐令は開元二十五年令とする説が有力である、②唐令の編目は永徽令以後一貫して同一である可能性が高い、③唐令の条文配列は養老令に類似しているがまれに変更されることもある、④天聖令にはすべての条文に対応する唐令がある、という点である。次に日本古代史研究への影響については、①唐日令は類似していたため継受関係が明確になった、②唐日令の微細な差異から日本令の特徴が検討されるようになった、③日本令において独自条文を作成するときは編目の末尾に付されることが多い（末尾条文群）、④日本令への継受率や独自条文の数には編目によって偏りがあり浄御原令との関係が想定される、⑤唐令の体系的継受は大宝令段階であり浄御原令は近江令からの連続性でとらえられるべきである、となる。

天聖令研究は、記載内容に関するだけでも、①宋・唐代（法制）史、②唐日（日唐）律令の比較研究、③日本古代（法制）史という幅広い分野にまたがる。(153) 同時代研究を重視するという一般的方法によれば、論理的には、①宋代（法制）史、②唐代（法制）史、③唐日令比較、④日本古代史という順序になるであろう。そもそも唐令が残存していれば、唐令から宋令への変化と唐令から日本令への継受を検討すればよいのだが、史料的制約のため不可能である。ところが残存史料の分量からみると、まとまった令典としての「養老令」が含まれる『令義解』『令集解』や『類聚三代格』『延喜式』などの格式が現存している日本古代史や唐日令比較研究などの分野のほうが、上記の順序には反して具体的な検討はしやすい。つまり天聖令研究には、多分野からの検討が必要なのである。しかも律令法は東アジア諸国に影響を与えているため、研究は必然的に多言語となる。これらすべての史料と言語に一人の人間が精通することとは非常に困難であるため、現状では、特定の枠をはめずに、様々な分野からの多角的な研究を統合することが必要とされるであろう。

たとえば、日本古代史の立場からは、天聖令と「養老令」を比較してみて、その相違点が何に起因するのか具体的に検討することが有効であろう。手本となった唐令から日本令の法意が判明することはもちろんのこと、場合によっては日本令の分析から唐令を復原することも可能となるであろう。また日本古代史からは解明できなかった点が他分野の研究から判明することもあるに違いない。

天聖令研究の現状は大体の傾向がみえてきた程度で、未解明な部分が多い。今後は各編目において特定の方法にこだわらない自由な研究がなされ、それらを統合することが必要である。本書では、そのモデルケースとして最も条件が整っている田令の検討を進める。

注

（1）仁井田陞『唐令拾遺』（東京大学出版会、一九六四年、初刊一九三三年）、仁井田陞著・池田温編集代表『唐令拾遺補―附唐日両令対照一覧』（東京大学出版会、一九九七年）。以下、『唐令拾遺』『唐令拾遺補』と記す。

（2）二〇〇九年までの文献目録は、岡野誠・服部一隆・石野智大「『天聖令』研究文献目録（第2版）」（『法史学研究会会報』一四、二〇一〇年）および服部一隆「『天聖令』研究文献目録―日本語文献を中心として―」（『古代学研究所紀要』一二、二〇一〇年）を参照。中国における研究状況は、黄正建（著）江川式部（訳）「『天聖令』の唐宋史研究における価値について―現在の研究成果を中心に―」（『日本古代学』二、二〇一〇年）に整理されている。

最近の主要な業績として、台湾の研究者を中心とした成果が、台師大歴史系・中国法制史学会・唐律研読会主編『新史料・新観点・新視角　天聖令論集　上・下』（元照出版、二〇一一年）に、中国社会科学院における成果が、黄正建主編『国家哲学社会科学成果文庫《天聖令》与唐宋制度研究』（中国社会科学出版社、二〇一一年）に、東京大学の律令制研究会を中心とした成果が、大津透編『律令制研究入門』（名著刊行会、二〇一一年）に、それぞれまとめられている。その他、戴建国『唐宋変時期的法律与社会』（上海古籍出版社、二〇一〇年）も刊行されている。

（3）戴建国（著）今泉牧子・金子由紀（訳）「『天聖令』の発見とその研究意義」（『上智史学』四八、二〇〇三年）。

（4）戴建国「天一閣蔵明抄本《官品令》考」（『宋代法制初探』黒竜江人民出版社、二〇〇〇年、初出一九九九年）。

（5）兼田信一郎「戴建国氏発見の天一閣博物館所蔵北宋天聖令田令について―その紹介と初歩的整理―」（『上智史学』四四、一九九九年）、池田温「唐令と日本令（三）唐令研究の新段階―戴建國氏の天聖令残本発見研究」（『創価大学人文論集』一二、二〇〇〇年）。

（6）池田温「唐令と日本令（三）唐令研究の新段階」（注(5)）。

（7）大津透「北宋天聖令・唐開元二十五年令賦役令」（『東京大学日本史学研究室紀要』五、二〇〇一年）。

（8）『宋会要輯稿』（新文豊出版、一九七六年）。

(9) 戴建国「天一閣蔵明抄本《官品令》考」(『宋代法制初探』注(4))。参考のため典拠部分をあげておく。『宋会要輯稿』(一六四冊　刑法一―四　天聖七年五月十八日条)「凡取㆓唐令㆒為㆑本、先挙㆓見行㆒者、因㆓其旧文㆒参以㆓新制㆒定之。其今不㆑行者亦随存焉。又取㆓勅文内罪名軽簡者五百余条㆒著㆓於逐巻末㆒曰㆓附令勅㆒」。ただし各巻の末尾に存在するはずの「附令勅」は備わっていない。

(10) 池田温「唐令と日本令(三)唐令研究の新段階」(注(5))。

(11) 戴建国「唐《開元二十五年令・田令》研究」(『歴史研究』二〇〇〇年二期)。

(12) 兼田信一郎「戴建国「唐開元二五年令・田令の研究」(『歴史研究』二〇〇〇年二期)翻訳」(『マテシス・ウニウェルサリス』三―二、二〇〇二年)。

(13) 戴建国(著)今泉牧子・金子由紀(訳)「『天聖令』の発見とその研究意義」(注(3))。

(14) 宋家鈺(著)徐建新(訳)「明抄本北宋天聖「田令」とそれに附された唐開元「田令」の再校録」(『駿台史学』一一五、二〇〇二年)、宋家鈺・徐建新・服部一隆「「明抄本北宋天聖「田令」とそれに附された唐開元「田令」の再校録」についての修補」(『駿台史学』一一八、二〇〇三年)。このときに天聖令がもと全四冊である可能性が高いことが指摘されている。天聖令の全文公開前に田令研究が盛んになったのは、本釈文の影響が大きい。

(15) 天一閣博物館・中国社会科学院歴史研究所天聖令整理課題組校証『天一閣蔵明鈔本天聖令校証　附唐令復原研究　上・下』(中華書局、二〇〇六年…以下前掲注番号を省き、『天聖令校証』と記す)。編纂の事情や本書の内容については、黄正建(著)張娜麗(訳)「天一閣蔵『天聖令』整理研究と唐日令文比較断想」(『「魅力ある大学院教育」イニシアティブ〈対話と深化〉の次世代女性リーダーの育成　平成一八年度活動報告書シンポジウム編』お茶の水女子大学大学院人間文化研究科、二〇〇七年)を参照。

(16) 冒頭には「賦令」、末尾には「賦役令」とある。また『郡斎読書志』の「天聖編勅」(「天聖令」の誤りか)には「賦令」とある。孫猛校証『郡斎読書志校証』(上海古籍出版、一九九〇年)を使用した。

(17) 本書の書評として、丸山裕美子「書評　天一閣博物館・中国社会科学院歴史研究所天聖令整理課題組校証『天一閣蔵明鈔本天聖令校証　附唐令復原研究』」(『法制史研究』五七、二〇〇八年)がある。

(18) 岡野誠「北宋の天聖令について―その発見・刊行・研究状況」(『歴史と地理』六一四〈世界史の研究二一五〉、二〇〇八年)。

(19) 黄正建「天一閣蔵『天聖令』整理研究と唐日令文比較断想」(注(15))、大津透「北宋天聖令の公刊とその意義―日唐律令比較研究の新段階―」(『東方学』一〇四、二〇〇七年)。

(20) 以下、大津透「北宋天聖令の公刊とその意義」（注(19)）、古瀬奈津子「天聖令の発見と日本古代史研究」（『歴史学研究』八三三、二〇〇七年）、丸山裕美子「日唐令復原・比較研究の新地平―北宋天聖令残巻と日本古代史研究―」（『歴史科学』一九一、二〇〇八年）などを参考にし、論点を網羅して典拠文献をあげ、異論がある場合は併記するように努めた。なお通説を確認するため、必要に応じて天聖令発見以前の文献も例示的に掲げた。
(21) 戴建国「天一閣蔵明抄本《官品令》考」（『宋代法制初探』注(4)）。同「従《天聖令》看唐和北宋的法典製作」（『新史料・新観点・新視角　天聖令論集　上』注(2)）においても使用されている。
(22) 大津透「北宋天聖令の公刊とその意義」（注(19)）など。
(23) 岡野誠「北宋の天聖令について」（注(18)）、同「天聖令依拠唐令の年次について」（『法史学研究会会報』一三、二〇〇九年）。
(24) 黄正建「天一閣蔵『天聖令』整理研究と唐日令文比較断想」（注(15)）によれば、『天聖令校証』編纂者の間で始まった方式という。
(25) 筆者も初期の論文では復原唐令の条文番号を主に使用したので、本書においては宋令・不行唐令および復原唐令の条文番号を併記することとした。
(26) 兼田信一郎「戴建国氏発見の天一閣博物館所蔵北宋天聖令田令について」（注(5)）、戴建国「試論《天聖令》的学術価値」（張伯元主編『法律文献　整理与研究』北京大学出版社、二〇〇五年）で論じられている。
(27) 岡野誠「天聖令依拠唐令の年次について」（注(23)）。
(28) 辻正博「天聖獄官令と宋初の司法制度」（『唐宋時代刑罰制度の研究』京都大学出版会、二〇一〇年、初出二〇〇八年）。
(29) 早くに、浅井虎雄『支那ニ於ケル法典編纂ノ沿革』（汲古書院、一九七七年、初刊一九一一年）には、「法典ニ規定セルモノハ必シモ現行法ナルニアラズ」（三九二頁）、「支那法ハ著シク道徳的分子を含メリ」（三九三頁）などと注目される見解が述べられている。
(30) 戴建国「天一閣蔵明抄本《官品令》考」（『宋代法制初探』注(4)）。
(31) 大津透「北宋天聖令の公刊とその意義」（注(19)）など。
(32) 『天聖令校証』に所収される一二編目の「唐令復原研究」のうち、「開元令」とするものが三編、「唐令」とするものが九編である。

(33) 黄正建「関於天一閣蔵宋天聖令整理的若干問題」(『天聖令校証』)、同「《天聖令》附《唐令》是開元二十五年令嗎?」(『中国史研究』二〇〇七年四期、二〇〇七年)。

(34) 盧向前・熊偉「《天聖令》所附《唐令》為建中令弁」(『国学研究』二二、二〇〇八年)。

(35) 戴建国「《天聖令》所附唐令為開元二十五年令考」(『唐研究』一四、二〇〇八年)。淳化三年に修訂された開元二十五年令であるとする、同「天一閣蔵明抄本《官品令》考」(『宋代法制初探』注(4))の旧説を修正した。なお定州の開元二十五年令については、滋賀秀三「法典編纂の歴史」(『中国法制史論集　法典と刑罰』創文社、二〇〇三年)、梅原郁「唐宋時代の法典編纂—律令格式と勅令格式」(『宋代司法制度研究』創文社、二〇〇六年)においてもふれられている。

(36) 坂上康俊「天聖令の藍本となった唐令の年代比定」(大津透編『日唐律令比較研究の新段階』山川出版社、二〇〇八年…以下前掲注番号を省く)、同「天聖令藍本唐開元二十五年令説再論」(『史淵』一四七、二〇一〇年)。

(37) 岡野誠「天聖令依拠唐令の年次について」(注(23))。

(38) 坂上康俊「天聖令藍本唐開元二十五年令説再論」(注(36))は、『通典』所引の開元二十五年令と天聖令との相違や『故唐律疏議』所引の唐令が開元令かなどの問題を指摘している。

(39) 『唐律疏議』(正確には『故唐律疏議』)は宋元以後の法律書であり、基となった唐の「律疏」とは区別する必要がある。日本では『唐律疏議』が『宋刑統』の影響を受けているとするのが、仁井田陞・牧野巽「故唐律疏議制作年代考(上下)」(律令研究会編『訳註日本律令一　首巻』東京堂出版、一九七八年、初出一九三一年)以来有力である。両者の前後関係に関する問題は、岡野誠「日本における唐律研究—文献学的研究を中心として—」(『法律論叢』五四—四、一九八二年)に整理されており、最近の文献については、同「新たに紹介された吐魯番・敦煌本『唐律』『律疏』断片」(土肥義和編『敦煌・吐魯番出土漢文文書の新研究』東洋文庫、二〇〇九年)にあげられている。黄正建「天一閣蔵『天聖令』整理研究と唐日令文比較断想」(注(15))によれば、『天聖令校証』の編纂においても議論になったという。

(40) 滋賀秀三「法典編纂の歴史」(『中国法制史論集』注(35))。

(41) 辻正博「天聖獄官令と宋初の司法制度」(『唐宋時代刑罰制度の研究』注(28))。

(42) 坂上康俊「天聖令の藍本となった唐令の年代比定」(『日唐律令比較研究の新段階』)。

(43) 黄正建「天聖令における律令格式勅」(『日唐律令比較研究の新段階』)。

(44) 古瀬奈津子「営繕令からみた宋令・唐令・日本令」(『日唐律令比較研究の新段階』)。
(45) 稲田奈津子「北宋天聖令による唐喪葬令復原研究の再検討—条文排列を中心に—」(『東京大学史料編纂所紀要』一八、二〇〇八年)。
(46) 丸山裕美子「日唐令復原・比較研究の新地平—北宋天聖令残巻と日本古代史研究—」(『歴史科学』一九一、二〇〇八年)。
(47) 仁井田陞「唐令の史的研究」(『唐令拾遺』)。ただし編目は省かれても条文は他編目に編入されたものがあると想定されている。
(48) 大津透「北宋天聖令の公刊とその意義」(注(19))、丸山裕美子「日唐令復原・比較研究の新地平」(注(46))。なお、坂上康俊「舶載唐開元令考」(『日本歴史』五七八、一九九六年)・同「日本に舶載された唐令の年次比定について」(『史淵』一四六、二〇〇九年)がいうように、日本に伝来した開元令は開元三年令のみだとすると、日本史料に直接引用された開元令の編目は、少なくとも開元三年令には存在したことになる。
(49) 大津透「北宋天聖令の公刊とその意義」(注(19))を参考にして一覧表にした。なお、編目の配列研究については、池田温「唐令と日本令—〈唐令拾遺補〉編纂によせて—」(池田温編『中国礼法と日本律令制』東方書店、一九九二年)を参照。
(50) 仁井田陞「唐令の史的研究」(『唐令拾遺』)においても根拠がないため「姑らく鹵簿令の次ぎに掲げて置く」(二一頁)とされている。
(51) 戴建国「天一閣蔵明抄本《官品令》考」(『宋代法制初探』注(4))。
(52) 大津透「北宋天聖令の公刊とその意義」(注(19))。
(53) 『唐六典』と天聖令が同一であるところからは、巻が正式な単位であったようである。ただし「隋開皇令」には一巻に複数編目の名称をもつものがあり、「附編」の扱いが唐令と異なる。あるいは「附編」は唐令で作成されたのかもしれない。
(54) 大津透「北宋天聖令の公刊とその意義」(注(19))。
(55) 大津透「唐日賦役令の構造と特色」(『日唐律令制の財政構造』岩波書店、二〇〇六年、初出二〇〇二年)。
(56) 服部一隆「日唐田令の比較と大宝令」(『文学研究論集』一八、二〇〇三年)。本書第一編第二章。すでに吉村武彦「律令制的班田制の歴史的前提について—国造制的土地所有に関する覚書—」(井上光貞博士還暦記念会編『古代史論叢　中』吉川弘文館、一九七八年)、同「律令制国家と土地所有」(『日本古代の社会と国家』岩波書店、一九九六年、初出一九七五年)によって詳論されている。

(57) 石上英一「日本律令法の法体系分析の方法試論」(『東洋文化』六八、一九八八年)、同「貢納と力役」(日本村落史講座編集委員会編『日本村落史講座4 政治Ⅰ 原始・古代・中世』雄山閣出版、一九九一年)、同「比較律令制論」「律令国家論」(『律令国家と社会構造』名著刊行会、一九九六年、初出一九九二・九三年)。

(58) 渡辺信一郎「北宋天聖令による唐開元二十五年令田令の復原並びに訳注」(『京都府立大学学術報告(人文・社会)』五八、二〇〇六年)。

(59) 岡野誠「書評・新刊紹介 大津透編『日唐律令比較研究の新段階』」(『唐代史研究』一二、二〇〇九年)。

(60) 大津透「北宋天聖令の公刊とその意義」(注(19))。

(61) 戴建国「唐《開元二十五年令・田令》研究」(注(11))、渡辺信一郎「北宋天聖令による唐開元二十五年令田令の復原並びに訳注」(注(58))、大津透「吐魯番文書と律令制—唐代均田制を中心に—」(土肥義和編『敦煌・吐魯番出土漢文文書の新研究』東洋文庫、二〇〇九年)。

(62) 引用条文群は、食貨二田制下「大唐開元二十五年令」①、同田制下「又田令」②、同屯田「大唐開元二十五年令」③、職官一七職田公廨田「大唐」④、の四カ所である。条文名は筆者が任意に付したものである。

(63) 石上英一「日本律令法の法体系分析の方法試論」(注(57))では、この部分から条文群の配列が異なることを提起している。

(64) 『通典』には、「在京諸司(中略)等公廨田・職分田各有差」と省略して記載されている。

(65) 引用条文は、食貨六賦税下「(開元)二十五年定令」、同賦税下末尾、の二カ所である。条文名は大津透「北宋天聖令・唐開元二十五年令賦役令」(注(7))、同「唐日賦役令の構造と特色」(『日唐律令制の財政構造』注(55))による。なお本件については、石上英一氏の諸文献(注(57))によって検討されている。

(66) 戴建国「天一閣蔵明抄本《官品令》考」(『宋代法制初探』注(4))、大津透「北宋天聖令の公刊とその意義」(注(19))。

(67) 稲田奈津子「北宋天聖令による唐喪葬令復原研究の再検討」(注(45))。宋家鈺「唐開元田令的復原研究」「唐開元厩牧令的復原研究」(『天聖令校証』)も天聖令にない「開元令」を復原している。

(68) 稲田奈津子「慶元条法事類と天聖令—唐令復原の新たな可能性に向けて」(『日唐律令比較研究の新段階』)。

(69) 大津透「北宋天聖令の公刊とその意義」(注(19))。

(70) 一部に大宝令において唐令の字句を改めたものを、養老令で元に戻す場合があるので注意が必要である(坂本太郎「大宝令と養老令」『坂本太郎著作集七　律令制度』吉川弘文館、一九八九年、初出一九六九年）。また養老令段階で、開元三年令によって字句を改めた可能性も考慮する必要がある（坂上康俊「舶載唐開元令考」注(48)）。

(71)『唐令拾遺』『唐令拾遺補』の復原文を重視せず、資料索引として利用すべきことがすでに指摘されている。滋賀秀三「書評　仁井田陞著（池田温編集代表）『唐令拾遺補―附唐日両令対照一覧―』」（『法制史研究』四八、一九九九年）を参照。

(72) 丸山裕美子「日唐令復原・比較研究の新地平」（注(46)）、坂上康俊「天聖令藍本唐開元二十五年令説再論」（注(36)）。

(73) 具体的な点は『天聖令校証』の「校録本」における校勘を参照。ただし養老令による字句の修正は改変の可能性があるため慎重を期すべきであろう。

(74) 池田温「唐令と日本令（一）」（『創価大学人文論集』七、一九九五年）など。ただし条文の存在と大旨をうかがうのに有効であることは指摘のとおりである。

(75) 仁井田陞「唐令の史的研究」（『唐令拾遺』）では、『唐六典』（尚書刑部）記載の編目が少ないことから、令の体系が改められたとする。

(76) 池田温「唐令」（滋賀秀三編『中国法制史―基本資料の研究』東京大学出版会、一九九三年）、同「律令法」（堀敏一他編『魏晋南北朝隋唐時代史の基本問題』汲古書院、一九九七年）。

(77) 大津透「北宋天聖令の公刊とその意義」（注(19)）。

(78) 虎尾俊哉『班田収授法の研究』（吉川弘文館、一九六一年）。

(79) 石上英一氏の諸文献（注(57)）。

(80) 丸山裕美子「日唐令復原・比較研究の新地平」（注(46)）、大隅清陽「大宝律令の歴史的位相」（『日唐律令比較研究の新段階』）など。

(81) 大津透「北宋天聖令の公刊とその意義」（注(19)）、丸山裕美子「日唐令復原・比較研究の新地平」（注(46)）。

(82) 丸山裕美子「律令国家と仮寧制度―令と礼の継受をめぐって―」（『日唐律令比較研究の新段階』）、古瀬奈津子「営繕令からみた宋令・唐令・日本令」（『日唐律令比較研究の新段階』）など。

(83) 十川陽一「日唐営繕令の構造と特質」（『法制史研究』五八、二〇〇九年）。

(84) 丸山裕美子「律令国家と仮寧制度」（『日唐律令比較研究の新段階』）、武井紀子「日本古代倉庫制度の構造とその特質」（『史学雑誌』一一八―一〇、二〇〇九年）。

(85) 吉永匡史「律令関制度の構造と特質」（『東方学』一一七、二〇〇九年）は、唐日令の同質性に着目する必要性を主張している。大津透他「第一〇五回史学会大会報告　日本古代史・東洋史合同シンポジウム　律令制研究の新段階」（『史学雑誌』一一七―一、二〇〇八年）の討論も参照。なお、日本律令が唐代法典に依拠していることは、小林宏「「因循」について―日本律令制定の正当化に関する考察―」（『日本における立法と法解釈の史的研究一　古代・中世』汲古書院、二〇〇九年、初出一九九一年）を参照。

(86) 大津透「北宋天聖令の公刊とその意義」（注(19)）。服部一隆「日唐田令の比較と大宝令」（注(56)本書第一編第二章）によれば、田令ではひとまとまりの規定の末尾に新条文を付すことが指摘されている。

(87) 大隅清陽「大宝律令の歴史的位相」（『日唐律令比較研究の新段階』）。

(88) 丸山裕美子「日唐令復原・比較研究の新地平」（注(46)）、同「律令国家と仮寧制度」（『日唐律令比較研究の新段階』）。

(89) 滝川政次郎「唐礼と日本令」（『律令の研究』名著刊行会、一九八八年、初刊一九三一年、初出一九二九年）。

(90) 大津透「北宋天聖令の公刊とその意義」（注(19)）。

(91) 唐令率は（不行唐令条数）÷（天聖令全条数）、継受率は（養老令条数）÷（天聖令全条数）、の値の小数点第二位を四捨五入したものである。厳密には唐日令条文の対応関係（必ずしも一対一ではない）や養老令の独自条文を加味するべきであるが、傾向をみるためということで概数にとどめた。

(92) 大津透「農業と日本の王権」（網野善彦他編『岩波講座　天皇と王権を考える3　生産と流通』岩波書店、二〇〇二年）、同「吐魯番文書と日本律令制―古代東アジア世界と漢字文化―」（高田時雄編『漢字文化三千年』臨川書店、二〇〇九年）、および服部一隆「日唐田令の比較と大宝令」（注(56)本書第一編第二章）による。両説の比定は一条異なり、宋家鈺「唐開元田令的復原研究」（『天聖令校証』）は、両者の比定をすべて取り四条とするため、厳密には二～四の幅をもたせるべきである。なお養老2田租条は、唐令では賦役令に規定されている。

(93) 服部一隆「日唐田令の比較と大宝令」（注(56)）。本書第一編第二章。

(94) ただし宋2が唐令でどの箇所にあったか議論がある。山崎覚士「唐開元二十五年田令の復原から唐代永業田の再検討へ―明抄本天聖令をもとに―」（『洛北史学』五、二〇〇三年）および松田行彦「唐開元二十五年田令の復原と条文構成」（『歴史学研究』八七七、二〇一一年）は養老令と同様の配列とするが、当箇所は日本令における改変部分と考えられることから、先述のように『通典』

の引用を評価し、永業田規定の後に配列する戴建国「唐《開元二十五年令・田令》研究」（注(11)）、服部一隆「日唐田令の比較と大宝令」（注(56)本書第一編第二章）、渡辺信一郎「北宋天聖令による唐開元二十五年令田令の復原並びに訳注」（注(58)）、大津透「吐魯番文書と日本律令制」（『漢字文化三千年』注(92)）のほうが有力であろう。

(95) 服部一隆「大宝田令班田関連条文の再検討―天聖令を用いた大宝令復原試論―」（『駿台史学』一二二、二〇〇四年）、同「田令口分条における「五年以下不給」の法意」（吉村武彦編『律令制国家と古代社会』塙書房、二〇〇五年）、同「天聖令を用いた大宝田令荒廃条の復原」（『続日本紀研究』三六一、二〇〇六年）。本書第二編第一・二・三章。

(96) 服部一隆『日本古代田制の特質―天聖令を用いた再検討―』（『歴史学研究』八三三、二〇〇七年）。本書第三編第二章。

(97) 伊藤循「大宝田令荒廃条の荒地と百姓墾田」（『律令制国家と古代社会』注(95)）および荒井秀規「律令国家の地方支配と国土観」（『歴史学研究』八五九、二〇〇九年）は、荒廃条の復原は天聖令発見後も変更しなくてよいとする。北村安裕「古代の大土地経営と国家」（『日本史研究』五六七、二〇〇九年）は服部説におおむね賛成している。

(98) 大津透「北宋天聖令・唐開元二十五年令賦役令」（注(7)）、同「唐日賦役令の構造と特色」（『日唐律令制の財政構造』注(55)）による。

(99) 大津透「北宋天聖令の公刊とその意義」（注(19)）。

(100) 大津透「唐日賦役令の構造と特色」（『日唐律令制の財政構造』注(55)）。

(101) 大津透「北宋天聖令の公刊とその意義」（注(19)）。

(102) 吉野秋二「大宝令賦役令歳役条再考」（『日本古代社会編成の研究』塙書房、二〇一〇年、初出二〇〇五年）は歳役の実役規定があったとし、渡辺信一郎「唐代前期賦役制度の再検討」（『中国古代の財政と国家』汲古書院、二〇一〇年、初出二〇〇八年）は雑徭規定が存在しない点についての新たな見解を提起している。

(103) 養老令の条文数は『令集解』巻一「目録」による。

(104) 武井紀子「日本古代倉庫制度の構造とその特質」（注(84)）による。池田温「唐令と日本令（5）天一閣本「天聖令」残本（巻廿一～卅）管見―倉庫令・醫疾令を中心として―」（『創価大学人文論集』一九、二〇〇七年）は三条とする。養老倉庫令は逸文のため、概数である。

(105) 武井紀子「日唐律令制における倉・蔵・庫―律令国家における収納施設の位置づけ」（『日唐律令比較研究の新段階』）。

(106) 武井紀子「日本古代倉庫制度の構造とその特質」(注(84))。
(107) 宋家鈺「唐開元厩牧令的復原研究」(『天聖令校証』)による。
(108) 市大樹「日本古代伝馬制度の法的特徴と運用実態―日唐比較を手がかりに―」(『日本史研究』五四四、二〇〇七年)。
(109) 吉永匡史「律令関制度の構造と特質」(注(85))。
(110) 吉永匡史「律令関制度の構造と特質」(注(85))。
(111) 池田温「唐令と日本令(三)唐令研究の新段階」(注(5))、孟彦弘「唐補亡令復原研究」(『天聖令校証』)による。
(112) 吉永匡史「律令国家と追捕制度」(『日唐律令比較研究の新段階』)。
(113) 養老令の条文数は『令集解』巻一「目録」による。
(114) 丸山裕美子「北宋天聖令による唐日医疾令の復原試案」(『愛知県立大学日本文化学部論集(歴史文化学科編)』一、二〇一〇年)。
(115) 丸山裕美子「北宋天聖令による唐日医疾令の復原試案」(注(114))。
(116) 丸山裕美子「律令国家と仮寧制度」(『日唐律令比較研究の新段階』)、趙大瑩「唐仮寧令復原研究」(『天聖令校証』)による。
(117) 丸山裕美子「律令国家と仮寧制度」(『日唐律令比較研究の新段階』)。
(118) 雷聞「唐開元獄官令復原研究」(『天聖令校証』)による。
(119) 錯簡があるため、天聖令および宋令・唐令の条文数は、牛来穎「天聖営繕令復原唐令研究」(『天聖令校証』)によった。
(120) 古瀬奈津子「営繕令からみた宋令・唐令・日本令」(『日唐律令比較研究の新段階』)、十川陽一「日唐営繕令の構造と特質」(注(83))、牛来穎「天聖営繕令復原唐令研究」(『天聖令校証』)による。
(121) 古瀬奈津子「営繕令からみた宋令・唐令・日本令」(『日唐律令比較研究の新段階』)。
(122) 十川陽一「日唐営繕令の構造と特質」(注(83))。
(123) 稲田奈津子「喪葬令と礼の受容」(池田温編『日中律令制の諸相』東方書店、二〇〇二年)、同「北宋天聖令による唐喪葬令復原研究の再検討」(注(45))による。『日本三代実録』貞観十三年十月五日条に「至二於喪制一、則唐令無レ文。唯制二唐礼一、以拠行之。而国家制レ令之日、新制二服紀一条一、附二喪葬令之末一」とあることより、従来唐喪葬令に服紀条が存在しなかったとされてきた(滝川政次郎「唐礼と日本令」『律令の研究』注(89)など)。しかし天聖令にあるように、附載であれば唐令に存在しなくても問題はなく、服紀条も唐令の範囲内(「附一~一〇」)から継受されたとする稲田奈津子「喪葬令と礼の受容」の説に従った。

(124)「附」を数えていないため概数である。
(125)稲田奈津子「北宋天聖令による唐喪葬令復原研究の再検討」(注(45))。
(126)天聖令に欠けている末尾部分および独自条文については、黄正建「天聖雑令復原唐令研究」(『天聖令校証』)、三上喜孝「北宋天聖雑令に関する覚書—日本令との比較の観点から—」(『山形大学歴史・地理・人類学論集』八、二〇〇七年)による。
(127)三上喜孝「北宋天聖雑令に関する覚書」(注(126))。
(128)最近の研究動向については、大津透「律令制研究の流れと近年の律令制比較研究」(『律令制研究入門』注(2))を参照。
(129)たとえば、租は唐令では賦役令に規定されていたが、日本令では田令に移動されている。「独自条文」についても、他編からの移動である可能性を考慮する必要がある。
(130)『新訂増補国史大系　令義解』(吉川弘文館、一九三九年)。
(131)『日本思想大系　律令』(岩波書店、一九七六年)。
(132)石上英一「令義解」(『国史大系書目解題　下』吉川弘文館、二〇〇一年)、丸山裕美子「尾張名古屋の律令学—稲葉通邦『逸令考』を中心に—」(『愛知県立大学文学部論集』五六、二〇〇八年)など。
(133)池田温「唐令と日本令(5)天一閣本「天聖令」残本(巻廿一〜卅)管見」(注(104))、武井紀子「日本古代倉庫制度の構造とその特質」(注(84))、丸山裕美子「北宋天聖令による唐日医疾令の復原試案」(注(114))。
(134)服部一隆「日唐田令の比較と大宝令」(注(56))。本書第一編第二章。
(135)大津透「北宋天聖令の公刊とその意義」(注(19))。
(136)大宝令が唐令に近いとするものに、滝川政次郎「新古律令の比較研究」(『律令の研究』注(89)、初出一九三一年)、養老令が近いとするものに、坂本太郎「大宝令と養老令」(『坂本太郎著作集七　律令制度』注(70))がある。
(137)服部一隆「大宝田令班田関連条文の再検討」(注(95)本書第二編第一章)によれば、田令の分析からは、大宝令は条文配列が唐令に近く、養老令は字句が唐令に近いとする。
(138)服部一隆「大宝田令班田関連条文の再検討」、同「田令口分条における「五年以下不給」の法意」(『律令制国家と古代社会』注(95))、同「天聖令を用いた大宝田令荒廃条の復原」(注(95))。本書第二編第一・二・三章。
(139)大隅清陽「儀制令と律令国家—古代国家の支配秩序—」(『律令官制と礼秩序の研究』吉川弘文館、二〇一一年)および李錦繡

「唐「五行帳」考」（『新史料・新観点・新視角　天聖令論集　下』注（2））を参照。

（140）服部一隆「日唐田令の比較と大宝令」（注（56）本書第一編第二章）、同「日本古代田制の特質」（注（96）本書第三編第二章）、武井紀子「日本古代倉庫制度の構造とその特質」（注（84））。

（141）大隅清陽「大宝律令の歴史的位相」（『日唐律令比較研究の新段階』）。

（142）丸山裕美子「律令国家と仮寧制度」（『日唐律令比較研究の新段階』）。

（143）三上喜孝「唐令から延喜式へ―唐令継受の諸相」（『日唐律令比較研究の新段階』）。同様の視点に立つものとして、大高広和「律令継受の時代性―辺境防衛体制からみた―」（『律令制研究入門』注（2））がある。

（144）青木和夫「浄御原令と古代官僚制」「律令論」（『日本律令国家論攷』岩波書店、一九九二年、初出一九五四・六五年）。

（145）大隅清陽「大宝律令の歴史的位相」（『日唐律令比較研究の新段階』）。

（146）『続日本紀』大宝元年八月癸卯条に「撰㆓定律令㆒、於レ是始成。大略以㆓浄御原朝庭㆒為㆓准正㆒」とある。

（147）二二巻という浄御原令の巻数が体系的法典であることの傍証とされてきた。ただし唐令の巻はいくつかの附編を除けば編目に対応するため、二二巻はあるいは二二編目を意味する可能性もあろう。

（148）吉川真司「律令体制の展開と列島社会」（上原真人他編『列島の古代史8　古代史の流れ』岩波書店、二〇〇六年）。氏の律令論は、同『飛鳥の都　シリーズ日本古代史3』（岩波新書、二〇一一年）によって展開されている。

（149）大隅清陽「これからの律令制研究―その課題と展望―」（『九州史学』一五四、二〇一〇年）は、六世紀末から浄御原令までを南北朝期の貴族制的な律令を継受した「プレ律令制」の段階として位置づけるという注目すべき新見解を述べている。

（150）三上喜孝「唐令から延喜式へ」（『日唐律令比較研究の新段階』）。

（151）『日本書紀』推古三十一年七月条で、学問僧恵日らは「留㆓于唐国㆒学者、皆学以成レ業。応レ喚。且其大唐国者、法式備定之珍国也。常須レ達」と法制の重要性を奏聞している。体系的な法典を作成すること自体の意味も問われなければならないだろう。

（152）長沙走馬楼呉簡や韓国木簡の研究が進展しており、大宝令以前の「令制継受」についても、新展開を迎えている。三上喜孝「古代東アジア出挙制度試論」（『アジア研究機構叢書人文学篇1　東アジア古代出土文字資料の研究』雄山閣、二〇〇九年）が中・韓・日にわたる出挙制の検討という新たな視点を提示している。

（153）その他、写本・伝来研究などの分野があることはもちろんである。

〔付記〕　本章は「日本における天聖令研究の現状—日本古代史を中心に—」（『古代学研究所紀要』一二、明治大学古代学研究所、二〇一〇年）を初出とする。同論考に付していた「（附）『天聖令』研究文献目録—日本語文献を中心として—」の必要部分を注に組み込んだ。また、近年の研究のうち主要なものを若干増補した。

第二章　日唐田令の比較と大宝令

はじめに

日本の古代国家は、律令制国家として完成したため[1]、古代の国家および社会を検討するにあたって律令法の分析は不可欠である。その特質を明らかにするための方法として日唐律令の比較があり[2]、これは本章で検討する田制についても有効である。

日唐田制の比較は長い研究史をもつが[3]、散逸した唐令を逸文から復原して養老令に従って配列し、日本令との法体系を比較するという本格的な方法を初めて用いたのは中田薫氏であり[4]、以後の研究の指針となっている。ついで仁井田陞氏は大宝田令全条文の復原および唐令との比較を行い[5]、さらに『唐令拾遺』によって唐令全編にわたる復原を実施した[6]。また、滝川政次郎氏は大宝令の主要部分を復原し[7]、今宮新氏は養老田令と『唐令拾遺』復旧条文を対照するという方法を用いた[8]。戦後になり、虎尾俊哉氏は『唐令拾遺』による唐令逸文と大宝・養老田令の対照表を作成し、日唐令比較において大宝令を使用することを初めて本格的に導入した[9]。その後「唐日両令対照一覧」[10]によって大宝令条文復原全体の研究史が整理されている。

また、日唐令比較の深化した方法として個々の条文だけではなく、その構成を比較することも論じられている。研究史上では、弥永貞三氏が田令における条文構成研究の重要性を提起し[11]、菊池英夫氏が唐令復旧についての問題点、とくに「租」が賦役令に規定されていたと指摘したことが方法論の転換をもたらし、吉村武彦氏は国家的規制が濃厚であるという田令全体にわたる論理的構成を提示した。[13] さらに石上英一氏は条文構成研究を唐令に及ぼし日本令の構成と比較することによって、唐令が給田の体系であり日本令が口分田班給の体系であったとし、これまで漠然と養老令に従っていた『唐令拾遺』における唐田令の条文配列を、『通典』における条文群の引用順を根拠として大幅に入れ替えた。[14] この説は論理的であることから有力視され、『唐令拾遺補』にも採用されたのである。

これらの研究によって、唐日の条文構成に基づいた比較検討が重要であるという方法論的課題が明らかになった。しかし、比較の対象となる唐令が残存していないという史料的制約があること、直接の継受関係があるとされる永徽令と大宝令の比較がなされていない点が問題として残った。[15]

ところが、戴建国氏による北宋天聖令の発見によって状況は一変した。[16] 発見された天聖令は巻数でいえば全体の三分の一であり、田令・捕亡令・賦役令の概要は日本においていち早く公開された。[17] この発見が唐令研究史上重要な点は、天聖令各編目の後半部分が開元二十五年令である可能性が高いことが立証された点にある。[18] さらに戴氏が天聖田令前半の宋令部分にあたる唐開元二十五年田令条文を復原した結果、[19] 諸書の逸文からの復原条文ではない、原型に近い唐令と日本令とを比較することが可能となった。くわえて田令の場合は、その他の令と比較しても、唐令部分に対する宋令部分の割合がきわめて小さく、[20] 開元二十五年令の条文配列がほぼ完全に復原できる点が好条件である。田令は再調査によって、より詳細な翻刻がなされており、[21] 二〇〇六年には天聖令の全文が公開された。[22]

そこで本章では、以上の研究史をふまえた基礎的作業として、新たに復原された唐開元二十五年田令と日本田令を比較することによって、大宝および養老の田令がどのような手法によって作成されたのか、その形式的側面を検討する。

研究史を振り返ると、天聖令発見以前における唐田令配列の復原方法は、養老令の配列に従うもの、[23]『通典』の引用順に従うものの二種類があった。[24] 両者は天聖令発見以後においても唐開元二十五年田令の配列復原の根拠として使用され、養老令に従うのが山崎覚士[25]・宋家鈺[26]・松田行彦[27]の各氏、養老令と『通典』引用を併用するのが戴建国[28]・大津透[29]・渡辺信一郎[30]各氏である。天聖令公表後に、『通典』引用を重視した石上英一説が誤りで、養老令に従った『唐令拾遺』が正しいことが強調されたが[31]、『通典』は条文群どうしの引用順は変更しているものの、条文群内の引用順は正確である（第一編第一章）。したがって、『通典』の引用順と養老令の配列を併用するのが正しい方法であろう。また天聖令にない唐令が存在するという説[32]もあるが、「右令不行」として現行法でない条文を保存したという立法者の姿勢から、天聖令と開元二十五年令の条数は同一であるのが原則であろう。[33]

ところが、従来の天聖令に基づいた条文比較[34]では、条文自体が対照されておらず、大宝令の記載もないので、日唐令とくに大宝令を用いた比較には不便である。そこで条文構成を理解するためには、文章を用いた説明よりも対照表による視覚的認識が先決であると考え、上記の配列復原法に従い本章末に「唐日田令対照史料」（以下「対照史料」と呼ぶ）として、復原開元二十五年田令[35]と養老田令に大宝田令の復原可能な部分を付したものを上下に対照させた。[36] ついては、上段の唐令に対応する日本令が下段に来るように配置し、お互いの条文配列を崩さないよう対応が認められない部分については空白とした。本編第一章でも論じたとおり、養老令の配列に従い、宋令・唐令の配列を変更しないのは唐令復原の原則である。以下、対照史料に従い復原唐開元二十五年令第一条を「通1」として、対応する宋令から復原した唐令を〔宋復原○〕、不行唐令を〔唐○〕と補記し、日本令（養老令）第一条を「日1」というように表記することとする。[37] また、便宜のため復原唐令には条文名を付す。

ここで復原に関する問題点を整理すると、まず宋復原5競田条の配列があげられる。唐30公私荒廃条には養老令29荒廃条に対応条文があり、唐32在京諸司公廨田条以後は「③官司・官職に対する給田」（後出）であり内容が異なるため、宋復原5競田条が両者の間になるのは間違いないが唐31山崗砂石条の前後どちらにも配列が可能である。この点について、近年、養老田令29荒廃条が唐30公私荒廃条・31山崗砂石条を継受していることから宋復原5競田条を両者の間に配列すべきとの説が提起されている(38)。しかし唐30公私荒廃条と養老29荒廃条前半部分の継受関係は明確であるのに対し、唐31山崗砂石条から養老29荒廃条後半部分への継受関係は不明確であり、唐田令の条文を継受したのではなく字句を使用したとの解釈も可能である。それよりも唐31山崗砂石条は「耕作困難地を給田の対象としない」という規定が中心であるため、「①個人に対する給田」、「②土地に対する権利関係」という配列（後出）の末尾にふさわしく、唐令配列上もその前に借佃（唐30）・競田（宋復原5）と権利関係の条文が続く構成は理解しやすい。したがって本章では宋復原5競田条→唐31山崗砂石条の順に配列した。

ついで、宋復原2永業田課種条については、復原の典拠史料に相違がある。これについても、同条に対応する『通典』条文に「永業田」の字句がないため、『唐律疏議』に引用された「戸内永業田」は一つの解釈であるとし、同条にあたる唐令に「永業田」の字句がなかったとする説がある(39)。しかし『宋刑統』(40)および『唐律疏議』(41)には明確に「戸内永業田」と記されており、同箇所に引用された他の二条文を天聖令と比較してみると、省略および誤写はあるもののほぼ正確に唐令を引用しており、字句の解釈が入り込む余地はきわめて小さい。さらに『通典』の前後の記載をみても本条に「永業田」が省略されたと考えて問題はない。したがって宋復原2永業田課種条にあたる唐令に「永業田」の字句は存在したとすべきである。

一　養老令と唐令の比較

まず、ほぼ全文が存在している養老令と唐令の比較を行う。その前に日唐令の継受関係を確認しておくと、天聖令の後半に記されているのは開元二十五年令であるが、大宝令を作成するために参照したのは永徽令である。[42] そこで対照史料によって永徽令を基にしたと考えられる日本令と比較してみると、田令に関しては大きな変更はなかったと判断してよいだろう。また本編第一章によれば、天聖令全体についても大幅な変更はないと考えられる。よって、開元二十五年令と日本令を比較してみる。

両令文の外見的特徴によりわかることは、まず第一に、日本令は唐令の条文配列について、かなり忠実に踏襲しているという点である。このことは、対照史料が条文配列をほとんど変更せずに作成できていることから明らかである。

第二に、内容を変更する場合は、条文配列はそのままで字句の修正により条文の意味づけを変更することが多いという点である。たとえば、永業田から位田・職（分）田・功田への変更（通6〔唐5〕永業田親王条→日4位田条・5職分田条、通7〔唐6〕永業田伝子孫条→日6功田条、通11〔唐9〕応給永業人条→日8官位解免条）、士人規定の挿入（通10〔唐8〕賜人田条→日7非其土人条）、園宅地の園地への変更（通18〔唐16〕給園宅地条→日15園地条）、地の売買から宅地の売買への変更（通20〔唐18〕買地条→日17宅地条）、収授田から班田への変更（通27〔唐25〕収授田条→日23班田条）、公廨田から職田・職分田への変更（通38〔宋復原6〕在外諸司公廨田条→日31在外諸司職分田条、通40〔唐34〕州等官人職分田条→日32郡司職分田条）、屯田から官田への変更（通45置屯条～56屯課帳条→日36置官田条・37役丁条）などである。

第三には、内容の変更にあたって複数条を統合する場合がある。たとえば、口分田支給についての規定（通2丁男永業口分条～5給口分田条→日3口分田条）である。

第四に、日本令に取り入れられなかった事項については、条文および該当部分が削除されている。条文が削除されている例として、永業田に関する規定（通8〔宋復原2〕永業田課種条・通9〔唐7〕五品以上永業田条・通14〔唐12〕請永業条）、売田に関する規定（通19〔唐17〕庶人身死条）、工商に関する規定（通21〔唐19〕工商永業口分条）、官司の運営費としての給田（通37〔唐32〕在京諸司公廨田条）などがある。(43)

第五に、日本令において新たな規定を作る、もしくは条文構成を変更する際にも、用語は唐令のものを使用する。たとえば、前者の例として日3口分田条の「具録町段及四至」は通14〔唐12〕請永業条の「具録頃畝四至」を、日2田租条の田租規定は唐賦役令の規定を用いており、また後者の例として、日16桑漆条の桑漆に関する規定は通8〔宋復原2〕永業田課種条に基づいている。

第六に、唐令の改変によって新たな規定が盛り込めない場合にのみ新条文を立てている。具体的には、日11公田条の公田・日12賜田条の賜田・日35外官新至条の新任外官への給与に関する規定がある。(44)なお後述するが、新しい条文は構成上の区切りの部分の最後に付されるという傾向がみてとれる。

二　大宝田令から養老田令への変更点

ここでは、先の大まかな唐日令の比較に基づき、大宝令と養老令の相違点について論じる。なお、大宝令の字句は主に該当条の『令集解』古記により、それ以外の場合にのみ該当条文の条文番号を記すこととする。

最初に、大宝令から養老令への変更が顕著に現れている条文について三つの点を述べる。

第一に、日8官位解免条は、「永業」を「職田位田」に、「爵」を「位」に置き換えている以外は通11〔唐9〕応給永業人条にほぼならっている。さらに、大宝令条文においてはその傾向が顕著である。大宝令では養老令で削除された「即解免不尽者随所降位追」という本注の部分が存しており、「依口分例」の句は「依口分例給」と「給」字があり、「亦追」は「並追」となっている。また、「従所解免追」の部分も「従所解者追」となっている。これらによれば、大宝令は一言一句違いなく唐令を引き写していることがわかる。そのうち養老令への改変の理由がわかるのは下記の二点についてである。まず、「依口分例給」が「依口分例」とされたのは「給」字が重複しているととらえられたためである。[45]次に「並追」が「亦追」とされたのは、唐令では「自外及有賜田者」と主語が複数であって「並追」は自然な文章であったのを、大宝令で「若有賜田者」と主語を単数としたため矛盾を生じ、養老令では「亦追」と修正したのである。[46]

第二に、日23班田条では通27〔唐25〕収授田条の「其退田戸内有合進受者」という規定を大宝令では「其収田戸内有合進受者」とほぼそのまま使用しており、[47]養老令では削除している。

第三に、日29荒廃条では通34〔唐30〕公私荒廃条の「主欲自佃先尽其主」という規定を大宝令は引き写しているが、養老令では削除している。

次に、字句の修正から変更の方針がうかがわれる三つの点について述べる。

第一に、日31在外諸司職分田条では通37〔唐32〕在京諸司公廨田条・通38〔宋復原6〕在外諸司公廨田条の「公廨田」という句を大宝令においてそのまま用いているが、養老令では「職分田」と改めている。その理由として、「公廨田」は唐令では官司運営費としての給田であったが、日本における「公廨田」は官人への給田であったため、養老令では唐令本来の意味である「職分田」に改めたと考えられる。

第二に、日36置官田条・37役丁条では通45置屯条〜56屯課帳条の「屯田」という句を大宝令では使用しているが、養老令では「官田」としている。その理由としては、唐令では司農寺・州・鎮が管理する地であった「屯田」に対し、大宝令では、天皇への供御のための「御田」を「屯田」としており、用法が相違するためなるべく意味の近い「官田」

に改めたことが考えられる。

第三に、日3口分田条では通5〔唐4〕給口分田条に規定されている「郷法」という字句を大宝令がそのまま踏襲している可能性が高いのに、(48)養老令では「郷土法」と変更している。また、日32郡司職分田条でも大宝令の「郷法」規定は養老令では削除している。

以上六点の、改変が具体的にわかる部分の検討によれば、大宝令において唐令の字句を引き写した部分のうち、不適当と判断された部分が、養老令において変更・削除されたと考えられる。

三　大宝田令の編纂方法

それでは、大宝田令の編纂には、どのような原則があったのだろうか。第一節では全体的な指摘をしたが、各条文を微細にみると特徴の異なる部分がある。それは復原唐令（通番）でいうと、a 通1田広条～18給園宅地条の個人に対する給田規定、b 通19庶人身死条～36山崗砂石条の土地に対する権利関係などを扱った規定、c 通37在京諸司公廨田条～44応給職田条の官司・官職に対する給田規定、d 通45置屯条～56屯課帳条の屯田に関する規定の四つの部分である。このことは『通典』における条文群引用がこの区分とほぼ一致していることからもいえるであろう。(49)以下、日本田令作成にあたっての主要な変更点および各部分独自の傾向について考察を加える。

a　通1～18条の個人に対する給田規定

第一に、唐令では一般的な耕地を指す「田」を日本令は水田の意に変更したうえ、(50)唐令では賦役令にあった「租」を日本令では「田租」とした点である。

第二に、唐令では口分田と永業田の規定があったのを、日本令では口分田のみとしている。[51] なお、永業田に関する規定は、位田・職田・功田に変更した（日4位田条・5職分田条・6功田条・8官位解免条・9応給位田条・10応給功田条）ほかは、条文自体および関連部分を削除している（条文の削除…通8〔宋復原2〕永業田課種条・通9〔唐7〕五品以上永業田条・通14〔唐12〕請永業条、関連部分の削除…通2丁男永業口分条〜5給口分田条）。また、日3口分田条では、通2丁男永業口分条〜5給口分田条の不要な規定を省き、口分田支給規定として一条にまとめている。

第三に、給田における土人優先主義を取り入れている（日7非其土人条）点である。[52]

第四には、新たに公田・賜田が規定された点（日11公田条・12賜田条）があげられる。[53] この位置に新条文を作ったのは、日10応給功田条までが口分田・永業田の支給規定としてひとまとまりと考えられており、その末尾に付すという形式をとったことが想定される。

第五には、年齢やそれに伴う課役負担に基づく給田を改めて、「男二段〈女減三分之一〉」と単純化したことである（通2〔唐1〕丁男永業口分条・通3〔唐2〕当戸永業口分条・通17〔唐15〕流内口分田条→日3口分田条）。

第六には、唐令における宅近辺の私有地としての園宅地の支給規定（通18〔唐16〕給園宅地条）を、園地の支給規定（日15園地条）とし、それを桑漆と関連づけた（日16桑漆条）ことである。その際、日16桑漆条は通8〔宋復原2〕永業田課種条の永業田における桑・楡・棗の課種規定を典拠として、条文構成を変更してまで作成されている。[54]

以上の六点によれば、a部分についての特徴は、内容に関わる部分や条文構成の変更もあるなど最も大幅な改変が行われた部分であるといえよう。

b　通19〜36条の土地に対する権利関係

この部分の特徴は、ほとんどすべてに対応条文が見いだせるという点にある。詳しくいえば、通19〔唐17〕庶人身死条・通21〔唐19〕工商永業口分条・通36〔唐31〕山崗砂石条に対応するものが見あたらないほかは、すべての対応条文がある。ちなみに、通30〔唐28〕道士女冠条の道士・女冠および僧・尼への給田規定には養老令では対応条文が見つからないが、日21六年一班条の『令集解』古記によれば「神田」「不在収授之限」という字句が復原でき「寺田」の存在も想定できるので、大宝令においては日18王事条〜30競田条までは通22王事没落外蕃条〜35競田条を参照して一条も欠かさずに対応条文を作成したと考えられるのである。

その理由としては、この部分が永業田など特定の地目に関する規定ではないため、条文構成を維持することが容易であった点があげられる。ただし、土地の所有権等に関わる条文が多いので、その意義の究明は難解かつ重要である。(55)

その特徴の主要な点は以下のとおりである。

第一に、通20〔唐18〕買地条における「地」の売買に関する条文を、日17宅地条では「宅地」の売買規定に変更している点である。これは、通18〔唐16〕給園宅地条の「園宅地」を日15園地条の「園地」と本条の「宅地」に分割したものでもあるので、田令全体の条文構成を考慮したうえでの変更であろう。(56)

第二に、通23〔唐21〕貼賃及質条の「貼賃及質」の規定を日19賃租条は「賃租」に変更している点である。養老令における「賃租」は一年単位の賃貸借であり、大宝令ではそれが同様の意味で「売」と記されていた可能性が高い。(57)

第三には、通27〔唐25〕収授田条の田を「収授」する規定を日23班田条は「班田」としている点である。

第四には、通32〔唐29〕官戸受田条の官戸および牧・鎮・戍における官戸・奴に対する給田規定を、日27官戸奴婢条では官戸・(官)奴婢・家人・(私)奴婢の口分田へと変更した点である。

第五には、通34〔唐30〕公私荒廃条の後半部分にある有力者による借佃規定を削除し、日29荒廃条では官人による荒地開墾規定とした点である。この部分は通36〔唐31〕山崗砂石条の後半部分「若人欲佃者聴之」規定を参考にした可能性もある。
以上の検討により、この部分の特徴は唐令に対応する大宝令条文は必ず作成するのが原則で、そのための字句および条文の意味自体の修正が行われていることがわかる。

c　通37〜44の官司・官職に対する給田規定

唐令における給田は、まず中央および地方における官司運営費としてそれぞれ通37〔唐32〕在京諸司公廨田条に在京諸司公廨田、通38〔宋復原6〕在外諸司公廨田条に在外諸司公廨田があり、官職に対するものとして通39〔唐33〕京官職分田条に京官文武職事職分田、通40〔唐34〕州等官人職分田条に諸州及都護府・親王府官人職分田がある。ところが、日本令では官人への給田は想定されていたが官司運営費としての給田を想定していなかったようである。そこで、養老令では職分田となっているように官職に伴う形式をとっている地方官人への給田についての規定（日31在外諸司職分田条）を、大宝令ではわざわざ「公廨田」と称し、通38〔宋復原6〕在外諸司公廨田条に対応する部分に配列している。しかも、同じく郡司に対する給田規定は、通40〔唐34〕州等官人職分田条に対応する位置に「職田」として規定されている。これは、「公廨田」「職分田」という唐令の条文配列を崩さないということが原則であったためであると考えられる[58]。付言すると、日本令の該当箇所に京官の官人に対する給田が規定されていないのは、官職に伴う給田規定を職分田（日5職分田条）として通6〔唐5〕永業田親王条の永業田に対応する部分に移動したためである。

また、日35外官新至条に対応する唐令条文が存在しないが、官司・官職に対する給田規定の最後に、新たな条文を立てたと理解しておく[59]。

以上の検討により、c部分の特徴は大宝令において官司運営費のために支給される「公廨田」を、官人への給田と意味を変更してまで唐令における「公廨田」「職分田」という条文配列を堅持しようとしている点であるといえる。

d　通45〜56の屯田に関する規定

唐令における屯田は、司農寺および州・鎮が管理する地であるのに対し、大宝令編纂時の実態は天皇への供御のための「御田」であり、異なった性格のものである。にもかかわらず、大宝令ではあえて「屯田」という字句を使用している。これもまたcと同じく唐令の条文配列を考慮した結果であろう。ただし、唐令の詳細な規定は[60]、ほとんどが削除され、日本令では二条にまとめられている。

以上、a〜dの唐田令および大宝田令を検討した結果、それぞれに編纂上の特色がみられた。このことは、大宝田令に条文構成をふまえた明確な編纂方針があったためであるといえるだろう。だとすれば唐令の条文構成に規制されており、かつ条文の意味づけを変更することがある大宝田令においては、その作成意図と厳密に一致する条文構成には、必ずしもならないことに留意が必要である。

四　大宝田令の編纂方針と養老令における修正

それでは、大宝田令の編纂方針とは、いかなるものであったのであろうか。令の編纂方針については継受の側面[61]と創造の側面[62]を強調する二つの立場があり、天聖令発見以前では後者の意見が強まっていた。ところが、唐令が存在しなかったという事情もあって具体的な検討は不可能であった。ここで注目されるのが養老律の分析から得られた小林宏氏の見解である。氏は日本律令編纂の方針として、a簡素化・簡便化によって法典運用の便宜を重んずる機能主義、b可能な限り唐律の文章にならわんとする踏襲主義の二点があり、中国の律令に立法上の根拠を見いだそうとする形式的な理由づけがあったこと（因循の手法）を指摘している。[63] これは、大宝田令の編纂方針に合致している。先の検討をふまえれば、大宝田令は複雑な規定を省略・削除しつつも可能な限り唐令条文を踏襲しようとしており、それが不可能な場合は用語や条文の意味づけを変えるなど、かなり無理をしてでも、唐令の条文構成を維持しようとしているのである。このことは、唐令からの参照関係を明確化することによって田令個々の条文に法的な正当性が与えられたとしなければ説明できないのではないだろうか。

さらに、条文構成という形式的な側面を維持するために、令文と実態および運用面の矛盾については、ある程度容認したという点も指摘できる。たとえば、唐令の「田」を日本令では水田の意としたため桑漆栽培の地目がなく、園地をあてた点など、そういう要素が含まれるであろうし、「空文」といわれるような規定が存するのも、同様であろう。また、このような事情によって生じた矛盾点の修正という点が、第二節で指摘した養老令における変更の重要な側面であろう。

以上のことから、大宝田令においては条文構成における唐令の厳密な踏襲主義が強く、養老令においては極端な踏襲が弱まって語句等に対する矛盾の調整という意味での修正が行われたとみてよいであろう。[64] また、令制導入の意義についても日本令の制定には確かに創造的な側面があるが、それは唐令継受という限定された条件のなかで行われたということを確認する必要がある。むしろ大宝令編纂者は、実態に適合した法を新たに創造することより、唐令に典拠をもった形式的な継受が重要であると認識していたのである。本編第一章で整理したように、日唐令が全体として類似していることは、天聖令全文の検討からも明らかにされている。

だとすれば、大宝令の編纂は、根拠をいちいち唐令に求めながら条文を作成していく作業であったと推測される。このような手法によって正当化をはかったため、必然的に踏襲主義になったのである。[65] 次の養老令においては、唐令からの体系的な継受という段階をすでに経ていたため、大宝令文全体を通覧してその矛盾点を修正するということが可能となったのではないだろうか。

おわりに

以上の検討によって、日本田令の編纂について、以下の点が明らかになった。①大宝令は、可能な限り唐令を踏襲し変更する場合も条文構成を維持しようとしていること。②養老令における修正は大宝令において生じた矛盾の解消が大きく、その際唐令の極端な踏襲は弱まること。③その他、新たな規定を作る場合にも用語は唐令のものを使用する、唐令条文の改変によって新たな規定が盛り込めない場合にのみ新条文を作成するなど条文編纂における具体的な手法について。

この結論は、本編第一章で整理したように、現在各編目において個別の検討が進められている。そこでは唐日令が想定以上に類似しており、その起源は大宝令段階における永徽令の体系的継受に求められるという考え方が有力となってきている。

このような原則が明らかになったとして、次に、新たな大宝令の復原が可能となる。今までは、『令集解』古記などによって復原できる大宝令の字句を素材として養老令文をみながら、その類似・相違点を考えるしかなかった。しかし今後は、大宝令が基にしたと考えられる永徽令に近い唐令条文とも比較できることとなり、先の原則を基準としていけば自ずと新しい復原案が提起できる。第二編ではこのような方法に基づき大宝令復原の試論を提示する。

さらに、大宝令編纂の形式的な意義が明らかになり新たな条文復原が可能となったとして、次に求められるのは日本令編纂における独自な側面についてであろう。そのためには、新たな復原条文による大宝令と唐令の比較が必要となる。これらの点については、第三編において検討する。

注

(1) 石母田正『日本の古代国家』(岩波書店、一九七一年)。
(2) 石上英一「比較律令制論」(『律令国家と社会構造』名著刊行会、一九九六年、初出一九九二年)において、その方法論が検討されている。
(3) 村山光一『研究史班田収授』(吉川弘文館、一九七八年)を参照。
(4) 中田薫「唐令と日本令との比較研究」(『法制史論集一』岩波書店、一九二六年、初出一九〇四年)。なお、「唐令条文の編別及び排列順次は、便宜上日本令に準拠」しており(六四七頁)、その際に「唐令拾遺」稿本が使用されている点に注意が必要である。池田温「序」(仁井田陞著・池田温編集代表『唐令拾遺補』東京大学出版会、一九九七年)を参照。
(5) 仁井田陞「日本律令の土地私有制並びに唐制との比較—日本大宝田令の復旧—」(『補訂　中国法制史研究　土地法・取引法』一九八〇年、初出一九二九・三〇年)。
(6) 仁井田陞『唐令拾遺』(東京大学出版会、一九六四年、初刊一九三三年)。
(7) 滝川政次郎「新古律令の比較研究」(『律令の研究』名著普及会、一九八八年、初刊一九三一年)。
(8) 今宮新「日唐田令の対照」(『班田収授制の研究』竜吟社、一九四四年)。
(9) 虎尾俊哉「附録　田令対照表」(『班田収授法の研究』吉川弘文館、一九六一年)。
(10) 『唐令拾遺補』(注(4))。
(11) 弥永貞三「条里制の諸問題」(『日本古代社会経済史研究』岩波書店、一九八〇年、初出一九六七年)。
(12) 菊池英夫「唐令復原研究序説—特に戸令・田令にふれて—」(『東洋史研究』三一—四、一九七二年)。
(13) 吉村武彦「律令制国家と土地所有」(『日本古代の社会と国家』岩波書店、一九九六年、初出一九七五年)。
(14) 石上英一「日本律令法の法体系分析の方法試論」(『東洋文化』六八、一九八八年)。
(15) 滝川政次郎「本邦律令の沿革」(『律令の研究』注(7))。

(16) 戴建国「天一閣蔵明抄本《官品令》考」(『宋代法制初探』黒竜江人民出版社、二〇〇〇年、初出一九九九年)。
(17) 兼田信一郎「戴建国氏発見の天一閣博物館所蔵北宋天聖令について―その紹介と初歩的整理―」(『上智史学』四四、一九九九年)、池田温「唐令と日本令(三)唐令復原研究の新段階―戴建国氏の天聖令残本発見研究」(『創価大学人文論集』一二、二〇〇〇年)、大津透「北宋天聖令・唐開元二十五年令賦役令」(『東京大学日本史学研究室紀要』五、二〇〇一年)。なお、この時期のものは、すべて戴氏の抄録および論文よりの転載である点に注意が必要である。
(18) 戴建国「天一閣蔵明抄本《官品令》考」(注(16))。主な内容は、池田温「唐令と日本令(三)唐令復原研究の新段階」(注(17))により日本語訳されている。その後開元二十五年令説は、岡野誠「天聖令依拠唐令の年次について」(『法史学研究会会報』一三、二〇〇九年)によって詳論されており、現在最も有力である。研究の現状については、第一編第一章「天聖令研究の現状」を参照。
(19) 戴建国「唐《開元二十五年令・田令》研究」(『歴史研究』二〇〇〇年二期)。日本語訳として、兼田信一郎「戴建国「唐開元二五年令・田令の研究」(『歴史研究』二〇〇〇年二期)翻訳」(『マテシス・ウニウェルサリス』三―二、二〇〇二年)がある。
(20) 天聖令全編目についての宋令・唐令の数とその割合は、第一編第一章「天聖令研究の現状」において論じた。
(21) 宋家鈺(著)徐建新(訳)「明抄本北宋天聖令「田令」とそれに附された唐開元「田令」の再校録」(『駿台史学』一一五、二〇〇二年)、および宋家鈺・徐建新・服部一隆「「明抄本北宋天聖「田令」とそれに附された唐開元「田令」の再校録」についての修補」(『駿台史学』一一八、二〇〇三年)。
(22) 天一閣博物館・中国社会科学院歴史研究所天聖令整理課題組校証『天一閣蔵明鈔本天聖令校証　附唐令復原研究　上・下』(中華書局、二〇〇六年)。
(23) 中田薫「唐令と日本令との比較研究」(『法制史論集一』注(4))、『唐令拾遺』(注(6))。
(24) 石上英一「日本律令法の法体系分析の方法試論」(注(14))、『唐令拾遺補』(注(4))。
(25) 山崎覚士「唐開元二十五年田令の復原から唐代永業田の再検討へ―明抄本天聖令をもとに―」(『洛北史学』五、二〇〇三年)。
(26) 宋家鈺「明鈔本天聖《田令》及后附開元《田令》的校録与復原」(『中国史研究』二〇〇六年三期)、同「唐開元田令的復原研究」(『天一閣蔵明鈔本天聖令校証』注(22))。後者の日本語訳として、松田行彦「宋家鈺「唐開元田令的復原研究」訳注」(『駒場東邦研究紀要』三六、二〇〇八年)がある。
(27) 松田行彦「天一閣蔵明鈔本天聖田令復原録文」(『駒場東邦研究紀要』三七、二〇〇九年)、同「唐開元二十五年田令の復原と条文構成」（『歴史学研究』八七七、二〇一一年）。

(28) 戴建国「唐《開元二十五年令・田令》研究」（注(19)）。

(29) 大津透「農業と日本の王権」（網野善彦他編『岩波講座　天皇と王権を考える3　生産と流通』岩波書店、二〇〇二年）、同「吐魯番文書と律令制－唐代均田制を中心に－」（高田時雄編『敦煌・吐魯番出土漢文文書の新研究』東洋文庫、二〇〇九年）。

(30) 渡辺信一郎「北宋天聖令による唐開元二十五年令田令の復原並びに訳注」（『京都府立大学学術報告（人文・社会）』五八、二〇〇六年）。

(31) 大津透「農業と日本の王権」（『天皇と王権を考える3』注(29)）。しかし氏は復原に通典も併用している。

(32) 宋家鈺「唐開元田令的復原研究」（『天一閣蔵明鈔本天聖令校証』注(22)）。

(33) 内容に大幅な改変がないことは第一編第一章「天聖令研究の現状」を参照。

(34) 池田温「唐令と日本令（三）唐令復原研究の新段階」（注(17)）。

(35) 復原開元二十五年令の配列は第一編第一章「天聖令研究の現状」による。なお、本史料は日唐令の比較を目的としたものであり、正確な唐令の復原を意図したものではない。

(36) 凡例は「対照史料」冒頭に記した。

(37) 近年の通例に従い、宋令・不行唐令の条数を記し、服部一隆「日唐田令の比較と大宝令」（『文学研究論集』一八、二〇〇三年）との関係を明示するために、通番も併記した。ただし、複数条文を示すときは通番のみとした。

(38) 松田行彦「唐開元二十五年田令の復原と条文構成」（注(27)）。

(39) 松田行彦「唐開元二十五年田令の復原と条文構成」（注(27)）。

(40) 『宋刑統』巻十三戸婚律課農桑に「依田令戸内永業田課植桑五十根以上、楡・棗各十根以上。土地不宜者、任依郷法。」とある。『中華伝世法典　宋刑統』（法律出版社、一九九九年）二三五頁。対応する『通典』は食貨二田制下に「諸永業田皆伝子孫、不在収授之限、即子孫犯除名者、所承之地亦不追。毎畝課種桑五十根以上、楡棗各十根以上、三年種畢。郷土不宜者、任以所宜樹充。所給五品以上永業田、皆不得狭郷受、任於寛郷隔越射無主荒地充。〈即買蔭賜田充者、雖狭郷亦聴〉」とある。『通典』（中華書局、一九八八年）三〇頁。

(41) 戸婚律22里正授田課農桑。宋刑統と同文。律令研究会編『訳註日本律令二律本文篇　上』（東京堂出版、一九七五年）三八三頁。

(42) 滝川政次郎「本邦律令の沿革」(『律令の研究』注(7))。
(43) 削除部分については、煩雑となるため省略するが、複雑な規定や個別地域に関する規定等が削除されていることは、対照史料をみれば明らかである。
(44) これらについては、唐令以前の制や、他令に関連するものがある可能性もある。
(45) 吉田孝「編戸制・班田制の構造的特質」(『律令国家と古代の社会』岩波書店、一九八三年)。
(46) 本条古記の議論を参照のこと。
(47) 唐令の「退」が大宝令において「収」に変更されている点については、日21六年一班条の大宝令「若以身死応収田」においても例があり、虎尾俊哉「附録　田令対照表」(『班田収授法の研究』注(9))においても指摘されている。第二編第一章「大宝田令班田関連条文の復原」において検討した。
(48) 日13寛郷条の古記に、日3口分田条のものと考えられる「郷法」の字句がある。
(49) 『通典』における開元二十五年令条文群引用については、第一編第一章「天聖令研究の現状」で検討した。
(50) 第三編第一章「日本古代の「水田」と陸田」においても言及した。
(51) 中田薫「唐令と日本令との比較研究」(『法制史論集一』注(4))にすでに指摘がある。
(52) 吉村武彦「律令制国家と土地所有」(『日本古代の社会と国家』注(13))。
(53) 公田の研究については、吉村武彦「賃租制の構造」(『日本古代の社会と国家』注(13)、初出一九七八年)および、注に引用されている文献を参照。近年、三谷芳幸「田令公田条・賜田条をめぐって」(『日本歴史』七二六、二〇〇八年)は、公田条・賜田条が日本の独自条文であることから、前者が無主田、後者が人格的給田を規定したものであるとする。
(54) 吉村武彦「律令制的班田制の歴史的前提について—国造制的土地所有に関する覚書—」(井上光貞博士還暦記念会編『古代史論叢 中』吉川弘文館、一九七八年)。
(55) 日19賃租条・日21六年一班条・日29荒廃条など、研究史上に論点となった条文が多いこともそのためであろう。
(56) 日17宅地条の大宝令における存在は立証されていないが、全体の構成に関わる点および大宝令では唐令条文を引き写す傾向が養老令よりも大きいという点により、その存在を想定してもよいであろう。
(57) 吉村武彦「賃租制の構造」(『日本古代の社会と国家』注(13))の考え方に従う。ただし鎌田元一「公田賃租制の成立」(『律令公民制の成立』塙書房、二〇〇一年、初出一九七三年）など異論もある。

(58) 渡辺晃宏「公廨の成立―その財源と機能―」（笹山晴生編『日本律令制の構造』吉川弘文館、二〇〇三年）、磐下徹「郡司職分田試論」（『日本歴史』七二八、二〇〇九年）など、大宝令における「公廨田」に官衙運営費としての意味合いをもたせる研究もあるが、そう断言できる根拠はなく、後述する屯田も字句の変更にすぎないと考えられるので、本章の見解のほうが簡明である。

(59) 「唐令拾遺補訂」（『唐令拾遺補』注(4)）には、「唐田令復原新条文」補一〔唐〕「外官新到任、多有匱乏、准品計日給糧」と『冊府元亀』（巻五百五邦計部俸禄一）および『唐会要』（巻九十内外官禄）を典拠として日35外官新至条に類似した対応条文が復原されている。これについては禄令など他令の規定とも考えられるし、通44〔唐37〕応給職田条に変更されたという可能性もある。宋家鈺「唐開元田令的復原研究」（『天一閣蔵明鈔本天聖令校証』注(22)）も判断を保留している。

(60) この部分は、今回初めて見つかった条文が多い。

(61) 中田薫「唐令と日本令との比較研究」（『法制史論集一』注(4)）。

(62) 石上英一「比較律令制論」（『律令国家と社会構造』注(2)）。

(63) 小林宏「「因循」について―日本律制定の正当化に関する考察―」（『日本における立法と法解釈の史的研究一　古代・中世』汲古書院、二〇〇九年、初出一九九一年）。むろん、「国情からする実質的な理由づけ」（八四頁）がともにあったことについても指摘されている。なお、高塩博「日本律編纂考序説」（『日本律の基礎的研究』汲古書院、一九八七年、初出一九八一年）にも律編纂の方法について指摘がある。

(64) 養老令の方が唐令に近い要素もあるという虎尾俊哉「附録　田令対照表」（『班田収授法の研究』注(9)）の指摘は、このような事情によると解釈したい。

(65) このように考えると、浄御原令は大宝令のように唐令の厳密な形式的踏襲をしたものではなかったということになる。法典編纂史における浄御原令の位置づけについては、第一編第一章「天聖令研究の現状」を参照。

〔付記〕本章は「日唐田令の比較と大宝令」（『文学研究論集』一八、明治大学大学院文学研究科、二〇〇二年）を初出とし、近年の条文配列研究に関する見解を組み込んだ。また、「唐日田令対照史料」は『天一閣蔵明鈔本天聖令校証』（中華書局）によって、天聖令の翻刻・校訂を改めた。

唐日田令対照史料

〔凡例〕

1．本史料は、復原開元二十五年令（以後唐令と称す）と日本令を対照するための便宜をはかったものである。天聖令の正確な翻刻は、天一閣博物館・中国社会科学院歴史研究所天聖令整理課題組校証『天一閣蔵明鈔本天聖令校証　附唐令復原研究　上・下』（中華書局、二〇〇六年…以後『天聖令校証』と称す）を参照のこと。また、日本令については、『日本思想大系　律令』（岩波書店、一九七六年）および『新訂増補国史大系普及版　令集解』（吉川弘文館、一九七二年）によった。

2．字体は原則として常用漢字を用い、それ以外は正字体とした。また、異体字と判断できるものは上記字体に書き替えている。なお、唐日令対照のため句読点の調整を行っている。

3．改行等の割付は省略し、本文注は〈　〉内に入れた。（　）は校勘により釈文が訂正されるもの、〔　〕は他書によって補った部分である。また、衍字の指摘は（「　」衍）に改めた。『天聖令校証』の校勘を一部改めたところがある。

4．復原唐令の配列については、第一編第一章「天聖令研究の現状」を参照。

5．唐令には、上部には暫定的に通し番号を付し、中部の（　）に『天聖令校証』の条文番号を、宋令部分で唐令を復原した箇所には同じく宋復原1～7と記した。下部の（　）には、対応する『唐令拾遺』『唐令拾遺補』の復原条文番号を付し、新出分には同じく（新）と付した。その下に便宜上条文名を記した。

6．宋令部分の唐令復原はおおむね宋家鈺「唐開元田令的復原研究」（『天聖令校証』）に従い、渡辺信一郎「北宋天聖令による唐開元二十五年令田令の復原並びに訳注」（『京都府立大学学術報告（人文・社会）』五八、二〇〇六年）を参考にした。復原唐令と天聖令が大きく異なる場合は、典拠を（　）に略記した。

7．唐令文を上段に、対応すると思われる養老令文を下段に記した。対応条文が認めがたい部分は空白とし、対応条文が複数にわたるときは、その先頭に記した。なお、養老令2田租条に対応する唐令条文は賦役令にあるので、参考として、『天聖令校証』より該当条文を掲げた。

8．『令集解』古記の引用により復原できる大宝令文については、養老令の傍らに符号および字句を記した。◎は、「　」謂…、「　」者という引用符がつき、○は、「　」未知…、問「　」…というような形式でそれぞれ、引用と認められるもので養老令と同文のものである。大宝令が異なる部分はその字句を記し、存在しないものは×を記した。確実を期すため、取意文的なものは省略している。なお、一部復原案が複数ある条文（11公田条・29荒廃条など）があるが、その場合は便宜的に最も単純なものに従った。

9．大宝令逸文の出典は各条末に「※」として記した。なお、同一条の古記については省略した。

【通1（宋復原1）（拾1）田広条】
諸田、広一歩、長二百四十歩為畝、畝百為頃。

【1田長条】
凡田、長卅歩、広十二歩為段。十段為町。〈段租稲二束二把。町租稲廿二束。〉

【〔参考〕賦役唐3（拾2）租条】
諸租、准州上（土）牧（収）穫早晩、斟量路程険易遠近、

【2田租条】
凡田租、准国土収穫早晩、九月中旬起輸。十一月卅日以

次弟（第）分配。本州牧（収）穫訖発遣。十一月起輸、正月三十日納畢。〈江南諸州従水路運送之処、若冬月水浅、上灘（埭）艱難者、四月以後運送、五月三十日納畢。〉其輸本州者、十一（二）月三十日納畢。若無藁（粟）之郷輸稲麦者、随熟即輸、不拘此限。納当州未入倉窖及外配未上道、有身死者、並却還。

【通2（唐1）（拾3丙）丁男永業口分条】

諸丁男給永業田二十畝、口分田八十畝、其中男年十八以上、亦依丁男給。老男・篤疾・廃疾各給口分田四十畝、寡妻妾、各給口分田三十畝。先有永業者、兼（通）充口分之数。

【通3（唐2）（拾3丙）当戸永業口分条】

諸黄・小・中男女及老男・篤疾・廃疾・寡妻妾当戸者、各給永業田弐（二）十畝、口分田三十畝。

【通4（唐3）（拾3丙）給田寛郷条】

諸給田、寛郷並依前条、若狭郷新受者、減寛郷口分之半。

【通5（唐4）（拾3丙）給口分田条】

諸給口分田者、易田則倍給。〈寛郷二（三）易以上者、

前納畢。其舂米運京者、正月起運。八月卅日以前納畢。

【3口分田条】

凡給口分田者、男二段。〈女減三分之一。〉五年以下不給。其地、有寛狭者、従郷土法。易田倍給。給訖、具録町段及四至。

仍依郷法易給。〉

【通6（唐5）（拾4）永業田親王条】

諸永業田、親王一百頃、職事官正一品六十頃、群（郡）王及職事官従一品各五十頃、国公若職事官正二品各四十頃、郡公若職事官従二品各三十五頃、県公若職事官正三品各二十五頃、職事官従三品二十五（「五」衍）頃、〔侯〕若職事官正四品各十四頃、伯若職事官従四品各十一頃、子若職事官〔正五品各八頃、男若職事官〕従五品各五頃、六品・七品各二頃五十畝、八品・九品各二頃。上柱国三十頃、柱国二十五頃、上護軍二十頃、護軍十五頃、上軽車都尉一十頃、軽車都尉七頃、上騎都尉六頃、騎都尉四頃、驍騎尉・飛騎尉各八十畝、雲騎尉・武騎尉各六十畝。其散官五品以上同職事給。兼有官爵及勲倶応給者、唯従多、不並給。若当家口分之外、先有地、非狭郷者、並即迴受、有賸追收、不足者更給。

【通7（唐6）（拾5）永業田伝子孫条】

諸永業田、皆伝子孫、不在収授之限。即子孫犯徐（除）名者、所冢（承）之地亦不追。

【4位田条】

凡位田、一品八十町。二品六十町。三品五十町。四品卌町。正一位八十町。従一位七十四町。正二位六十町。従二位五十四町。正三位卌町。従三位卅四町。正四位廿四町。従四位廿町。正五位十二町。従五位八町。〈女減三分之一。〉

【5職分田条】

凡職分田、太政大臣卌町。左右大臣卅町。大納言廿町。

【6功田条】

凡功田、大功世々不絶。上功伝三世。中功伝二世。下功伝子。〈大功、非謀叛以上、以外、非八虐之除名、並不

【通8（宋復原2）（拾6乙）永業田課種条】（通典）
諸永業田、毎戸課種桑五十根以上、楡・棗各十根以上、三年種畢。郷土不宜者、任以所宜樹充。
【通9（唐7）（拾7）五品以上永業田条】
諸五品以上永業田、皆不得於狭郷受、任於寛郷隔越、射無主荒地充。〈即買蔭賜田充者、雖狭郷示（亦）聴。〉其六品以下永業田、即聴本郷取還公田充、願於寛郷取者亦聴。
【通10（唐8）（拾8）賜人田条】
諸〔応〕賜人田、非指的処所者、不得於狭郷給。
【通11（唐9）（拾9）応給永業人条】
諸応給永業人、若官爵之内有解免者、従所解者追。〈即解免不尽者、随所降品追。〉其除名者、依口分例給、自外及有賜田者並追。若当家之内、有官爵及少口分応受者、並聴廻給、〔有〕賸追収、不足更給。
【通12（唐10）（拾10）官爵永業条】

収。〉
【7非其土人条】
凡給田、非其土人、皆不得狭郷受。〈勅所指者、不拘此令。〉
【8官位解免条】
凡応給職田・位田人、若官位之内有解免者、従所解免《者》追。〈即解免不尽者随所降位追〉其除名者、依口分例。《給》若有賜田者亦《並》追。当家之内、有官位及少口分応受者、並聴廻給。有乗追収。
【9応給位田条】

諸因官爵応得永業、未請及請未足而身亡者、子孫不合追請。

【通13（唐11）（拾11）襲爵永業条】

諸襲爵者、唯得承父祖業（「業」衍）永業、不合別請。若父祖未請及請未足而身亡者、減始受封者之半給。

【通14（唐12）（新）請永業条】

諸請永業者、並於本貫陳牒、勘験告身、并検籍知欠。然後録牒管地州、検勘給訖、具録頃畝四至、報本貫上籍、仍各申省、計会附簿。其有先於寛郷借得無主荒地者、亦聴廻給。

【通15（唐13）（拾12）寛郷狭郷条】

諸州県界内、所部受田悉足者為寛郷、不足者為狭郷。

凡応給位田、未請及未足而身亡者、子孫不合追請。

【10応給功田条】

凡応給功田、若父祖未請及未足而身亡者、給子孫。

【11公田条】

凡諸国公田、皆国司随郷土估価賃租《販売》。其価送太政官《供公廨料》、以充雑用。

【12賜田条】

凡別勅賜人田者、名賜田。

【13寛郷条】

凡国郡界内、所部受田悉足者為寛郷。不足者為狭郷。

※戸令15居狭条古記

【通16（唐14）（拾13乙）狭郷田不足条】

諸狭郷田不足者、聴於寛郷遥授。

【通17（唐15）（新）流内口分田条】

諸流内九品以上口分田、雖老不在追収之限、聴終其身。其非品官年六十以上、仍為官事駆使者、口分亦不追減、停私之後、依例追収。

【通18（唐16）（拾14）給園宅地条】

諸〔応〕給園宅地者、良口三口以下給一畝、毎三口加一畝。賤口五口給一畝、毎五口加一畝、並不入永業、口分之限。其京城及州県郭下園宅地、不在此例。

【通19（唐17）（拾15乙）庶人身死条】

諸庶人有身死家貧無以供葬者、聴売永業田。即流移者亦如之。楽遷就寛郷者、并聴売口分田。〈売充住宅邸店碾磑者、雖非楽遷、亦斤（聴）私売。〉

【14狭郷田条】

凡狭郷田不足者、聴於寛郷遥受。

【15園地条】

凡給園地者、随地多少均給。若絶戸還公。

【16桑漆条】

凡課桑漆、上戸桑三百根、漆一百根以上。中戸桑二百根、漆七十根以上。下戸桑一百根、漆卌根以上。五年種畢。郷土不宜、及狭郷者、不必満数。

【通20（唐18）（拾16・17）買地条】
諸買地者、不得過本制。雖居狭郷、亦聴依寛郷制。其売者不得更請。凡売買皆須経所部官司申牒、年終彼此除附。若無文牒輒売買者、財没不追、地還本主。
【通21（唐19）（拾18）工商永業口分条】
諸以工商為業者、永業・口分田、各減半給之。在狭郷者並不給。
【通22（唐20）（拾19）王事没落外藩条】
諸因王事没落外藩不還、有親属同居者、其身分之地六年乃追、身還之日随便先給。即身死王事者、其子孫雖未成丁、身分之地勿追。其因戦傷入篤疾・廃疾者、亦不追減、聴〔終〕其身。
【通23（唐21）（拾20）貼賃及質条】
諸田不得貼賃及質、違者財没不追、地還本主。若従遠役外任、無人守業者、聴貼任（賃）及質。其官人永業田及賜田、欲売及貼賃質者、不在禁限。
【通24（唐22）（拾21）口分田便近条】
諸給口分田、務従便近、不得隔越。若因州県改隷、地入

【17宅地条】
凡売買宅地、皆経所部官司申牒、然後聴之。

【18王事条】
凡因王事没落外蕃不還、有親属同居者、其身分之地十《三》年《班》乃追。身還之日随便先給。即身死王事者、其地伝子。
【19賃租条】
凡賃租田者、各限一年。園任賃租及売。皆須経所部官司申牒、然後聴。
【20従便近条】
凡給口分田、務従便近。不得隔越。若因国郡改隷、地入

他境、及犬牙相接者、聴依旧受。其城居之人、本県無田者、聴隔県受。

【通25（唐23）（新）身死退永業条】

諸以身死応退永業・口分地者、若戸頭限二年追、戸内口限一年追。如死在春季者、即以死年統入限内、死在夏季以後者、聴計後年為始。其絶後無人供祭及女戸死者、皆当年追。

【通26（唐24）（新）還公田条】

諸応還公田、皆令主自量為一段退、不得零畳割退。先有零者聴。其応追者、皆待至収授時、然後追収。

【通27（唐25）（拾22・23・13甲）収授田条】

諸応収授之田、毎年起十月十（一）日、里正予校勘造簿。至十一月一日、県令惣集応退応授之人、対共給授。十二月三十日内使訖、符下按（案）記、不得輙自請射。其退田戸内、有合進受者、雖不課役、先聴自取、有余収授。郷有余、授比郷。県有余、中州給比県。州有余、附帳申省、量給比近之戸（州）。

【通28（唐26）（拾23）授田条】

他境、及犬牙相接者、聴依旧受。本郡無田者、聴隔郡受。

【21六年一班条】

凡田、六年一班。〈神田寺田、不在此限。〉若以身死応退《収》田者、毎至班年、即従収授。

※18王事条古記参照。

【22還公田条】

凡応還公田、皆令主自量為一段退。不得零畳割退。先有零者聴。

【23班田条】

凡応班田者、毎班年、正月卅日内、申太政官。起十月一日、京国官司、預校勘造簿。至十一月一日、総集応受之人、対共給授。二月卅日内使訖。

其収田戸内有合進受者

【24授田条】

諸授田、先課役後不課役、先無後少、先貧後富。

【通29（唐27）（新）田有交錯条】

諸田有交錯、両〔主〕求換者、詣本部申牒、判聴手実、以次除附。

【通30（唐28）（拾24）道士女冠条】

諸道士・女冠受老子道徳経以上、道士給田三十畝、女冠二十畝。僧尼受具戒者、各准此。身死及還俗、依法収授。若当観・寺有無地之人、先聴自受。

【通31（宋復原3）（補2）官人百姓条】渡辺説に従う。

諸官人・百姓、並不得将田宅捨施及売易与寺観。違者財没不追、地還本主。

【通32（唐29）（拾25）官戸受田条】

諸官戸受田、随郷寛狭、各減百姓口分之半。其在牧官戸・奴、並於牧所各給田十畝、即配成〔戍〕鎮者、亦於配所準在牧官戸奴例。

【通33（宋復原4）（拾26）為水侵射条】（宋刑統）

諸田為水侵射、不依旧流、新出之地、先給被侵之家。若

凡授田、先課役後不課役。先無後少。先貧後富。

※賦役令19舎人史生条古記参照。

【25交錯条】

凡田有交錯、両主求換者、経本部、判聴除附。

（【神田条】※大宝令のみ）

神田　不在収授之限

※21六年一班条古記参照。

【26官人百姓条】

凡官人・百姓、並不得将田宅園地捨施及売易与寺。

【27官戸奴婢条】

凡官戸・奴婢口分田、与良人同。家人・奴婢、随郷寛狭、並給三分之一。

【28為水侵食条】

凡田、為水侵食、不依旧派、新出之地、先給被侵之家。

別県界新出、依収授法。其両岸異管、従正流為断、若合
隔越受田者、不取此令。

【通34（唐30）（拾27）公私荒廃条】

諸公私荒廃三年以上、有能佃者、経官司申牒借之、雖隔
越亦聴。〈易田於易限之内、不在備（倍）限。〉私田三年
還主、公田九年還官。其私田雖廃三年、主欲自佃、先尽
其主。限満之日、所借人口分未足者、官田即聴充口分、
〈若当県受田悉足者、年限雖満、亦不在追限。応得永業
者、聴充永業。〉私田不合。其借而不耕、経二年者、任
有力者借之。則（即）不自加功転分与人者、其地即回
（廻）借見佃之人。若佃人雖経熟訖、三年外不能耕種、
依式追収、改給。

【通35（宋復原5）（拾28）競田条】

諸競田、判得已耕種者、後雖改判、苗入種人。耕而未種
者、酧（酬）其功力。未経断決、強耕種者、苗従地判。

【通36（唐31）（新）山崗砂石条】

諸田有山崗・砂石・水鹵・溝澗之類、不在給限。若人欲
佃者聴之。

【29荒廃条】

凡公私田荒廃三年以上、有能借佃者、経官司判借之。雖
隔越亦聴。私田三年還主。公田六年還官。〔主欲自佃先尽〕
〔其主〕限満之日、所借人口分未足者、公田即聴充口分。私
田不合。其官人於所部界内、有空〔荒〕閑地、願佃者、任聴営
種。替解之日還公〔官収授〕。

【30競田条】

凡競田、判得已耕種者、後雖改判、苗入種人。耕而未種
者、酬其功力。未経断決、強耕種者、苗従地判。

【通37（唐32）（拾29）在京諸司公廨田条】
〔諸〕在京諸司公廨田、司農寺給二十六頃、殿中省二十五頃、少府監二十二頃、太常寺二十頃、京兆・河南府各一十七頃、太府寺一十六頃、吏部・戸部各一十五頃、兵部・内侍省各一十四頃、中書省・将作監各一十三頃、刑部・大理寺各一十二頃、尚書都省・門下省・太子左春坊各一十一頃、工部十頃、光禄寺・太僕寺・秘書省各九頃、礼部・鴻臚寺・都水監・太子詹事府各八頃、御史台・国子監・京県各七頃、左右衛・太子家令寺各六頃、衛尉寺・左右驍衛・左右武衛・左右威衛・左右領軍衛・左右金吾衛・左右監門衛・太子右春坊各五頃、太子左右衛率府・太史局各四頃、宋（宗）正寺・左右千牛衛・太子僕寺・左右司禦率府・左右情（清）道率府・左右監門率府各三頃、内坊・左右内率府率更寺各二頃。〈其有管置（署）局・子府之類、各准官品人数均配。〉

【通38（宋復原6）（拾30）在外諸司公廨田条】（通典）
諸在外諸司公廨田、大都督府四十頃、中都督府三十五頃、下都督・都護府上州各三十頃、中州二十頃、宮総監・下

【31在外諸司職分田条】
凡在外諸司職分《公廨○》田、大宰帥十町。大弐六町。少弐四町。大監・少監・大判事二町。大工・少判事・大典・防人正・

州各十五頃、上県十頃、中県八頃、下県六頃、上牧監・上鎮各五頃、下県及中下牧・司竹監・中鎮・諸軍・折衝府各四頃、諸冶監・諸倉監・下鎮・上関各三頃、互市監・諸屯監・上戍・中関及津各二頃、〈其津隷都水使（監）不給〉下関一頃五十畝、中戍・下戍嶽瀆各一頃。

【通39（唐33）（拾31）京官職分田条】

諸京官文武職事職分田、一品一十二頃、二品一十頃、三品九頃、四品七頃、五品六頃、六品四頃、七品三頃五十畝、八品二頃五十畝、九品二頃、並去京城百里内納（給）。其京兆・河南府及京県官人職分田亦准此。即百里内地少、欲於百里外給者亦聴。

【通40（唐34）（拾32）州等官人職分田条】

諸州及都護府・親王府官人職分田、二品一十二頃、三品一十頃、四品八頃、五品七頃、六品五頃、〈京畿県亦在（準）此〉七品四頃、八品三頃、九品二頃五十畝、鎮・戍・関・津・嶽・瀆及在外監官五品五頃、六品三頃五十畝、七品三頃、八品二頃、九品一頃五十畝。三衛中郎将・上府折衝都尉各六頃、中府五頃五十畝、下府及郎将各五

主神・博士一町六段。少典・陰陽師・医師・少工・算師・主船・主厨・防人佑一町四段。諸令史一町。史生六段。大国守二町六段。上国守・大国介二町二段。中国守・上国介二町。下国守・大上国掾一町六段。中国掾・大上国目一町二段。中下国目一町。史生如前。

【32郡司職分田条】

凡郡司職分田、大領六町。少領四町。主政・主帳各二町。狭郷不須要満此数（皆随郷法給）。

頃。上府課（果）毅都尉四頃、中府三頃五十畝、下府三頃。上府長史・別将各三頃、中府・下府各二頃五十畝。果毅（「果毅」衍）親王府典軍五頃五十畝、副典軍四頃、千牛備身左右・太子〔千〕牛備身各三頃。〈親王府文武官随府出藩者、於所在処給。〉諸軍〔上〕折衝府兵曹二頃、中府・下府各一頃五十畝。其外軍校尉一頃二十畝、旅帥一頃、隊正・隊副各八十畝。皆於鎮側州県界内給。其校尉以下、在本県及去家百里内鎮者不給。

【通41（唐35）（拾33）駅封田条】

諸駅封田、皆随近給。毎馬一疋、給地四十畝。驢一頭、給地二十頃（畝）。若駅側有牧田処、疋別各減五畝。其伝送馬、毎一疋給田二十畝。

【通42（宋復原7）（拾34）職分田日限条】（通典）

諸職分陸田限三月三十日、稲田限四月三十日。以前上者、並入後人。以後上者、入前人。其麦田以九月三十日為限。若前人自耕未種、後人酬其功直。已自種者、准租分法。其価六斗以下者、依旧定、以上者、不得過六斗。並取情願、不得抑配。親王出藩者、給地一頃作園。若城内無可

【33駅田条】

凡駅○起○田、皆随近給。大路四町。中路三町。小路二町。

【34在外諸司条】

凡在外諸司〔公廨〕職分田、交代以前種者、入前人。若前人自耕未種、後人酬其功直。闕官田用公力営種。所有当年苗子、新人至日、依数給付。〔◎法◎之〕

開拓者、於近城便給。如無官田、取百姓地充、其地給好地替。

【通43（唐36）（新）公廨職分田条】

諸公廨・職分田等、並於寛閑及還公田内給。

【通44（唐37）（新）応給職田条】

諸内外官応給職田、無地可充、并別勅合給地子者、率一畝給粟二斗。雖有地而不足者、準所欠給之。鎮戍官去任処十里内、無地可給、亦准此。王府官、若王不任外官在京者、其職田給粟、減京官之半。応給者、五月給半、九月給半。未給解伐（代）者、不却給。剣南・隴右・山南官人、不在給限。

【通45（唐38）（拾36）置屯条】

諸屯隷司農寺者、毎地三十頃以下二十頃以上為一屯。隷州・鎮諸軍者、毎五十頃為一屯。其屯応署（置）者、皆従尚書省処分。

【35外官新至条】

凡外官新至任者、比及秋収、依式給粮《量給公粮》。

※令釈所引前令参照。

【36置官田条】

凡畿内置官《屯》田、大和・摂津各卅町、河内・山背各廿町。毎二町配牛一頭。其牛令二戸養一頭。〈謂、中々《中》以上戸。〉

【通46（唐39）（拾37）屯用牛条】
諸屯田応用牛之処、山原川沢、土有硬軟、至於耕墾、用力不同者。其土軟之処、毎地一頃五十畝配牛一頭。彊硬之処、一頃二十畝配牛一頭。即当屯之内、有硬有軟者、亦准此法。其地皆仰屯官明為図状、所管長官親自問検、以為定簿、依此支配。其営稲田之所、毎地八十畝配牛一頭。若芟草種稲者不在此限。

【通47（唐40）（新）屯役丁条】
諸屯応役丁之処、毎年所管官司与屯官司、準来年所種色目及頃畝多少、依式料功、申所司支配。其上役之日、所司仍準役月閑要、量事配遣。

【通48（唐41）（新）屯所収雑子条】
諸屯毎年所収雑子、雑用之外、皆即随便貯納。去京近者、送納司農。三百里外者、納随近州県。若行水路之処、亦納司農。其送輸斛斗及倉司領納之数、並依限各申所司。

【通49（唐42）（新）屯分道巡歴条】

【37役丁条】
凡官田《屯》、応役丁之処、毎年宮内省、預准来年所種色目、及町段多少、依式料功、申官支配。其上役之日、国司仍准役月閑要、量事配遣。其田司《屯》年別相替、年終省校量収穫多少、附考褒貶。

※賦役令37雑徭条古記参照。

諸屯隷司農寺者、卿及少卿毎至三月以後、分道巡歴。有不如法者、監官・屯将、随時推罪。

【通50（唐43）（新）屯所収藁草条】

諸屯毎年所収藁草、飼牛・供屯雑用之外、別処依式貯積、具言去州・鎮及駅路遠近、附計帳申所司処分。

【通51（唐44）（新）屯雑種運納条】

諸屯収雑種、須以車運納者、将当処官物勘量市付。其扶車子力、於営田及飼牛丁内、均融取充。

【通52（唐45）（新）屯納雑子無藁条】

諸屯納雑子無藁之処、応須籧篨及供窖調度、並於営田丁内、随近有処、採取造充。

【通53（唐46）（新）屯警急条】

諸屯之処、毎収刈時、若有警急者、所管官司与州・鎮及軍府相知、量差管内軍人及夫。一千人以下、各役五日功、防授（援）助収。

【通54（唐47）（新）管屯処条】

諸管屯処、百姓田有水陸上・次及上熟・次熟、畝別収穫多少、仰当界長官勘問、毎年具状申上。考校屯官之日、量其虚実、拠状褒貶。

【通55（唐48）（新）屯官欠負条】

諸屯官欠負、皆依本色本処理（徵）塡。

【通56（唐49）（新）屯課帳条】

諸屯課帳、毎年与計帳同限、申尚書省。

第二編　大宝田令の復原研究

第一章　大宝田令班田関連条文の復原

はじめに

日本古代の田制は、班田収授制を中心として多くの研究がなされてきた(1)。比較経済史(2)・比較法制史(3)・社会史(4)の三分野において始まり、今宮新氏の総合的研究(5)を経て、虎尾俊哉氏がその総決算ともいうべき『班田収授法の研究』を著した(6)。同書が長く通説的位置を占めてきたが(7)、必ずしも定説とまではいえないのが現状であろう。なぜなら班田収授制の基本となった大宝田令における主要条文、とくに養老令の六年一班条にあたる大宝令文が明らかになっていないからである。その理由として、①大宝令と養老令の相異点が大きいため、養老令からの視点だけだと大宝令の規定が明確にならないこと、②大宝令の注釈書である『令集解』古記のみを根拠として復原されているという史料的制約があげられる。

ところが、中国の戴建国氏によって北宋天聖令が発見されると(8)、大宝令作成にあたって参照したと考えられている唐令（永徽令）に近い開元二十五年令田令の大半が復原され(9)、天聖令全文が公開される(10)など田制研究は新たな状況を迎えている(11)。

本書では第一編第二章において日唐田令の比較を行い、日本令編纂の特徴として、①大宝令は可能な限り唐令を踏襲し、変更する場合も条文構成を維持しようとしており、②養老令における修正は大宝令において生じた矛盾の解消が大きく、その際唐令の極端な踏襲は弱まる、という全体的な傾向があることを述べた。ここに至って、養老令だけでなく唐令とも比較することによって、従来不明とされてきた大宝令について新たな視点をもつことが可能となったのである。このような前提に立って、本章では養老田令「六年一班条」をはじめとする班田関連条文が大宝令ではどのように規定されていたのかについて再検討を試みる。これは、日本独自の規定といわれてきた六年一班の規定が大宝令において、唐令を踏襲した要素があるのかという第一編第二章についての確認作業でもある。

大宝令文の復原にあたり、①確実に存在した大宝令文を唐令と比較すること、(12)②大宝令と唐令の条文構成に密接な関係があるという特徴を利用すること、(13)という二点を重視する。ついては、天聖令発見以前の学説に安易に依拠せず、極力史料に基づいた仮説を提示する。そして最後に、田令について唐令と大宝令および養老令の三者の関係について論じる。

一　大宝令復原に関する諸説

大宝令復原に関する諸説の整理にあたって、(14)まず、養老田令21六年一班条をあげる。

凡田、六年一班。〈神田・寺田不レ在二此限一。〉若以二身死一応レ退レ田者、毎レ至二班年一即従二収授一。

また、大宝令復原にあたって参照される『令集解』田令は下記のとおりである。本条復原の根拠とされている部分をゴシック体とし、大宝令引用部分は「　」内に入れた。

史料①　『令集解』田令21六年一班条古記

「**初班**」謂六年也。「**後年**」謂再班也。「**班**」謂約二六年一之名。仮令、初班死、再班死、三班収耳。問、人生六年得レ授レ田、此名為二初班一、為当、死年名二初班一。未レ知其理。答、以二始給レ田年一為二初班一。以二死年一為二初班一者非。問、上条「三班乃追」与二此条「**三班収授**」一、其別如何。答、一種無レ別也。「**三班収授**」謂即三班収授也。問、於二二月一授レ田訖。至二十二月卅日一以前身云（亡カ）何為二初班一也。答、以二作年一為二初班一也。仮令、自二元年正月一至二十二月卅日一以前、謂二之初班一也。

史料②『令集解』田令21六年一班条古記

「**神田**」条「**不レ在二収授之限**一」謂収而不レ授二百姓一也。

史料③『令集解』田令21六年一班条私

此云、在下田有二交錯一条上。案レ之、古令、神田寺田別立レ条、似レ不レ称二於此条一。新令、省二其条一、可レ附二此条一。仍以二事緒相類一、附二此条中一也。

史料④『令集解』田令18王事条古記

「三班乃追」謂二一班之後、三班之年、即収授也。問、計レ班之法。未レ知若為。答、「**以二身死一応レ収レ田**」条一種。仮令、初班之年、知レ不レ還収三班収授。又初班之内、五年之間亦初班耳。

史料⑤『令集解』田令23班田条古記

「十一月一日。総集対共給授」謂此不三名為二初班之年一也。「二月卅日内使レ訖」謂此名為二初班年一也。「其収レ田戸内有レ合二進受一者」謂以二死人分一、取二生益分一聴之。問、籍六年一造、**田六年一班**。未レ知、同年造班以不。答、造籍之後年、造二田簿一給授。同年不レ可レ得、為三依レ籍造二田文一故也。仮令、籍今年起二十一月一、来年五月内使レ訖。即田文、此年起二十月一授造。又来年二月卅日内使レ訖。

史料⑥　『令集解』田令29荒廃条古記

「替解日還レ官収授」謂百姓墾者待二正身亡一、即収授。唯初墾六年内亡者、三班収授也。公給熟田、尚須二六年之後一収授、況加二私功一未レ得レ実哉。挙レ軽明レ重義。其租者、初耕明年始輸也。

史料⑦『令集解』田令28為水侵食条古記

問、神田・寺田、若為処分。答、神田有レ欠者加給、寺田不レ合。但已被レ侵者量給耳。皆以二新出之地一、本主給之。

六年一班条にあたる大宝令文は、これまで次のイ・ロ・ハの三つの条項に分けて検討されている。復原の根拠とされた史料とともに整理すると以下のようになる。

イ　田、六年一班。……史料⑤

ロ　神田・寺田、不在収授之限。……史料②・③・⑦

ハ　以身死応収田　初班　後年　班　三班収授。……史料④・①

研究史を整理すると、①「何条に分かれていたか」、②「ハ「以身死応収田」以下の規定はどうなっていたか」の二つにまとめられる。(15)

まず、①「何条に分かれていたか」という問題については、a三条説(16)、b二条説(17)、c一条説(18)の三つがある。aの三条説は、イ・ロ・ハの条文としてそれぞれが独立していたという考え方で、必要部分をあげると下記のようになる。

凡田、六年一班

凡神田・寺田、不在収授之限

凡以身死応収田者……

bの二条説は、イとハが一条とロが一条の組み合わせでaに近いが、「凡田六年一班」では、一条の条文として短すぎるという考え方によっており、[19]次のようになる。

凡田、六年一班　若以身死応収田者……

凡神田・寺田、不在収授之限

cの一条説は、イ＋ロ＋ハがすべて合わさって一条であったとするもので、三および二条とする証拠はなく、基になった北魏令は一条であるという点などが根拠になっている。[20]共通する部分をあげると下記のようになる。

凡田、六年一班＋神田・寺田、不在収授之限＋以身死応収田……（順不同）

次に②「ハ「以身死応収田」以下の規定がどうなっていたか」という点があり、史料①の「初班」「後年」「班」および「三班収授」という字句をめぐって様々な説が提起されており、主にa一律規定、[21]b二律規定[22]の二つに分類できる。aの一律規定説は、具体例をあげると、

初班死、再班収。後年三班収授。（時野谷説[23]）

というように、支給者が死んだ場合、つねに次の班年に収授するというもので、「仮令、初班死、再班収也。再班死、三班収耳」（史料①）という部分を条文の内容とみているものが多い。

bの二律規定説は、具体例をあげると、

初班従二三班収授一。後年毎レ至二班年一即収授。（田中説[24]）

となる。最初の班年の期間内に死んだ場合、返還が一班（六年間）延期されるという特例規定がある点がaと異なり、「問、上条「**三班乃追**」与二此条「**三班収授**」一、其別如何。答、一種無レ別也」（史料①）、「問、計レ班之法。未レ知若為。

答、「**以二身死一応レ収レ田**」条一種。仮令、初班之年、知レ不レ還収三班収授。又初班之内、五年之間亦初班耳」（史料④）、「替解日還レ官収授」謂百姓墾者待二正身亡一、即収授。唯初墾六年内亡者、三班収授也。公給熟田、尚須二六年之後一収授、況加二私功一未レ得レ実哉。挙レ軽明レ重義」（史料⑥）という部分などに基づいている。[25]以上の諸説のなかでは、①bの二条説で②bの二律規定である虎尾新説が有力とされているが、疑問点を残したまま現在に至っている。虎尾新説は下記のとおりである。[26]

凡田、六年一班。若以二身死一応レ収レ田者、初班従二三班収授一。後年毎レ至二班年一即収授。

凡神田・寺田、不レ在二収授之限一。

二　天聖令を用いた大宝令の復原

1　日本令に継受された唐令について

班田収授制については前節に記したように多くの研究がなされてきたが、最近の北宋天聖令の発見によって、この情況は一変した。天聖令は、前半に現行法の宋令が記され、後半に現行法でない不行唐令（開元二十五年令）が付されている。[27]田令の場合、宋令が七条、唐令が四九条であるので、宋令七条にあたる唐令を復原し、本来あったと考えられる位置に挿入すれば、開元二十五年令が復原できる。[28]唐日田令の関係を明確にするために第一編第二章「日唐田令の比較と大宝令」を基に継受関係を付した表を作成した（表5）。以下、唐令の表記には表5の条文番号を用いる。

行論に必要な日唐令の概略を整理すると、日本令は浄御原令と永徽令によって大宝令が作成され、ついで大宝令から養老令が作られた。(29)唐令は、永徽令から開元三年令を経て開元二十五年令となり、さらに北宋天聖令に至っている。(30)唐日両令の関係では、養老令が開元三年令の規定を取り入れたかについて議論がある。(31)

さて、大宝令は永徽令を参照して作られたとされているので、永徽令と開元二十五年令の差異が問題となる。田令に関しては、表5からもわかるように開元二十五年令と養老令および大宝令とはほぼ対応しており、今回使用する条

唐令(開元二十五年令)			大宝令	養老令	
通	唐復	条文名	独自字句	番	条文名
31	復3	官人百姓		26	官人百姓
32	唐29	官戸受田		27	官戸奴婢
33	復4	為水侵射		28	為水侵食
34	唐30	公私荒廃		29	荒廃
35	復5	競田		30	競田
36	唐31	山崗砂石			
37	唐32	在京諸司公廨田			
38	復6	在外諸司公廨田	公廨田	31	在外諸司職分田
39	唐33	京官職分田			
40	唐34	州等官人職分田	郡司職田	32	郡司職分田
41	唐35	駅封田		33	駅田
42	復7	職分田日限	公廨田	34	在外諸司(職分田)
43	唐36	公廨職分田			
44	唐37	応給職田			
				35	外官新至
45	唐38	置屯	屯田	36	置官田
46	唐39	屯用牛			
47	唐40	屯役丁		37	役丁
48	唐41	屯所収雑子			
49	唐42	屯分道巡歴			
50	唐43	屯所収藁草			
51	唐44	屯雑種運納			
52	唐45	屯納雑子無藁			
53	唐46	屯警急			
54	唐47	管屯処			
55	唐48	屯官欠負			
56	唐49	屯課帳			

〔凡例〕
通…復原開元二十五年令の仮の通し番号
唐…天聖令の開元二十五年令通し番号
復…天聖令の宋令部分について唐令を復原した部分の通し番号
条文名…唐令および復原唐令に付した条文名
独自字句…大宝令で養老令と大きく字句の異なるもの
番…日本思想大系『律令』における養老令の条文番号
条文名…日本思想大系『律令』における養老令の条文名

表5　唐日田令対照表

唐令(開元二十五年令)			大宝令	養老令	
通	唐復	条文名	独自字句	番	条文名
1	復1	田広		1	田長
				2	田租
2	唐1	丁男永業口分			
3	唐2	当戸永業口分		3	口分田
4	唐3	給田寛郷			
5	唐4	給口分田			
				4	位田
6	唐5	永業田親王	職田	5	職分田
7	唐6	永業田伝子孫		6	功田
8	復2	永業田課種			
9	唐7	五品以上永業田			
10	唐8	賜人田		7	非其土人
11	唐9	応給永業人		8	官位解免
12	唐10	官爵永業		9	応給位田
13	唐11	襲爵永業		10	応給功田
14	唐12	請永業			
				11	公田
				12	賜田
15	唐13	寛郷狭郷		13	寛郷
16	唐14	狭郷田不足		14	狭郷田
17	唐15	流内口分田			
18	唐16	給園宅地		15	園地
				16	桑漆
19	唐17	庶人身死			
20	唐18	買地		17	宅地
21	唐19	工商永業口分			
22	唐20	王事没落外藩		18	王事
23	唐21	貼賃及質		19	賃租
24	唐22	口分田便近		20	従便近
25	唐23	身死退永業	身死応収田	21	六年一班
26	唐24	還公田		22	還公田
27	唐25	収授田		23	班田
28	唐26	授田		24	授田
29	唐27	田有交錯		25	交錯
30	唐28	道士女冠	神田		

文については永徽令とおおむね同主旨であるとして問題はない(32)。また第一編第一章「天聖令研究の現状」で論じたとおり、唐令間において大幅な改変は行われていない。したがって、本章では、永徽令と開元二十五年令の相異点は問わないこととし、復原開元二十五年令を以下「唐令」と呼び、論を進める。

唐令条文をみて、まず注目されるのは、六年一班条の規定は日本独自のものと思われてきたが、天聖令には大宝令編者が参照したと考えられる唐令通25〔唐23〕身死退永業条・通30〔唐28〕道士女冠条という二条が存在することである。以下前節でまとめた養老六年一班条についてハ・ロ・イの順で、唐・大宝・養老各令の対応部分を表示する。唐令のうち、大宝令文に直接影響を与えていないと考えられる部分は〔　〕内に入れた。また、『令集解』古記より復原される大宝令の字句はゴシック体とし、推定部分は（　）内に入れた。以下の史料も同様である。

2　日唐令の比較

対照史料①　六年一班条の継受関係

ハ「以二身死一応レ収レ田　初班　後年　班　三班収授」

α　唐令通25〔唐23〕身死退永業条（史料⑧）

諸以二身死一応レ退二〔永業・口分〕地一者、〔若戸頭限二二年一追、戸内口限二一年一追。〕如死在二春季一者、即以二死年一統二入限内一、死在二夏季以後一者、聴下計二後年一為上レ始。〔其絶後無二人供一レ祭及女戸死者、皆当年追。〕

β　大宝令

以二身死一応レ収レ田　初班　三班収授　後年　班

γ　養老令

若以二身死一応レ退レ田者、毎レ至二班年一、即従二収授一

ロ「神田・寺田、不レ在二収授之限一」

α　唐令通30〔唐28〕道士女冠条（史料⑨）

〔諸道士・女冠受二老子道徳経以上一、道士給二田三十畝一、女冠二十畝。〕僧尼受二具戒一者、各准レ此。身死及還俗、依レ法収授。〔若当観・寺有二無レ地之人一、先聴二自受一。〕

β　大宝令

神田　寺田　不レ在二収授之限一

γ　養老令

〈神田・寺田不レ在二此限一〉

イ「田、六年一班」

α　唐令　規定なし

β　大宝令　不明

γ　養老令　田、六年一班

これらを一見してわかるのは、ハの条項において、唐令通25〔唐23〕身死退永業条は、死者の永業田・口分田の地をかえす（退）規定で、それが大宝および養老令に死者の田をとる（収）・かえす（退）規定として継受されたこと、[33]ロの条項において、唐令通30〔唐28〕道士女冠条は、道士・女冠および僧尼への給田規定であり、これも同様に神田・寺田の規定として大宝・養老令に継受されたことである。この二条の継受関係が明らかであることから、史料③で「私」（令集解編者）が「古令、神田・寺田別立レ条」といっている大宝令においてハとロが別条文であったという意見は妥当である。つまり、一条説は成り立たないことになり、[34]二条もしくは三条説が選択肢として残る。

そこで表5によって、唐日田令の条文配列の関係をみてみると、唐令の通22王事没落外藩条から通35競田条までを大宝令は18王事条から30競田条まで、一条も欠かさずに継受している。つまり、イの「田六年一班」という条文が、仮に存在したとしても、入るのに適当な場所がない。それに加えて、従来いわれてきたように「凡田六年一班」という条文ではあまりにも短いということもあって、[35]二条説の可能性が高くなる。

それでは、従来の二条説でいいのかといえば、まだ問題がある。それは、イの「田六年一班」についてである。その復原根拠は、班田条古記に「田六年一班」（史料⑤）とあることだが、直接の引用ではなく、別条に付されたものであるため、不十分である。しかも古記は明らかに養老令をみている。[36]したがって「六年一班」規定は存在したのかということが問題となる。

今まで注目されてこなかったが、大宝令以身死応収田条に「六年一班」規定が存在すると、『令集解』古記に解釈できない点がある。第一に「初班謂六年也」「班謂約㆓六年㆒之名」（史料①）という班の意味を説明した注釈があるが、同条に「六年一班」規定があれば自明なことであり、生じえない記載である。第二に「以㆓死年㆒為㆓初班㆒」（史料①）という問答がなされているが、同条に六年一班規定がなく、「以㆓身死㆒応㆑収㆑田」から始まる死者の田をとる規定が存在したとしなければ説明できない。第三に「以㆓身死㆒応㆑収㆑田条」（史料④）という条文名も、独立した条文を指す可能性のほうが高い。[37]第四にハをみても、唐令を継受していることは明確である。

それでは「六年一班」は、もう一つの班田関連条文であり該当古記が存在する23班田条の大宝令に存在したのだろうか。

対照史料②　班田条の継受関係

α　唐令通27〔唐25〕収授田条（史料⑩）

諸応二収授一之田、毎年起二十月十（一）日一、里正予校勘造レ簿。至二十一月一日一、県令惣二集応レ退応レ授之人一、対共給授。十二月三十日内使レ訖、〔符下按（案）記、不レ得二輙自請射一。〕其退レ田戸内、有レ合二進受一者、雖二不課役一、先聴二自取一、有レ余収授。郷有レ余、授二比郷一。県有レ余、申レ州給二比県一。州有レ余、附レ帳申レ省、量給二比近之戸（州）一。

β　大宝令

（班田）　**預校勘造レ簿　十一月一日　総集　対共給授　二月卅日内使レ訖　其収レ田戸内有レ合二進受一者**

γ　養老令23班田条

凡応レ班レ田者、毎二班年一、正月卅日内、申二太政官一。起二十月一日一、京国官司、預校勘造レ簿、至二十一月一日一、総二集応レ受之人一、対共給授。二月卅日内使レ訖。

これらの史料によると、大宝令の字句として復原される「預校勘造レ簿　十一月一日　総集　対共給授　二月卅日内使レ訖　其収レ田戸内有レ合二進受一者」の部分は、ほとんど唐令そのままであり、養老令では、「其収レ田戸内有レ合二進受一者」を削除している以外は大宝令と変わりはないと考えられる。したがって唐令から大宝令を経て養老令に至る継受の関係は明確であり、大宝令において本条に「六年一班」を規定し、さらに養老令で21六年一班条に移動するということを想定するのは困難となる。仮に本条に「六年一班」についての規定が存在するとした場合、六年一班条の古記（史料①）で「班」について注釈する際にまったくふれられていないことも不審である。これらのことから、大宝令の班田条にも「六年一班」の規定は存在しない可能性が高い。それではなぜ本条古記に「六年一班」の記載があるのかといえば、大宝令文に班田規定があったからだと想定できる。六年一班の規定が存在しないのに班田規定があるのはおかしいようにも思えるが、六年に一度という班田を六年に一度である造籍との関係で説明しようとしたためだと考えられる。造籍についての規定は戸令19造戸籍条に「戸籍六年一造」とあり田令には存在しない。本条古記（史料⑤）は法的根拠なしに「籍六年一造、田六年一班」「造籍之後年、造二田簿一給授。同年不レ可レ得。為三依レ籍造二田文一故也」と造籍と班田の関係を論じているが、改新詔第三条に「戸籍・計帳・班田収授之法」[38]とあるように、大宝令においては造籍と班田が密接な関係にあるとされていたからであろう[39]。

ここで「田六年一班」は古記にあるのだから大宝令にも存在したとする考え方もあるが、先述のように古記は養老令をみていることに加え、下記のような例が存在する。

まず、喪葬令5賻物条古記には、「皆依レ位給。謂不レ論二行守一。皆依二本位一給」という記載があり、大宝令文である「皆依レ位給」について「皆依二本位一給」という注釈がなされ、「皆依二本位一給」という古記と同文が養老令文に採用されている。ついで、戸令23応分条古記には「問。亡者処分用不。答。証験分明者、依二処分一耳」という問答があり、同様の意図と考えられる条文が養老令に「亡人存日処分、証拠灼然者、不レ用二此令一」と規定されるという類似の例も存在する。さらに、森公章氏は賦役令16外蕃還条の養老令文には「其唐国者、免三年課役」とあり同条古記にも、「其唐国者、免三年課役也」とあるが、これを大宝令文規定欠如に対する補足であるとし、唐令にも存在しなかったと推定していた[40]。この推定は天聖賦役令に該当部分が存在しなかったことにより証明され、大宝令における規定欠如を養老令において補った事例とみなしてもよいだろう。以上の例から、『令集解』古記の地の文に養老令文が混入することは珍しくないということになる。

このように考えると、大宝令には「六年一班」という字句が存在せず、ハ以身死応収田条とロ神田条の二条であった可能性が高いといえる。

次に、ハ「以身死応収田」以下の規定について考える。その鍵となるのは22還公田条についての継受関係である。

対照史料③　還公田条の継受関係

α　唐令通26〔唐24〕還公田条（史料⑪）

諸応レ還レ公田、皆令下主自量為二一段一退上、不レ得二零畳割退一。先有レ零者聴。其応レ追者、皆待レ至二収授時一、然後追収。

β　大宝令

為二一段一退

γ　養老令22還公田条

凡応レ還レ公田、皆令下主自量為二一段一退上、不レ得二零畳割退一。先有レ零者聴。

「為一段退」の字句が共通していることから、本条の唐令が、大宝令を経由して養老令に継受された可能性は高い。ただし、「其応レ追者、皆待レ至二収授時一、然後追収」という部分は、一見削除されているようである。しかし「皆待レ至二収授時一、然後追収」という規定を、対照史料①にみえる、ハの養老令「毎レ至二班年一、即従二収授一」と比較すると、構造上の類似がある。詳しくいえば、「収授時」とは、唐令通27〔唐25〕収授田条（史料⑩）に「応二収授一之田、毎年起二十月十（一）日一、里正予校勘造レ簿。至二十一月一日一、県令惣二集応レ退応レ授之人一、対共給受。十二月三十日内使レ訖」とあるように、田の収授を行う「毎年」の十月から十二月のことである。日本令では、この規定を「班田」を行う年としての六年に一度の「班年」に変更している。また唐令の「追収」とは、文字どおり田を「とる」ことであり、日本令の「収授」も、「収」「授」の語それぞれが意味をもつのではなく、「収」一字の意味である[41]。つまり、唐令でいう「収授時」と「追収」は、日本令の「班年」と「収授」に改変された可能性が高い。

このように考えると、「皆待レ至二収授時一、然後追収」という唐令の規定は、養老令に「毎レ至二班年一、即従二収授一」として継受された可能性が高く、大宝令文にも同様の規定があったと想定できる。ただし、唐令と養老令には直接的な変更とは考えにくい字句の違いがあるため、大宝令段階で多少の改変があったと考えたい。第一に集解諸説には、養老令文にない「班田年」という用例がかなり存在することから、「収授時」から「班田年」に変更したとすれば直接的な継受として考えやすい。[42]第二に集解諸説の用例から「待二班田年一」という字句だったという想定が可能である。[43]このように仮定すれば、養老令では新たに加わった「六年一班」に合わせ、「班田年」が「班年」に変更されたとして無理なく説明できる。

これらの検討に基づいて、大宝以身死応収田条の復原を試みれば、田中説および虎尾新説とかなり近いものになる。ただし六年一班規定はなく、「毎レ至二班年一」は「待二班田年一」の字句を妥当と考える。なお、神田条については、「神田寺田不レ在二此限一」という養老令文および「神田」「不レ在二収授之限一」（史料②）、「寺田」（史料⑦）という大宝令の字句がそれぞれ存在するため、通説どおりでよいと考える。復原案は以下のようになる。[44]

凡以二身死一応レ収レ田者、初班三班収授、後年待二班田年一収授。

凡神田・寺田、不レ在二収授之限一。

3　大宝令の作成と養老令での変更

それでは前節の復原に基づいて考えると、大宝令は唐令をどのように改変して作成されたのだろうか。第一に対照史料②をみれば、唐令通27（唐25）収授田条（史料⑩）に「収授之田」とあるように「とりさずける」という意である収授の手続規定であったものを、日本令23班田条は、「たをわかつ」という意の班田規定に変更して継受している。

これは村山光一氏が指摘したように、班田をどうしても規定したい意図があったからだと考えられる。(45) 第二に対照史料①によると、ハの大宝以身死応収田条は、唐令通25〔唐23〕身死退永業条（史料⑧）に「以㆓身死㆒応㆑退」とあるように死者の地をかえす（退）規定から、「以㆓身死㆒応㆑収㆑田」と死者の田をとる（収）規定としている。第三に対照史料②によると、唐令通27〔唐25〕収授田条（史料⑩）に「収授之田」とある収授規定を班田規定としたため、「収授」規定は以身死応収田条に移動されている。第四に対照史料③によれば、唐令通26〔唐24〕還公田条（史料⑪）の後半部分の「待㆑至㆓収授時㆒、然後追収」という部分は「収授時」「追収」をそれぞれ「班田年」「収授」と変更されたうえで本条に移動されている。この「班」の字を入れることにより、本条が六年に一度班田することを含意させたのではないだろうか。第五に対照史料①をみると、ロの神田条は、道士・女冠および僧尼への授田規定を、神田・寺田は収授しないという規定に変更している。ちなみに「不㆑在㆓収授之限㆒」という字句は、唐令通7〔唐6〕永業田伝子孫条の永業田についての規定である「不㆑在㆓収授之限㆒」という部分を使用している。

このように考えれば、班田規定を導入する意図をもち、かつ唐令との対応関係を重視したため、班田に関する二条を作ったということになる。

ただし、継受とはいっても、唐令の規定そのままではなく、読み替えた部分がある。第一に「収授」に関しては、唐令通27〔唐25〕収授田条（史料⑩）では返還事由発生時ではなく、毎年の十〜十二月に田の収授を行うという内容である。しかし、大宝令では返還事由発生年ではなく六年に一度の班田の際に田の収授を行うとしている。第二に特別な場合の優遇規定について、唐令通25〔唐23〕身死退永業条（史料⑧）では夏季以降に死去した場合は返還が一年間猶予されるとなっているが、大宝令では二律規定に従えば、初班の間に死去した場合は次々回の班田で収授する、つまりは一回の班年分（六年間）の収授が猶予されている。このように考えると二律規定は唐令を参照した可能性が高い。

　ここで重要なのは、大宝令と養老令の間には条文の意味づけに違いがあるという点で、それが最も顕著なのは「収授」と「班田」についてである。大宝令制下において「収授」は「収」一字の意味で使用されていること[46]とあわせると、大宝令において、養老田令21六年一班条は、六年一班規定のない田をとる意の「収授」の規定であり、養老田令23班田条は、田をわかつ意の「班田」の規定であったということになる。また、大宝令では、ハの以身死応収田条は先の復原によれば「以二身死一応レ収レ田、初班三班収授。後年待二班田年一収授」とあり、班田条にも、「班田」と「其収レ田戸内有レ合二進受一者」とあるように「班」と「収」の字句が対応するように作られている。これらの対応は唐令にも養老令にも存在しない。ここから大宝令において「収」と「班」および「班」と「収」は一対の行為であるとの認識があることがうかがわれる。また先にあげた史料以外の『令集解』古記にも「班」と「収」が対応するものがある。以下のとおりである。

『令集解』田令9応給位田条古記

　一云。五位以上、身亡之日、封禄並停。唯位田賜田功田、一班之内聴、**再班収授**。戸婚律明文也。

『令集解』戸令10戸逃走条古記

　「地従二**一班収授**一」謂除二帳籍一之後、遭二**班田**之年一即**収授**。

『令集解』田令15園地条古記

　「均給」謂毎レ戸均給。与二授田一一種。但**一班**之後、更不レ為二**収授**一耳。

　これらの文でも、「収授」は「班」もしくは「班田」との一対になって現れており、先の指摘を裏づける。このことは、『続日本紀』の天平元年班田の記事に「又**班**二口分田一、依レ令**収授**、於レ事不レ便。請、悉**収更班**。並許之[47]」とあるのは「班二口分田一、依レ令収授」が「収更班」といいなおされていることからも、「班田」と「収授」は、それぞれ「班」と「収」という意味であることがわかる。さらに、改新詔第三条に「初造二戸籍・計帳・班田収授之法一」[48]とあるように「班田」と「収授」が別条である大宝令に対応していると考えれば「班田収授」の字句を理解しやすい[49]。また「収授之法」という考え方も、唐令通33〔宋復原4〕為水侵射条にある「収授法」の字句を用いている[50]。

このように、大宝令では「収授」（とるの意）と「班田」（わかつの意）を別条に規定し、両者が一対の行為として認識されていたことがわかる。ただし、「班田収授」というように、法論理的には「班」ちて「収」むという関係であったのだろう[51]。このように班と収を対応させたいという意識があったとすれば、唐令通25〔唐24〕身死退永業条（史料⑧）の「以二身死一応レ退」の「退」を大宝以身死応収田条で「収」に変更した理由も理解できる。以前に唐令と養老令に「退」とあり、大宝令に「収」とある部分が論じられたことがある[52]。天聖令の内容をふまえて説明すると、対照史料①のイ六年一班条では、唐令と養老令が「以二身死一応レ退」であるのに対し、大宝令は「以二身死一応レ収」とあり、対照史料②の班田条では、唐令の「其退レ田戸内」が、大宝令は「其収レ田戸内」となっている[53]。つまりこの二条では「退」（唐令）→「収」（大宝令）→「退」（養老令）と変化している。それに対して、対照史料③の26還公田条では、「為一段退」の部分で「退」字が唐令から大宝・養老令まで一貫して使用されているのはなぜかという疑問があった。しかし、この条は唐令通26〔唐24〕還公田条（史料⑪）に「其応レ追者、皆待レ至二収授時一、然後追収」とある「収授」規定が大宝令において削除されていると想定でき、その結果「班」と「収」の対応関係を作る必要がなく、「退」という「かえす」という意味の字句がそのまま残ったとすれば、無理なく説明できる[54]。

それでは大宝令の規定から養老令の六年一班条はどのような意図で作成されたのだろうか。先述した大宝令は唐令の条文を継受して作成されたが、あらためて通覧してみると矛盾した点もある。第一に、六年に一度班田を行うとい

表6　班田関連条文　唐令・大宝令・養老令対照表

唐令	大宝令	養老令
【通25（唐23）（新）身死退永業条】	【以身死応収田条】	【21六年一班条】
		凡田、六年一班。
		〈神田・寺田、不在此限。〉
諸**以身死応退**永業口分**地者**、若戸頭限	**以身死応収田**	若以身死応退田者、
二年追、戸内口限一年追。**如死在春季**	**初班　三班収授　後年**	×
者、即以死年統入限内、死在夏季以後	**（待班田年）（収授）**	每至班年、即従収授。
者、聴計後年為始。其絶後無人供祭及		
女戸死者、皆当年追。		
【通26（唐24）（新）還公田条】		【22還公田条】
諸応還公田、皆令主自量為一段退、不	**為一段退**	凡応還公田、皆令主自量、為一段退。
得零畳割退。先有零者聴。		不得零畳割退。先有零者聴。
其応追者、**皆待至収授時、然後追収。**		
【通27（唐22）（拾22）収授田条】		【22班田条】
諸応**収授**之田、毎年起十月十（一）日、	**（班田）**	凡応班田者、毎班年、正月卅日内申太
里正**予校勘造簿。至十一月一日**、県令	**預校勘造簿　十一月一日**	政官。起十月一日、京国官司預校勘造
惣集応退応授之人、**対共給授。十二月**	**総集　対共給授　二月卅日内使訖**	簿。至十一月一日、総集応受之人、対

三十日内使訖、符下按記、不得輒自請射。		共給授。二月卅日内使訖。
其退田戸内有合進受者、雖不課役、先聴自取、有余収授。郷有余、授比郷。県有余、申州給比県。州有余、附帳申省、量給比近之戸（州）。	**其収田戸内有合進受者** →	×
（中略）		
【通30（唐28）（拾22）道士女冠条】諸道士女冠受老子道徳経以上、道士給田三十畝、女冠二十畝。**僧尼受具戒者、各准此。身死及還俗**、**依法収授**。若当観寺有無地之人、先聴自受。	【神田条】**神田・寺田、不在収授之限** ―	

う基本的な規定が田令条文に存在しないという点であり、第二に、死者の田をとる規定のままだと「以㆓死年㆒為㆓初班㆒」（史料①）という誤解を生ずる余地がある点である。[55] そこで、対照史料①にみえるように養老令編者は「収授」に関するハの条項である以身死応収田条と神田・寺田に関するロの条項である神田条を合わせ、「班田」の規定であることを明確にするために「六年一班」を加えたのではないだろうか。さらに「不㆑在㆓収授之限㆒」とあった、大宝収授規定に基づく神田条の字句も「不㆑在㆓此限㆒」とされ、「六年一班」の規定に変更されている。

あわせて大宝令に基づいた他の部分の「収授」規定をも削除している。「収授」規定とは、唐令では主要な収授についての規定である唐令通27〔唐25〕収授田条（史料⑩）を適用するという意味で用いられている。[56] これを継受した大宝令も、以身死応収田条を適用するという意味で、「不レ在二収授之限一」（神田条）・「還レ官収授」（29荒廃条）のように使用していたと考えられる。[57] また「収授」から「六年一班」規定への変更は、古記以外の集解諸説に六年一班の例がいくらかあることからも察することができる。[58] ただし結果的に、班田関連条文が還公田条を挟んで一条おきになるという不自然な形になっている。[59] なお、「以身死応収田」条の後半部分「初班三班収授後年」と、班田条の後半部分「其収レ田戸内有レ合二進受一者」が削除されているが、ともに唐令を基に作られている部分で、不都合があって削除されたと考える。[60]

その他、漢語としての字義を厳密にみるようになる傾向があげられる。[61] 第一にハおよび23班田条において、大宝令の「収」を唐令の「退」に戻した理由として、漢語の字義によれば唐令の「退」（かえす）を、大宝令で「収」（とる）に変更するのはおかしいと考えたことが想定できる。[62]

第二に、先述のように、「収授」を「収」一字の意味と解釈するのはおかしく、「収」（とる）と「授」（さずける）で別々の意味をもつと考えなければならないという意識ができたことも同様であると考えられる。

第三に、本条後半部分の「後年待二班田年一収授」について、「後年」という語は、唐令通25〔唐23〕身死退永業条（史料⑧）の法意では「来年」という意味であり、読み替えたとしても「後年謂再班也」と解釈することには無理がある。大宝令において唐令の字句を改変することによって不自然な表記になっていた部分を、わかりやすくしたのが、「毎レ至二班年一、即従二収授一」という表現であろう。

このように、大宝令の以身死応収田条と神田条における「収授」規定を変更して、養老令における「六年一班」の規定が作られたといえる。以上の継受関係を図示したのが「班田関連条文　唐令・大宝令・養老令対照表」（表６）である。[63]唐令から大宝令への継受に際し、関連したと考えられる部分はゴシック体にし、推定される大宝令部分は（　）に入れた。さらに継受の関係がある部分を→で結び、養老令において削除された部分は×とした。一見して唐令から大宝令を経て養老令に至る継受関係は明らかだろう。これによれば、日本令で独自に考え出された部分はほとんどなく、唐令の改変および削除によって説明がつくところが多い。[64]大宝令は唐令条文の枠組みを使用して作成され、そのなかに独自の規定を盛り込んでいるといえよう。[65]

おわりに

本章によって確認できた事実関係は、①養老令の田令六年一班条は、大宝令においては以身死応収田条と神田条の二条に分かれていて、「田六年一班」の字句は存在しなかった可能性が高い、②大宝令では、収授と班田が別条に規定されていたが、養老令では六年一班と班田の条文に作りかえられた、という二点である。さらに、これらのことを行った理由として、①大宝令は唐令の条文配列を崩さずに班田の規定を盛り込むため、唐令にあった条文の意味づけ等の変更を行い、②養老令は、大宝令で生じた矛盾の解決のため班田の基本となる六年一班規定を作り、大宝令の収授規定に基づく条文を修正した、ということを想定した。

このように日本の独自条文と考えられてきた六年一班条においても、大宝令では唐令を踏襲した要素があり、唐令の改変によって独自の規定を盛り込んでいる。さらに、大宝令の復原にあたっては、とくに養老令との差異が大きい条文について、唐令との比較検討が非常に有効であるということが提起できた。

また大宝令と養老令のどちらが唐令に近いかという問題がある。(66) 本章の検討によれば、大宝令は、条文構成が唐令に近く、用字法は独自のものを含み、養老令は、条文構成に独自性が出てきたが、用字法は唐令に近くなったといえる。今後このような議論をするにあたっては、印象論ではなく天聖令を使用した具体的な変遷を考慮しなければならない。

注

(1) 主な研究史は序章において整理した。詳細な文献は、村山光一『研究史班田収授』(吉川弘文館、一九七八年)、荒井秀規「律令制的土地制度関連研究文献目録」(滝音能之編『律令国家の展開過程』名著出版、一九九二年、初版一九九一年)、山尾幸久「班田法規の制度的内容の二論点」(『日本古代国家と土地所有』吉川弘文館、二〇〇三年)を参照。

(2) 内田銀蔵「我国中古の班田収授法」(『日本経済史の研究　上』同文館、一九二一年)。

(3) 中田薫「唐令と日本令との比較研究」(『法制史論集一』岩波書店、一九二六年、初出一九〇五年)。

(4) 三浦周行『国史上の社会問題』(岩波文庫、一九九〇年、初出一九二〇年)、滝川政次郎『律令時代の農民生活』(刀江書院、一九四三年、初刊一九二六年)。

(5) 今宮新『班田収授制の研究』(竜吟社、一九四四年)。

(6) 虎尾俊哉『班田収授法の研究』(吉川弘文館、一九六一年)。

(7) 虎尾俊哉『班田収授法の研究』(注(6))以後の研究は、同『日本古代土地法史論』(吉川弘文館、一九八一年)にまとめられている。

(8) 戴建国「天一閣蔵明抄本《官品令》考」(『宋代法制初探』黒竜江人民出版社、二〇〇〇年、初出一九九九年)。

(9) 戴建国「唐《開元二十五年令・田令》研究」(『歴史研究』二〇〇〇年二期)。その後、大津透「農業と日本の王権」(網野善彦他編『岩波講座　天皇と王権を考える3　生産と流通』岩波書店、二〇〇二年)が、開元二十五年令と養老令の比較を行っている。

(10) 天一閣博物館・中国社会科学院歴史研究所天聖令整理課題組校証『天一閣蔵明鈔本天聖令校証　附唐令復原研究　上・下』(中華書局、二〇〇六年)。

(11) 開元二十五年令の復原研究は、山崎覚士「唐開元二十五年田令の復原から唐代永業田の再検討へ—明抄本天聖令をもとに—」

（『洛北史学』五、二〇〇三年）、渡辺信一郎「北宋天聖令による唐開元二十五年令田令の復原並びに訳注」（『京都府立大学学術報告（人文・社会）』五八、二〇〇六年）、宋家鈺「唐開元田令的復原研究」（『天一閣蔵明鈔本天聖令校証　下』注(10)）などがある。詳細は第一編第二章「日唐田令の比較と大宝令」を参照。

(12)『令集解』古記の本文（いわゆる「地の文」）や『続日本紀』等を根拠とするという従来の復原方法では、養老令の字句が混入する可能性がある。

(13) 条文構成研究の重要性は、吉村武彦「律令制国家と土地所有」（『日本古代の社会と国家』岩波書店、一九九六年、初出一九七五年）、石上英一「日本律令法の法体系分析の方法試論」（『東洋文化』六八、一九八八年）などを参照。私見は第一編第一章「天聖令研究の現状」・同第二章「日唐田令の比較と大宝令」において述べた。

(14) 六年一班条の大宝令復原に関する主要論文は以下のとおり。仁井田陞「日本律令の土地私有制並びに唐制との比較―日本大宝田令の復旧―」（『補訂　中国法制史研究　土地法・取引法』東京大学出版会、一九八〇年、初出一九二九・三〇年）、滝川政次郎「新古律令の比較研究」（『律令の研究』名著刊行会、一九八八年、初刊一九三一年）、虎尾俊哉「大宝令における口分田還収規定」（『日本古代土地法史論』注(7)、初出一九五七年）、喜田新六「死亡者の口分田収公についての大宝令条文の復元について」（『日本歴史』一一四、一九五七年）、田中卓「大宝令における死亡者口分田収公条文の復旧」（『田中卓著作集6　律令制の諸問題』国書刊行会、一九八六年、初出一九五七年）、時野谷滋「大宝田令若干条の復旧」（『飛鳥奈良時代の基礎的研究』国書刊行会、一九九〇年、初出一九五八年）、虎尾俊哉「大宝令に於ける班田収授法関連条文の検討」（『班田収授法の研究』注(6)）、鈴木吉美「大宝田令諸条の復旧」（『立正史学』三二、一九六八年）、杉山宏「田令集解六年一班条の古記について―同条の大宝令条文の復原―」（『史正』四、一九七五年）、河内祥輔「大宝令班田収授制度考」（『史学雑誌』八六―三、一九七七年）、松原弘宣「『令集解』における諸法家の条文引用法―田令六年一班条の大宝令条文の復原方法について―」（『日本歴史』三五三、一九七七年）、川北靖之「大宝田令六年一班条の復原について」（『史料』一六、一九七九年）、虎尾俊哉「大宝田令六年一班条について」（『日本古代土地法史論』注(7)、初出一九八一年）、明石一紀「班田基準についての一考察―六歳受田説批判―」（竹内理三編『古代天皇制と社会構造』校倉書房、一九八〇年）、山本（松田）行彦「大宝田令六年一班条および口分条の復原について」（『続日本紀研究』二二一、一九八二年）、梅田康夫「大宝令における口分田収公規定」（『北陸歴科研会報』一七、一九八二年）、森田悌「口分田収授について」（『日本古代の耕地と農民』第一書房、一九八六年、初出一九八三年）、川北靖之「大宝田令六年一班条の復原をめぐって」（『皇学館大学史料編纂所論集』皇学館大学史料編纂所、一九八九年)。なお、「唐日両令対照一覧」(仁井田陞著・池田温編集代表『唐令拾遺補』東京大学出版会、一九九七年)の「田令」21部分(一三一五〜二一頁)に研究史の整理がある。以下、本注記載の文献が後出する場合、書名を省略する。

(15) ①・②の二つを中心として、様々な組み合わせがあるため、要点の紹介にとどめる。

(16) 仁井田陞「日本律令の土地私有制並びに唐制との比較」・虎尾俊哉「大宝令における口分田還収規定」「大宝令に於ける班田収授法関連条文の検討」・喜田新六「死亡者の口分田収公についての大宝令条文の復元について」・田中卓「大宝令における死亡者口分田収公条文の復旧」・時野谷滋「大宝田令若干条の復旧」・杉山宏「田令集解六年一班条の古記について」・明石一紀「班田基準についての一考察」・梅田康夫「大宝令における口分田収公規定」(すべて注(14))。

(17) 滝川政次郎「新古律令の比較研究」・松原弘宣「『令集解』における諸法家の条文引用法」・虎尾俊哉「大宝田令六年一班条について」・山本(松田)行彦「大宝田令六年一班条および口分条の復原について」・森田悌「口分田収授について」(すべて注(14))。

(18) 鈴木吉美「大宝田令諸条の復旧」・河内祥輔「大宝令班田収授制度考」・川北靖之「大宝田令六年一班条の復原について」「大宝田令六年一班条の復原をめぐって」(すべて注(14))。

(19) 松原弘宣「『令集解』における諸法家の条文引用法」・虎尾俊哉「大宝田令六年一班条について」(ともに注(14))。

(20) 川北靖之「大宝田令六年一班条の復原について」(注(14))による。

(21) 仁井田陞「日本律令の土地私有制並びに唐制との比較」・滝川政次郎「新古律令の比較研究」・時野谷滋「大宝田令若干条の復旧」・鈴木吉美「大宝田令諸条の復旧」・森田悌「口分田収授について」(すべて注(14))。

(22) 初班と三班収授を結びつける、虎尾俊哉「大宝令における口分田還収規定」「大宝令に於ける班田収授法関連条文の検討」「大宝田令六年一班条について」・田中卓「大宝令における死亡者口分田収公条文の復旧」・川北靖之「大宝田令六年一班条の復原について」「大宝田令六年一班条の復原をめぐって」・明石一紀「班田基準についての一考察」・山本(松田)行彦「大宝田令六年一班条および口分条の復原について」(すべて注(14))と、その他の杉山宏「田令集解六年一班条の古記について」・梅田康夫「大宝令における口分田収公規定」(ともに注(14))がある。

(23) 時野谷滋「大宝田令若干条の復旧」(注(14))。

(24) 田中卓「大宝令における死亡者口分田収公条文の復旧」(注(14))。

(25) その他、一律規定・二律規定に分類できないものに、喜田新六「死亡者の口分田収公についての大宝令条文の復元について」・河内祥輔「大宝令班田収授制度考」（ともに注(14)）がある。なお、復原案は多岐にわたるため、厳密な分類は困難であるが、一覧表にすると下記のとおりである。

	一律規定説	二律規定説	その他
三条説	仁井田・時野谷	虎尾(旧)・田中・明石・杉山・梅田	喜田
二条説	滝川・森田	松原・虎尾(新)・山本	
一条説	鈴木	川北	河内

(26) 虎尾俊哉「大宝田令六年一班条について」（注(14)）。

(27) 天聖令の概要については、第一編第一章「天聖令研究の現状」において説明した。不行唐令が開元二十五年令であることは、岡野誠「天聖令依拠唐令の年次について」（『法史学研究会会報』一三、二〇〇九年）を参照。

(28) 開元二十五年令の復原方法は、第一編第一章「天聖令研究の現状」を参照。

(29) 日本令の変遷については、滝川政次郎「本邦律令の沿革」（『律令の研究』注(14)）を参照。また、第一編第一章「天聖令研究の現状」・同第二章「日唐田令の比較と大宝令」の検討によれば、唐令の体系的継受は大宝令段階であり、浄御原令は過大評価できない。

(30) 継受に直接関係しない唐令は省略した。中国令の変遷については、浅井虎夫『支那ニ於ケル法典編纂ノ沿革』（汲古書院、一九七七年、初刊一九一一年）、仁井田陞「唐令の史的研究」（『唐令拾遺』東京大学出版会、一九八三年、初刊一九三三年）、池田温「律令法」（堀敏一他編『魏晋南北朝隋唐時代史の基本問題』汲古書院、一九九七年）、滋賀秀三「法典編纂の歴史」（『中国法制史論集　法典と刑罰』創文社、二〇〇三年）を参照。

(31) 坂上康俊「舶載唐開元令考―『和名類聚抄』所引唐令の年代比定を手懸りに―」（『日本歴史』五七八、一九九六年）では、開元三年令は、養老令の藍本ゆえに尊重されたとしている。ただし、第一編第二章「日唐田令の比較と大宝令」の検討によると過大評価はできないと考える。

(32) 天聖令と養老令が全体的に類似しており、その起源が永徽令と大宝令の親近性にあることは、第一編第一章「天聖令研究の現状」

を参照。

(33) 唐令の字義では、「退」(かえす)・「収」(とる) である。

(34) 大宝令との直接の継受関係がある唐令が発見されたため、川北靖之「大宝田令六年一班条の復原について」(注(14)) がいう北魏令は根拠とならなくなる。

(35) 松原弘宣「『令集解』における諸法家の条文引用法」・虎尾俊哉「大宝田令六年一班条について」(ともに注(14)) を参照。

(36) 古記は天平十年頃の成立とされ (井上光貞「日本律令の成立とその注釈書」『井上光貞著作集二　日本古代思想史の研究』岩波書店、一九八六年、初出一九七六年)、養老二年に成立したとされる養老令をみている。このことは、古記が新令を引用していること (賦役令21免期年徭役条、衣服令2親王条)、養老令にしかない編目である「職員令」(大宝令は「官員令」) を引用している点から明らかである (職員令8縫殿寮条、同令10画工司条、禄令9宮人給禄条)。

(37) 条文名引用は必ずしも独立条文であることを証明しないことについては、松原弘宣「『令集解』における諸法家の条文引用法」(注(14)) を参照。ただし、独立条文である確率のほうが高いのも事実である。大宝令に「六年一班」の字句があれば、「六年一班条」とされた可能性が高いであろう。

(38) 『日本書紀』大化二年正月甲子朔条。この記事が大宝令に基づくとすれば、その復原根拠となる。

(39) ただし、大宝戸令19造戸籍条にも「戸籍六年一造」の字句は復原できない。

(40) 森公章「古代日本における対唐観の研究」(『古代日本の対外認識と通交』吉川弘文館、一九九八年、初出一九八八年)。

(41) 村山光一「班田収授制の成立についての一考察―「収授」の語の検討を通して」(『杏林大学外国語学部紀要』二、一九九〇年) を参照。

(42) 『令集解』田令には、「班田年」が一〇例、「班年」が二五例ある。集解諸説に存在する字句のうち、養老令に存在しないものは、大宝令の字句の可能性があるのではないだろうか。

(43) 『令集解』田令の集解諸説には、「至班年」六例、「至班田年」二例、「待班田年」五例、「待班年」九例となっている。

(44) 本書作成にあたって、初出論文「大宝田令班田関連条文の再検討―天聖令を用いた大宝令復原試論―」(『駿台史学』一二二、二〇〇四年) における復原条文の保留部分を修正した。つなぎの字句が存在する可能性があるが、確たる根拠がないため補わないでおく。

(45) 村山光一「班田収授制の成立についての一考察」(注(41))を参照。

(46) 村山光一「班田収授制の成立についての一考察」(注(41))を参照。

(47) 『続日本紀』天平元年三月癸丑条。なお養老令は天平宝字元年に施行されているので、当時は大宝令制下である。中田薫「養老令の施行期に就て」(『法制史論集一』注(3)、初出一九〇五年)を参照。

(48) 『日本書紀』大化二年正月甲子朔条。

(49) このように考えないと、「班田収授之法」の字義が解釈できない。だとすれば、この部分は大宝令によって記されているといえる。

(50) 唐令が「収授法」といっているのは、「収授」が一つの行為であるという考えに基づいており、それを改新詔であえて「班田収授之法」と「之」字を入れているのも「班田」と「収授」が二つの行為と考えられたからではないだろうか。唐令でも具体的に田をとりさずける収授規定がある通27〔唐25〕収授田条は「収授之田」となっている。

(51) このような規定を作成した理由として、「班」が「あかつ」、「収」が「をさむ」という義で用いられたのではないかということが考えられる。

(52) 虎尾俊哉「附録　田令対照表」(『班田収授法の研究』注(6))、同「大宝令と養老令」(『古代東北と律令法』吉川弘文館、一九九五年、初出一九六一年)。

(53) ただし、班田条は養老令において「収」字を含む部分自体が削除されている。

(54) 第一編第二章「日唐田令の比較と大宝令」では保留したが、本章の検討によれば以上のように考えられる。

(55) 滝川政次郎「律令の枘鑿」(『律令の研究』注(14))は、日本令の条文間に矛盾が生じる原因を、①唐制を改変したることによって生じた矛盾、②唐の数個の条文を省略して一条となせることによって生じた矛盾、③我が旧律令を改定せることによって生じた矛盾、④唐制を其の儘継受せることによって生じた矛盾、の4つに区分している。この場合は①にあたる。

(56) 唐令通7〔唐6〕条「不レ在二収授之限一」、通26〔唐24〕条「皆待レ至二収授時一」、通27〔唐25〕条「応二収授一之田」「有レ余収授」、通30〔唐28〕条「依レ法収授」、通33〔宋復原4〕条「依二収授法一」の五条に存在する。ここにみられる「収授」とは、文字どおり「とりさずける」意であるが、通7〔唐6〕条・通26〔唐24〕条・通30〔唐28〕条・通33〔宋復原4〕条の場合には、「収授」に関する主要規定である通27〔唐25〕条を適用させるという意味合いが付されている。本編第二章および第三編第二章を参照。

(57)　先の唐令の用法を考えれば、これらの大宝令における「収授」は、大宝以身死応収田条を適用させる意ととらえるべきであろう。養老令では「収授」法がなくなったので、削除されたと想定できる。なお、29荒廃条の大宝令の「還㆑官収授」は、国司が解官した後ひとまず官に還し、班田年に至って収授するという意であったと考えられる。第二編第三章「大宝田令荒廃条の復原」を参照。

(58)　21六年一班条の朱説・跡記或云、23班田条の穴記・跡記或云の四例がある。

(59)　滝川政次郎「律令の枘鑿」（『律令の研究』注(14)）でいう、③我が旧律令を改定せることによって生じた矛盾、にあたる。小林宏「日本律の枘鑿」（『日本における立法と法解釈の史的研究一　古代・中世』汲古書院、二〇〇九年、初出一九九九年）は、養老律令制定の目的として大宝令の枘鑿《ぜいさく》（矛盾・重複）の解決をあげているが、そのために新たな矛盾が生じることもあることがわかる。

(60)　第一編第二章「日唐田令の比較と大宝令」の検討では、「大宝令において唐令の字句を引き写した部分のうち、不適当と判断された部分が養老令において削除された」とした。「以身死応収田」条については、より簡明な規定を作成するために複雑な「初班三班収授後年」規定を削除したと考えられる。これについては第二編第二章「田令口分条における受田資格」で詳論する。班田条で削除された部分は、「田をかえす戸の内に〔その田を〕受ける条件を満たしている人がいた場合、不課戸であっても〔その本人が田を〕取ることをゆるす」というものである。唐令では給田の中心が課丁であるため、一定数の課戸が維持できるしくみになっているが、逆に課丁以外の給田は少ないので、田を取り上げると耕地不足となり食糧の自給に問題をきたすことが考えられる。これに対して、日本令では、課・不課にかかわらず全員に給田するしくみになっているため、不要となった人の田を取り上げられても問題は少ないが、先の規定を認めると不課戸が際限なく増加するという構造的な問題がある。このような不都合から該当部分を削除したのではないだろうか。

(61)　滝川政次郎「平安初期の法家」（『歴史教育』九―六、一九六一年）は、法家の間には、法文の文理解釈に力を注ぎ、「法意」のなんたるかを明らかにする令釈によって代表されるものと、「令行事」に重きをおき、法文を実際に適するように解釈する古記に代表されるものの二つの学風があるとしている。このような学風の違いは古記と令釈の問題だけにとどまらず、大宝令と養老令における法意識の差異が反映しているといえないだろうか。滝川政次郎「大宝令の註釈書「古記」について」（『日本法制史研究』名著普及会、一九八二年、初刊一九四一年）にも同様の指摘がある。

(62)　収と退の字義については、虎尾俊哉「附録　田令対照表」（『班田収授法の研究』注(6)）、同「大宝令と養老令」（『古代東北と律令制』注(52))で指摘されている。

(63) 釈文は第一編第二章「日唐田令の比較と大宝令」を参照のこと。

(64) 改変・削除の意義は、第三編第二章「班田収授法の成立とその意義」において論じる。

(65) 筆者は「大宝田令班田関連条文の再検討—天聖令を用いた大宝令復原試論—」(注(44))の段階では、独自条文か踏襲かの二者択一で考えていたが、第一編第一章「天聖令研究の現状」によれば、令文の改変などによる独自規定の作成も評価すべきであろう。

(66) 田令については虎尾俊哉「附録　田令対照表」(『班田収授法の研究』注(6))、同「大宝令と養老令」(『古代東北と律令制』注(52))で論じられている。全編目についての研究は現在進行中である。第一編第一章「天聖令研究の現状」を参照。

〔付記〕 本章は「大宝田令班田関連条文の再検討—天聖令を用いた大宝令復原試論—」(『駿台史学』一二一、駿台史学会、二〇〇四年)を初出とする。本書に収録するにあたっては、古記が養老令を引用する例について増補し、重複する図を削除した。

第二章　田令口分条における受田資格

はじめに

班田収授制は律令制的土地制度の根幹とされ、多くの議論がなされてきたにもかかわらず、[1] その基本となった大宝令の規定が不明確であるため、法意の認識が不足していた。ところが北宋天聖令の発見によって、大宝令が参照したものに近い唐令（開元二十五年令）の概要が明らかになったため、[2] 従来の説を再検討する必要が生じた。近年天聖令の全文が公開され研究条件も整ってきている。[3]

そこで筆者は、天聖令を用いれば、唐令から大宝令さらには養老令への改変の検討が可能であり、それによって大宝令の字句が明らかになること（第一編第二章）、[4] さらには大宝令および養老令の班田関連条文の法意が明確になることを論じた（第二編第一章）。[5] これらで確認できたのは、唐令から大宝令・養老令への継受研究が重要であることと、『令集解』古記の本文（いわゆる地の文）や取意文などを用いた従来の大宝令の復原には養老令文が混入する可能性があるという問題がある点である。つまり、唐令にない規定で、養老令に存在するものについては、大宝令段階で規定されたのか養老令段階で規定されたのか、法意をふまえたうえでの具体的な検討が必要となる。本章ではこのような考え方に基づき、班田関連条文のなかで重要な位置を占める養老田令口分条において受田資格を記したとされる「五年以下不給」規定について、いつどのような意図で作られたのか、再検討してみたい。

従来「五年以下不給」とは、漠然と六歳以上には田を給うことであると考えられてきた。(6)この点について、虎尾俊哉氏が、班田の基礎となる戸籍の作成時において満六歳以上の者に受田資格があるという法意であるとの新解釈を提示した(7)(六歳受田制)。これに対し、明石一紀氏は、班田制には年齢的資格制限が存在せず、六年一造の戸籍登録者が給田対象者であるとした。(8)それに対し虎尾氏は、生後六年を経た者に班給するという法意だと自説を修正しつつも受田資格であることには変更を加えず、(9)さらに明石氏は自説を再確認した。(10)その後、河内祥輔・山本(松田)行彦両氏が初班(年)という字句が口分条に存在したと主張し、(11)近年では山尾幸久氏が明石説の再評価を行っている。(12)

これらの研究は、八世紀の諸史料における年齢表記法などから立論している。ところが、関連史料の検討からは判断が難しく、双方ともに決定的な根拠に欠けている。それは虎尾氏がいうように、「大宝令の班田規定に「五年以下不給」という規定が設けられた理由、しかもそれを「五歳以下不給」などと表記せず、「五年以下不給」という班田法関係以外の史料には見られない特殊な表記法をとった理由、これらをともに合理的に説明」するという根本的な課題が解かれていないことが原因といえよう。(13)さらに、従来存在しないと考えられていた、六年一班条作成に際して参照されたものに近い唐令が出現するなど研究状況は大きく変わっている。つまり継受関係の材料がそろった現時点では、周辺史料の検討ではなく、法そのものの分析が重要となる。以上の理由から「五年以下不給」の法意を唐令からの継受のなかに位置づけ、田令口分条における受田資格について検討する。

一　唐日令の比較と大宝令条文

まず、口分条に対応する唐令は以下のとおりである。(14)

唐田令通2〔唐1〕丁男永業口分条

諸丁男給㆓永業田二十畝、口分田八十畝㆒、其中男年十八以上、亦依㆓丁男㆒給。老男・篤疾・廃疾各給㆓口分田四十畝㆒、寡妻妾、各給㆓口分田三十畝㆒。先有㆓永業㆒者、兼（通）充㆓口分之数㆒。

ここでは想定されるすべての場合についての給田面積を規定していて、(15) その面積は、男女、年齢および課・不課の区分に基づいている。(16)

次に、養老田令3口分条の冒頭部分は下記のとおりである。

凡給㆓口分田㆒者、男二段。〈女減㆓三分之一㆒。〉五年以下不㆑給。

前半では、給田の区分が男女の差別だけとなっている。後半の「五年以下不給」については議論がある。虎尾氏は、五年以下の基点として①出生と②前回の班田が考えられ、②ならば六年一班条と重複した規定であり令の性質上考えにくく、①が自然であるとした。(17) ①は六歳受田制説、②は明石説につながる。しかし②と仮定した場合、なぜ重複となるかは証明されていない。むしろ唐令の複雑な規定を養老令ではおおむね簡略化しているのに、どうして規定を複雑化する年齢制限を設けるのか理解がしにくい点もある。さらに唐令が給田対象者自体を記しているのに対し、給田対象外の人を規定しているという不自然な点にも疑問が残る。虎尾氏はこの規定が大宝令において挿入されたためだとしているが、その他の想定の可能性も残されている。

それでは唐令と比較すると「五年以下不給」の養老令における法意はどのように解釈できるだろうか。班田関連条文において、唐令通27〔唐25〕収授田条（後出）では毎年田を「収授」する規定を、養老令は六年に一度の「班田」に変更しているので、最初の班田を経ていない人は未給となる。このため、「男二段。〈女減㆓三分之一㆒。〉」のみの記載だと、全員に田を給うことになり、すべての場合についての給田面積を記すという唐令の原則に反することとなる。

そこで、この未給者を表現するために、「五年以下不給」と記すことは十分に考えられる。「五年以下不給」とは、特定の年齢ではなく、年齢とは無関係のある年限つまりは六年一班の「六年」に達していないことを示すのに適した表現である。したがって、「六年一班」と「五年以下不給」という文言は、呼応した関係になっているとみることが可能で、重複した規定とする必要はない。むしろ、すべての場合における給田面積を規定した唐令の内容をよく理解したうえでの記載とみるべきであろう。このように考えれば、養老令において六年は班年を示すとして問題はなく、六歳受田制を用いる必要はない。ただし基点を前回の班田とするというよりは、六年一班の六年に達しない「五年以下」と考える。

さて、大宝令はどうであろうか。ここで、養老令において、「六年一班」と「五年以下不給」が呼応しているということと、「六年一班」が大宝令に存在しないとする第二編第一章での結論を考え合わせると、「五年以下不給」は、大宝令にどのように規定されていたのかという問題が生じる。今まで大宝令復原の根拠とされていたのは、「先無。謂初班年五年以下不㆑給也」（『令集解』田令24授田条古記）という部分だけであり、直接の引用ではなく不十分である。つまり、「六年一班」という未給者を示す表記がなければ、それに対応した「五年以下不給」の規定もなかったという可能性が高い。古記に養老令文が混入することが珍しくないことは前章で論じたとおりである。

このように考えると、養老六年一班条にあたる大宝田令以身死応収田条の法意をあわせて検討することが必要となる。以身死応収田条は「凡以㆓身死㆒応㆑収㆑田者、初班三班収授。後年待㆓班田年㆒収授」と復原される(18)が、班をどう解釈するかが難解である。そのため大宝令および『令集解』古記における班の用法を検討する(19)。

令文には「一班」「三班」「初班」の用例があり、養老令および大宝令文のなかでの用字法は一貫していると考える(20)。まず一班の例をあげる。『令集解』の大宝令引用部分は「　」内に入れる。

『令集解』戸令10戸逃走条古記

「地従二一班収授一。」謂除二帳籍一之後。遭二班田之年一即収授也。

「凡戸逃走者。令二五保追訪一。三周不レ獲除レ帳。其地還レ公。（下略）」という令文に付され、大宝令では、「還公」が「従一班収授」になっている。「一班収授」とは、帳籍から除かれた後、最初の班年で田をとる意である。[21]

次に、三班の例をあげる。

『令集解』田令18王事条古記

「三班乃追。」謂二三班之後、三班之年、即収授也。問。計レ班之法。未レ知若為。答。以二身死一応レ収レ田条一種。

仮令、初班之年、知レ不レ還収、三班収授。又初班之内、五年之間亦初班耳。

「凡因二王事一、没二落外蕃一不レ還、有二親属同居一者、其身分之地、十年乃追。（下略）」という令文に付され、大宝令では、「十年乃追」が「三班乃追」になっていた。まず、「「三班乃追。」謂二三班之後、三班之年、即収授也」という部分は、〔不還を知った時点を一班の内とすると〕二班〔の年〕の後、三班の年にとる、ということになる。ただし、本条のみの場合だと、班の数え方（計班之法）がわかりにくいため、以身死応収田条の例を用いて説明している。「仮令、初班之年、知レ不レ還収、三班収授。又初班之内、五年之間亦初班耳」の部分は、もし初班〔の内〕の年に、〔外蕃に没落した人の〕不還を知って〔その当人の田を〕とる〔場合〕は、三班〔の時点〕でとる。また初班の内とは、〔初班の間の〕五年の間も初班とする、ということである。つまり、班年を基準にすれば、不還を知った時点を含む六年間の内、次回の班年までの間が初班、次回の班年の時点が二班、次々回の班年の時点が三班という構造になっている。

これらの例からは令文において、ある班年と班年の間の期間（以後班期と呼ぶ）の中途からみて、一班収授とは次

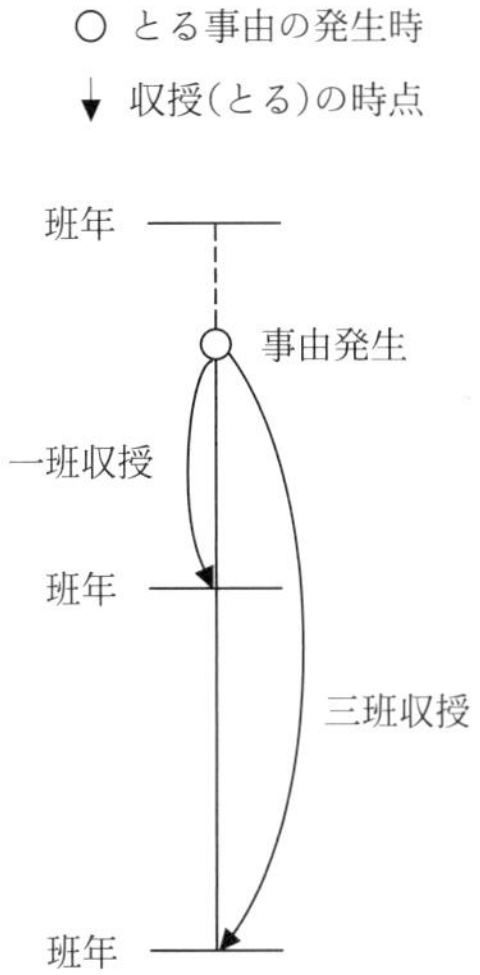

図1　一班収授と三班収授

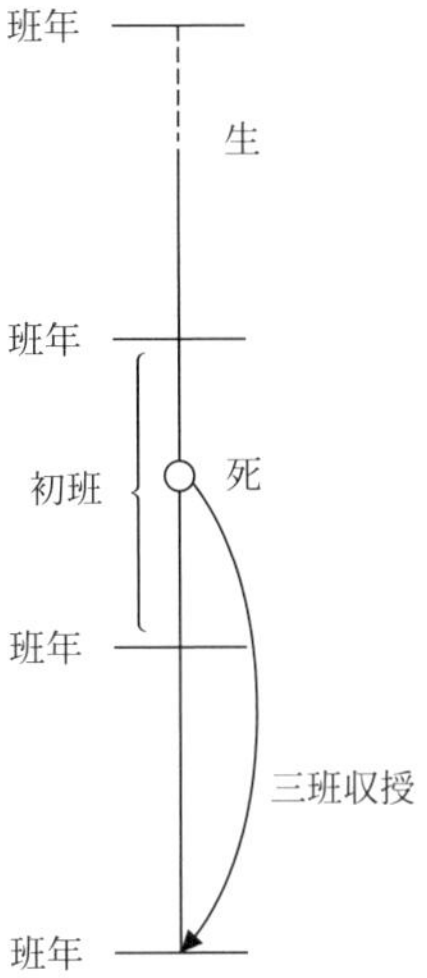

図2　従来の説

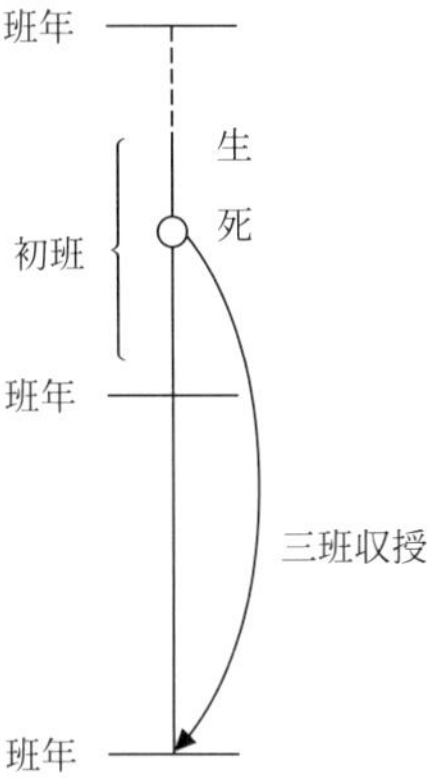

図3　私　見

回の班年にとることであり、三班収授とは次々回の班年にとることである。令文にはなぜ二がないかといえば、二班収授というのは二回の班年の間で収授するということで、「待レ至二班年一、即従二収授一」（「待二班田年一収授」）に含まれているからである。(22) つまり、ある班期の中途で何らかの田をとる事由が発生した場合、次回班年にとるのが一班収授であり、次々回の班年にとるのが三班収授なのである。一班・三班に共通することは、数え始めの基点が班期の中途に位置することである（図1）。

　このような前提のもとに、第二編第一章で復原した大宝以身死応収田条をみてみる。

　凡以二身死一応レ収レ田者、初班三班収授。後年待二班田年一収授。

　この条文の意は、〔田を受けている〕本人が死んで田をとる場合、初班〔の期間に死んだ場合〕は三班〔の年〕にとり、後年〔再班以後〕(23)〔に死んだ場合〕は班田年を待って〔その田を〕とる、ということになる。この部分を説明するために、「以身死応収田条一種」という王事条古記と比較する。

　先の王事条の場合を班田にあてはめると、「初班」をどこに設定するかがポイントとなる。常識的に考えると、生後最初の班年を過ぎた六年間ということになるが、王事条の場合が班期の中途から次の班田までなのに対して、この場合は完全な六年間となるところが異なる（図2）。そこで完全に合致させるにはどうすればよいか。意外なようだが生後最初の班年までを初班とする方法が考えられる。つまり生後最初の班田までの期間内に死んだ場合、次々回の班年に田をとるということになる。このように解釈すれば「初班三班収授、後年待二班田年一収授」の部分は、生まれてから最初の班年の前までが「初班」となり、最初の班年が再班となり、その次の班年が「三班」となるのである。後年とは生後最初の班年（再班）以後に死んだ場合は直後の班年に田をとるという解釈ができる（図3）。

ここで想起しなければならないのは「六年一班」規定は大宝令には存在しないことである。そうすると、本条は冒頭から死者の田をとる規定となり、最初の班田に至らない人の処遇が問題となる。令文に従えばこれらの人からも田をとることになりかねない。さらに、「五年以下不給」がなく、全員に給田する規定になっていることを考え合わせると、初班が生後初の班年までであるという先の解釈も納得がいく。

以上のように、令文では班の数え方（計班之法）が「一班収授」「三班収授」と一貫して解釈できるのである。ところが、『令集解』古記では、初班（一班）・二班（再班）・三班という語を固定的に使用していない。まず生後最初の班年を初班とする用法がある。

『令集解』田令21六年一班条古記

問。人生六年得レ授レ田。此名為二初班一、為当死年名二初班一。未レ知其理。答。以二始給レ田年一為二初班一。以二死年一為二初班一者非。

これは、「以二身死一応レ収レ田」という表記から、初班がその人が生まれて最初の授田のことを指すのか、（田を受けている〕本人が死んで田をとるときであるのかという疑問から、始めに給う年を初班であるとしている。ここで「初班」は、生後最初の班年を指している。

『令集解』田令24授田条古記

「先無。」謂。初班年五年以下不レ給也。

これは、授田の優先順位を述べたところで、「先無」と「後少」が対比されている。「後少」とは、古記に「崩埋口分損也」とあるように班田後のなんらかの事情により「少」となった場合で、「先無」とは、いまだ最初の班田を経ていない人である。つまり、先無の説明は、未給がなぜ生じるかという理由の説明であり、それが初班の年の場合であり、「五年以下不給」ということによるのである。ここでも生後最初の班年が「初班年」である。

次に「班」が六年という期間を表す用法がある。この「班」は初班などの特例ではない任意の班期を対象とする。

『令集解』田令21六年一班条古記

「班」謂約二六年一之名。仮令。初班死、再班収也。再班死、三班収也。

これは、第二編第一章「大宝田令班田関連条文の復原」によれば、大宝令には「六年一班」規定がないため、「班」の用法を具体的に説明したものであり(24)、三班収授などの特例がないときの通常の場合を示していると考えられる。解釈してみると、〔ある任意の班期の〕初班に死んだ場合は、〔次の班年としての〕再班に〔田を〕とり、〔ある任意の班期の〕再班に死んだ場合は、〔その次の班年としての〕三班に〔田を〕とるという意である。

『令集解』田令9応給位田条古記

問。「子孫不レ合二追請一。」未レ知其意。答。身亡之日、位禄位田、並停故。不レ合二更請一耳。一云。五位以上。身亡之日、封禄並停。唯位田賜田功田。一班之内聴。再班収授。戸婚律明文也。

令文には、「凡応㆑給㆓位田㆒、未㆑請及未㆑足而身亡者、子孫不㆑合㆓追請㆒」とあり、位田を請けないでもしくは不足したまま、その対象者が死んだ場合、子孫が請けてはならないという規定である。この規定について古記は位禄位田はどちらも停止するといっているのに対し、一云は、封禄は停止するが位田賜田功田は、すぐ停止せずに次の班年を待ってとるといっている。つまり、死んだ年にあたる六年間のある年が「一班之内」で、その次の班年が再班となっているのである。これは、先の戸逃走条の例だと「一班収授」ということになるが、古記はこのことを矛盾とは考えていないようだ。

それでは、大宝令はどのような構造になっていたのだろうか。先の想定によれば、このような三条になる。[25]

凡給㆓口分田㆒者、男二段。〈女減㆓三分之一㆒。〉（下略）

凡以㆓身死㆒応㆑収㆑田者、初班三班収授。後年待㆓班田年㆒収授。

凡応㆑班㆑田（下略）

これらの条文復原が正しければ、男女の差はあるもののすべての人に田を給う規定として機能していたとしていいだろう。ところが、唐令では毎年田を収授するところを大宝令では六年に一度作成する戸籍に合わせて班田するため、一部に不給の人が存在してしまう。しかし唐令を踏襲して「六年一班」という規定がなかったため、形式上は矛盾がないようになっているのである。ただし、「先無。謂初班年五年以下不㆑給也」（田令24授田条古記）とあるように、生後初めての班田までには実際には給田されていないことが想定されていたと考えられる。

このように解釈すれば、大宝令では、最初の班田を経ずに死んだ人は、次々回の班年に田をとるという規定となっているのに対し、養老令は六年に一度班田し五年以下には給わないということになっている。大宝令で初班への給田が実質的になされていないとするとこの二つの条文が表わす内容にはほとんど変化がない。結局のところ、大宝令の法意は、六年に一度の班田において田をとりさずけ、最小限完全な一班期六年間の用益を認めるということになる。だとすれば、大宝令と養老令の間には、実質的な規定の変更はなかったこととなる。そもそも大宝令から養老令への変更については、「大宝令文に対する形式的な字句体裁の修正と、養老撰修当時の政治的社会的事情に応じた格的な修正の二つをもりこんだもの」(26)とされているが、本例がどちらかであるかは個別に実証されなければならない。むしろ本章のように、大きな修正が加えられなかったとみることも十分可能であるし、そのほうが唐令からの継受についての説明が容易である。それでは、唐令から大宝令を経由した養老令への継受はどのように考えられるのだろうか。

二　日本令の編纂意図

日本令を論じる前に、まず参照した唐令の構造をみてみる。

唐田令通27〔唐25〕収授田条

諸応㆓収授㆒之田、毎年起㆓十月十（一）日㆒、里正予校勘造㆑簿。至㆓十一月一日㆒、県令惣㆓集応㆑退応㆑授之人㆒、対共給授。十二月三十日内使㆑訖、符下按（案）記、不㆑得㆓輒自請射㆒。其退㆑田戸内、有㆑合㆓進受㆒者、雖㆓不課役㆒、先聴㆓自取㆒、有㆑余収授。郷有㆑余、授㆓比郷㆒。県有㆑余、申㆑州給㆓比県㆒。州有㆑余、附㆑帳申㆑省、量給㆓比近之戸（州）㆒。

この条が日本の班田にあたる規定である。田を収授（とりさずけること）するに際して、毎年十月一日から十二月三十日の間にその事務を終えるということが主な内容である。この規定は、多くの条文と関連している。まず本条の後半には、田をかえす戸のなかに田を受ける資格を有する人がいた場合、不課役であっても〔その田を〕とることを聴し、それで余った場合に収授するという規定がある。ここでいう「収授」とは、前半の規定を適用するという意であると考えられる。

唐田令通7〔唐6〕永業田伝子孫条

諸永業田、皆伝二子孫一、不レ在二収授之限一。即子孫犯二徐（除）名一者、所レ承之地亦不レ追。

永業田は子孫に伝えるという規定である。ただしその場合、毎年の収授を経ながら伝えるということも考えられるので、「不レ在二収授之限一」としてその可能性を排除したのである。ここでいう「収授」は通27〔唐25〕収授田条の規定を適用するという意である。

唐田令通30〔唐28〕道士女冠条

諸道士・女冠受二老子道徳経以上一、道士給二田三十畝一、女冠二十畝。僧尼受二具戒一者、各准レ此。身死及還俗、依レ法収授。若当観・寺有二無レ地之人一、先聴二自受一。

道士・女冠および僧尼についての給田規定である。その対象者が死んだり還俗した場合には、「依レ法収授」とある。つまり唐田令通27〔唐25〕収授田条の規定を適用して収授するという意である。

唐田令通33〔宋復原4〕為水侵射条

諸田為レ水侵射、不レ依二旧流一、新出之地、先給二被レ侵之家一。若別県界新出、依二収授法一。其両岸異管、従二正流一為レ断、若合二隔越受一レ田者、不レ取二此令一。[27]

河川流路の変更によって田がなくなってしまった場合、新出した地はまず田を失った家に給えという規定であるが、県界を越えた場合は、「依二収授法一」としている。結局これも、通27〔唐25〕収授田条の規定を適用するということである。

以上のように、唐田令では通27〔唐25〕収授田条に原則となる条文があり、これを収授（法）と呼んで、各条文に適用するという構造になっていた。ここで、通27〔唐25〕収授田条を収授法と名づけ、通27〔唐25〕収授田条にあたるものを原則規定、その他の条文を適用規定と呼ぶこととする。

このような構造は、大宝令にも継受されていたと考えられる。第二編第一章「大宝田令班田関連条文の復原」によれば、まず唐田令通27〔唐25〕収授田条の収授規定を班田規定に変更し、その結果、以身死応収田条が収授の条文に作りかえられている。つまり田を「わかつ」ことと「とる」ことが別条になっているのである。

それでは、唐令における収授適用規定はどうなったのだろうか。養老令からは削除されてみえないが、大宝令にはその用法が存在した形跡がある。

大宝田令神田条

凡神田・寺田不レ在二収授之限一。[28]

ここでは、唐田令通30〔唐28〕道士女冠条において道士・女冠および僧尼の死亡・還俗後に収授するとなっていたものを、唐田令通7〔唐6〕永業田伝子孫条の字句を用いて「不レ在二収授之限一」と変更している。

『令集解』田令29荒廃条古記

「替解日還レ官収授」謂百姓墾者待二正身亡一、即収授。唯初墾六年内亡者、三班収授也。公給熟田、尚須二六年之後一収授。況加二私功一、未レ得二実哉。挙レ軽明レ重義。

令文は「(前略)其官人於二所部界内一、有二空閑地一、願レ佃者、任聴二営種一。替解之日還レ公」である。この条文の後半部分「替解之日還レ公」の大宝令は、古記により「替解日還レ官収授」と復原できるが解釈が難解であるため、脱文を考える説など様々な復原案がある。[29] しかし、唐令の収授の用法を継受したものとすれば、このまま解釈できる。

官人（国司）が開発した未墾地は、交替解官のときにかえさなければならならず、これが「還レ官」である。その後六年に一度の班年にとることになり、これが「収授」（とるの意）である。つまり、官人開発の未墾地は、替解の後には班田するのであるが、その間の処置を「還官」と記す必要があったと考えられる。

その後の百姓墾規定についても議論があり、その構造を説くカギが、「挙軽明重」の解釈である。挙軽明重とは、唐名例律50断罪無正条に「諸断レ罪而無二正条一、其応レ出レ罪者、則挙レ重以明レ軽、其応レ入レ罪者、則挙レ軽以明レ重」(30)とあり、「程度の軽い犯行について処罰が規定されているならば、同じ類型に属する程度の重い犯行については、明文がなくとも、同じ処罰規定を適用する」という原理である。(31) この原理は古記についても検証されており、①「軽」に相当するものは令文に規定があるのに対して、「重」のほうは明文化されていない、②令には明文化されていないケース（「重」）が生じたとき、それに類する「軽」にあたる規定を用いて同一の適用をする場合に用いられる、という点が確認されている。(32) 本条の場合「軽」が〔大宝以身死応収田条に規定されている〕公給熟田（口分田）についての文を指し、「重」が大宝令に規定されていない百姓墾についての文を指すことになる。それでは個々にどの部分が対応するのであろうか。文章構造をみれば「公給熟田、尚須二六年之後一収授」という文は「三班収授」の直後に位置するため、何ゆえに「三班収授」であるのかを説明する文とみなければならない。すなわち「百姓墾」と「公給熟田」は対応するのであるから、先の原理によれば、「三班収授」と「須二六年之後一収授」とは同一内容を指すと考えなければならない。このように考えると、古記の対応関係は以下のようになる。(33)

百姓墾	待二正身亡一即収授	初墾六年内亡者	三班収授
公給熟田	〔一般的収授規定〕	〔初班死〕	須六年之後収授

百姓墾の場合、「待二正身亡一、即収授」とは、ある班期に死亡した場合、次の班年に〔田を〕とる、ということであ

り、これが公給熟田（＝口分田）の場合に、死んだ次の班年にとるということと対応している（図4）。次に百姓墾の「初墾六年内亡者、三班収授」とは、初めて〔田を〕ひらいた〔班期の〕内に死んだら次々回の班年にとる、ということである。これは、公給熟田の場合の〔初班の班期に死んだ場合〕、「六年之後収授」と次々回の班年にとるということと符合する。[34]くわえて、初墾六年と初班が班期の中途から始まるという意味で共通するのである（図5）。

つまり、口分田で〔初班死〕の場合でも六年の後に収授する〔三班収授〕のであるから、「初墾六年内亡」の場合は当然「三班収授」なのである、ということになる。

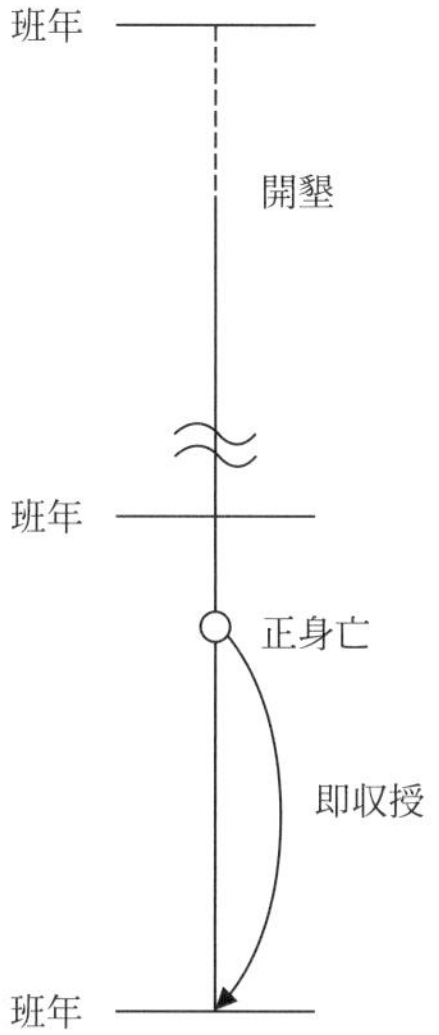

図4　百姓墾「即収授」

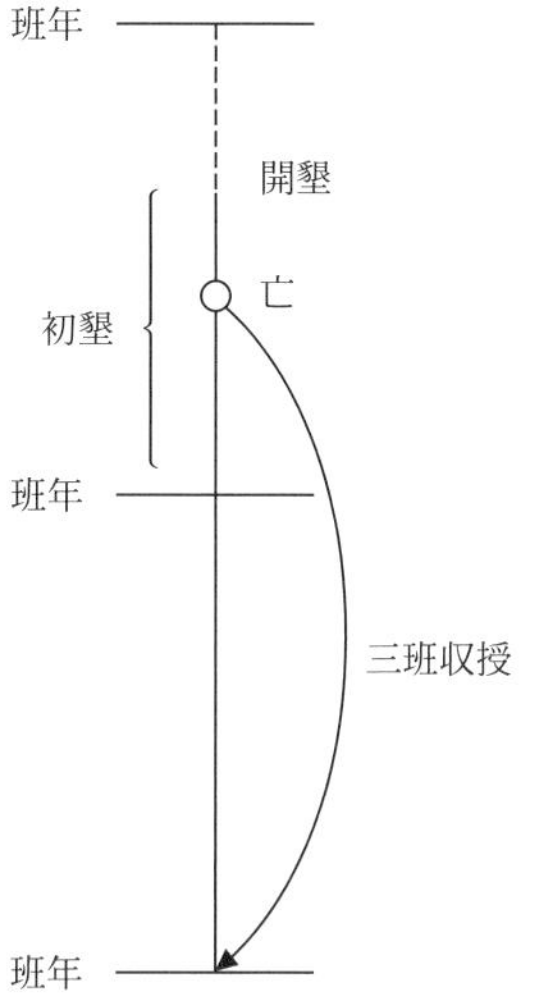

図5　百姓墾「三班収授」

さらに「初墾」「六年内」は、先述の「初班」「一班之内」を意識した同様の用法と考えられよう。

この条の後半部分は、基になった唐令に存在しないが、作成にあたっては唐令における収授法を参考にして作られている。[35]その他、先にあげた戸令10戸逃走条の「従㆓一班収授㆒」や田令18王事条の「三班乃追」も同様である。

結局のところ、唐令における原則規定と適用規定の両者を伴う収授法を、大宝令は原則規定条文を以身死応収田条に変更したうえで継受しており、その際、唐令を丸写ししているのではなく、独自の改変を加えているのである。

それでは、唐令から大宝令規定への変更には、どのような方針があったのだろうか。唐田令通2丁男永業口分条～5給口分田条より大宝令への変更の主なものは、規定の簡略化である。

つまり、唐令には永業田・口分田の差があったのを日本令では口分田に一本化し、同じく唐令では課役負担に対応し、それに伴う諸規定があったものを、大宝令で「男二段〈女減二三分之一一〉」と単純化している。「五年以下不給」の字句がないとする私見は、この全体的な傾向によく合致するといえる。

唐田令通25身死退永業条〜27収授田条から大宝令への変更は、戸籍六年一造制に伴う班田規定の採用が主要な点である。毎年「収授」の唐令に対して、大宝令では「班」に六年という意を込め、原則として六年に一度の班年にとりさずけることとした。また唐田令通25〔唐23〕身死退永業条の「如死在二春季一者、即以二死年一統二入限内一、死在二夏季以後一者、聴下計二後年一為上レ始」に「後年」とあることから、大宝以身死応収田条の後半部分はこれを参考にして収授規定を作ったことがわかる(36)。ただし、唐令の字句を使用しながらも独自の規定を作成する意図があり、それが「初班三班収授。後年待二班田年一収授」の部分であったのである。結局のところ、初班死を優遇しているような形にして、後の六年一班制を含意させたものであったのだろう(37)。

それでは、養老令はどのように作成されたのだろうか。大宝令における班田関連条文は、先にみたように唐令の条文とその構成をなるべく活かし、改変する場合も唐令の字句をなるべく使用するという方針で作られていた。これは、体系的な唐令から体系的な大宝令を作成するためのやむを得ない措置であったといえる。ところがこの大宝令条文は、唐令条文に規制されたなかで、字句の修正などの手段を用い、独自の規定を盛り込んだために、矛盾が生じていた。第二編第一章「大宝田令班田関連条文の復原」でも論じたが、最も大きな点は田令に六年に一度班田を行うという規定がないということである。そこで養老令では、「初班三班収授。後年待二班田年一収授」という不自然な表記を「毎レ至二班年一、即従二収授一」と改変し、そのかわりに条文の冒頭に「六年一班」という規定を作成し、「以二死年一為二初班一」(田令21六年一班条古記)とあるように死年を「初班」とするという誤解を招かないようにしたのである。あわ

表7　口分条関連条文　唐令・大宝令・養老令対照表

唐　令	大宝令	養老令
【通2（唐1）（拾3）丁男永業口分条】 諸丁**男給**永業田二十畝、**口分田八十畝**、其中男年十八以上、亦依丁男給。老男・篤疾・廃疾各給口分田四十畝、寡妻妾、各給口分田三十畝。先有永業者、兼（通）充口分之数。 【通3（唐2）（拾3）当戸永業口分条】 諸黄・小・中男女及老男・篤疾・廃疾・寡妻妾当戸者、各給永業田弐（二）十畝・口分田三十畝。 【通4（唐3）（拾3）給田寛郷条】 諸給田、**寛郷**並依前条、若**狭郷**新受者、減寛郷口分之半。 【通5（唐4）（拾3）給口分田条】 諸給口分田者、**易田**則倍給。〈寛郷二（三）易以上者、仍依**郷法**易給。〉	凡**給口分田**、**男二段**。 〈女減三分之一〉 →其地、有**寛狭**者、（**郷法**）**易田** 具録町段	【3口分田条】 凡給口分田者、男二段。 〈女減三分之一。〉 五年以下不給。 其地、有寛狭者、従郷土法。易田倍給。給訖、具録町段及四至。

せて大宝令で継受された収授適用規定を削除している。詳しくいえば、原則規定であった以身死応収田条を「班田収授」というように本意であると思われる班田の規定になるように六年一班の規定に改変し、神田条はそのなかに解消されて「不レ在二此限一」と「班田」の除外規定になっている。また戸令10戸逃走条・田令29荒廃条では、「収授」という班年にとる規定を「還公」という表現によって班年によらずに返還する規定としている。「三班乃追」という類似の表記がある王事条はだいたいの年数により「十年乃追」としているのである。ただし、六年一班という表記にしてしまうと、条文上明らかに「不給」の人が発生してしまい、すべての給田対象者を記している口分条に不都合が生じる。その矛盾を解消するために「五年以下不給」という「不給」規定を挿入したのであろう。このように、大宝令と養老令での段階差を考えれば、「五年以下不給」が挿入された理由も納得がいく。[38] むしろ「五年以下不給」とは、「六年一班」と呼応した適切な表現といえる。さらに、「五年以下不給」は前章で検討したように、大宝令における規定欠如を養老令において補った事例の一つとして位置づけられる。[39]

以上の唐令から大宝・養老令への継受関係を図示すると表7のとおりである。[40] 唐令から大宝令への継受に際し、関連したと考えられる部分はゴシック体にし、推定される大宝令部分は（　）に入れた。さらに継受の関係がある部分を→で結んだ。

おわりに

本章をまとめると、①唐令と養老令を比較すると養老令における「六年一班」と「五年以下不給」は呼応する形になっており、ともに班年を基準にしているとしてよく、六歳受田制は想定できない、②①の前提から考えると、「五年以下不給」は大宝令に存在しなかった可能性が高い、③大宝令と養老令の規定の内容には実質的な差はあまりなかった、④大宝令は唐令の収授規定をその用法とともに継受していた、⑤養老令は大宝令における矛盾を調整している、ということになる。結局のところ大宝令に記された口分田の受田資格は、六年に一度の班田で田をとりさずけ、最小限一班期六年間の用益を認めるという単純なことになる。これを養老令では、複雑な条文を整えるとともに、すべての田を班年に収授する規定を改めた。「六年一班」とともに「五年以下不給」が養老令において作られた表記であるとすれば、六年一班条および口分条がともに説明できるのではないかという点が眼目である。

以上のことから、唐令から大宝令へ、大宝令から養老令への変更は、ある程度筋道立てて説明することができた。ここで考えなければならないのは、体系的な唐令を継受しながらそのなかに日本独自の規定を盛り込むことがかなりの困難を伴うものだったのではないかということである。養老令を知っている我々からみれば、「六年一班」規定など簡単なように思えるが、大宝令・養老令編者はかなりの苦心を要してこの条文に至ったのであろう。(41)

注

（1）序章を参照。村山光一『研究史班田収授』（吉川弘文館、一九七八年）に研究史が網羅的に整理されている。

（2）戴建国「唐《開元二十五年令・田令》研究」（『歴史研究』二〇〇〇年二期）。

（3）天一閣博物館・中国社会科学院歴史研究所天聖令整理課題組校証『天一閣蔵明鈔本天聖令校証　附唐令復原研究　上・下』（中華書局、二〇〇六年）。

（4）唐日田令の研究についてはこれによる。なお、天聖令から復原される唐令は開元二十五年令であり、大宝令が参照したと考えられる永徽令とは異なるが、大きな違いはないと考えられるので、以後「唐令」と呼ぶ。詳細は第一編第一章「天聖令研究の現状」を参照。

（5）以下、六年一班条に関する記述は、第二編第一章「大宝田令班田関連条文の復原」による。

（6）内田銀蔵「我国中古の班田収授法」（『日本経済史の研究　上』同文館、一九二一年）、仁井田陞「日本律令の土地私有制並びに唐制との比較―日本大宝田令の復旧―」（『補訂　中国法制史研究　土地法・取引法』東京大学出版会、一九八〇年、初出一九二九・

三〇年)、今宮新「班田収授制の内容」(『班田収授制の研究』竜吟社、一九四四年)など。

(7) 虎尾俊哉「大宝令に於ける班田収授法関係条文の検討」(『班田収授法の研究』吉川弘文館、一九六一年)。

(8) 明石一紀「班田基準についての一考察—六歳受田制説批判—」(竹内理三編『古代天皇制と社会構造』校倉書房、一九八〇年)。

(9) 虎尾俊哉「大宝令における受田資格について」(『日本古代土地法史論』吉川弘文館、一九八一年)。

(10) 明石一紀「田令口分条の「不給」規定—六歳受田制説再批判—」(『日本歴史』四一五、一九八二年)。

(11) 河内祥輔「大宝令班田収授制度考」(『史学雑誌』八六—三、一九七七年)、山本(松田)行彦「大宝田令六年一班条および口分条の復原について」(『続日本紀研究』二二一、一九八二年)。

(12) 山尾幸久「班田法規の制度内容の二論点」(『日本古代国家と土地所有』吉川弘文館、二〇〇三年)。なお、本論には村山光一『研究史班田収授』(注(1))以後の研究が整理されている。

(13) 虎尾俊哉「(書評)鎌田元一著「大宝二年西海道戸籍と班田」」(『法制史研究』四八、一九九八年)。

(14) 唐田令については、第一編第二章の唐日田令対照史料を使用した。その他、仁井田陞『唐令拾遺』(東京大学出版会、一九六四年、初刊一九三三年)、仁井田陞著・池田温編集代表『唐令拾遺補』(東京大学出版会、一九九七年)を参照。

(15) その他、唐田令通3〔唐2〕条「諸黄・小・中男女及老男・篤疾・廃疾・寡妻妾当戸者、各給永業田弐(二)十畝、口分田三十畝」、通4〔唐3〕条「諸給田、寛郷並依前条、若狭郷新受者、減寛郷口分之半」、通5〔唐4〕条「諸給口分田者、易田則倍給〈寛郷二(三)易以上者、仍依郷法易給。〉」の規定がある。なお、例外規定については、通21〔唐19〕条(工商の場合)「諸以工商為業者、永業・口分田、各減半給之。在狭郷者並不給」、通30〔唐28〕条(道士・女冠、僧・尼の場合)「諸道士・女冠受老子道徳経以上、道士給田三十畝、女冠二十畝。僧尼受具戒者、各准此。身死及還俗、依法収授。若当観・寺有無地之人、先聴自受」、通32〔唐29〕条(官戸・奴の場合)「諸官戸受田、随郷寛狭、各減百姓口分之半。其在牧官戸・奴、並於牧所各給田十畝、即配戍(戌)鎮者、亦於配所準在牧官戸奴例」がある。

(16) 唐戸令復旧8条乙〔開25〕「諸男女三歳以下為黄、十五以下為小、二十以下為中。其男年二十一為丁、六十為老。無夫者為寡妻妾」(典拠は『宋刑統』巻十二戸婚律脱漏増減戸口〈疾老丁中小〉)、唐戸令復旧7条〔開25〕(補訂)「諸視流内九品以上官、及男年二十以下、老男、廃疾、篤疾、妻、妾、女、部曲、客女、奴婢、皆為不課」(典拠は『通典』巻七食貨七丁中)による。上記は『唐令拾遺』『唐令拾遺補』(注(14))の復旧条文による。

(17) 虎尾俊哉「大宝令における受田資格について」(『日本古代土地法史論』注(9))。
(18) 第二編第一章「大宝田令班田関連条文の復原」を参照。
(19) 私見では虎尾俊哉「大宝令における口分田還収規定」「大宝田令六年一班条について」(『日本古代土地法史論』注(9)、初出一九五七・八一年)などと、田中卓「大宝令における死亡者口分田収公条文の復旧」(『田中卓著作集6 律令制の諸問題』国書刊行会、一九八六年、初出一九五七年)が論じている二律規定説が正しいと考える。その他、明石一紀「班田基準についての一考察」(『古代天皇制と社会構造』注(8))、同「田令口分条の「不給」規定」(注(10))、河内祥輔「大宝令班田収授制度考」・山本(松田)行彦「大宝田令六年一班条および口分条の復原について」(ともに注(11))などがある。主要文献については第二編第一章「大宝田令班田関連条文の復原」を参照。
(20) 川北靖之「大宝田令六年一班条の復原をめぐって」(『皇学館大学史料編纂所論集』皇学館大学史料編纂所、一九八九年)にも同様の考え方がある。
(21) 収授は大宝令では「とる」の意で使用されている。村山光一「班田収授制の成立についての一考察―「収授」の語の検討を通して―」(『杏林大学外国語学部紀要』二、一九九〇年)を参照。
(22) 虎尾俊哉「大宝田令六年一班条について」(『日本古代土地法史論』注(19))を参照。
(23) 『令集解』田令21六年一班条古記に「後年謂再班也」とある。
(24) 大宝令に「田六年一班」の規定が存在したら、この注釈は必要ない。
(25) なお、「初班」「初班年」の字句が口分条に存在したという、河内祥輔「大宝令班田収授制度考」・山本(松田)行彦「大宝田令六年一班条および口分条の復原について」(ともに注(11))の説があるが、口分条は給田の面積に関する規定であり、身死条および班田条の「班田収授」規定とは、唐令・養老令ともに一貫して明確に区別されているため成り立たない。
(26) 坂本太郎「大宝令と養老令」(『坂本太郎著作集七 律令制度』吉川弘文館、一九八九年、初出一九六九年)六四頁。
(27) 『宋刑統』巻十三戸婚律占盗侵奪公私田による。『唐令拾遺』(注(14))復旧26条でも典拠とされている。
(28) 大宝令の復原については、第二編第一章「大宝田令班田関連条文の復原」を参照。
(29) 第二編第三章「大宝田令荒廃条の復原」を参照。主要な研究史は「附唐日両令対照一覧」(『唐令拾遺補』注(14))の一三三六頁以下にもまとめられている。

(30) 律令研究会編『訳註日本律令二　律本文篇上』(東京堂出版、一九七五年)。
(31) 律令研究会編『訳註日本律令五　唐律疏議訳註篇一』(東京堂出版、一九七九年)三〇二頁。
(32) 高野良弘「百姓墾田収公に関する基礎的考察―規定の有無をめぐって―」(村山光一編『日本古代史叢説』慶応通信、一九九二年)。
(33) 対応関係については、虎尾俊哉「大宝田令六年一班条について」(『日本古代土地法史論』注(19))が正しい。
(34) 「六年之後」とは、完全な一班期(六年)を経過した後ということで、次々回の班年と解釈した。先の対応関係によれば、「六年之後」と「即収授」の指す期間は異なることになる。
(35) 開元式が引用されていることから、式を参照した可能性はある。
(36) 第二編第一章「大宝田令班田関連条文の復原」によれば直接参照したのは、北魏令ではなく唐令とみるべきである。
(37) なお、初班を通説のように最初の班田の後とすることも可能かもしれないが、変更の意図も不明であるし、本論の明快さには及ばないと考える。
(38) 虎尾俊哉「浄御原令に於ける班田収授法の推定」(『班田収授法の研究』注(7))に「「五年以下不給」の部分はいかにも挿入句的な感じがつよいのである。つまり、これ以前に、この六字を含まない規定があり、その後、この六字が挿入されて本文の法意に限定的な変更を加えた、という感じが濃厚なのである。」(七三頁)とある疑問にも答えることになるのではないだろうか。ただし、大宝令で挿入されたとすると説明ができない。
(39) 森公章「古代日本における対唐観の研究」(『古代日本の対外認識と通交』吉川弘文館、一九九八年、初出一九八八年)でも同様の事例が指摘されている。
(40) 釈文は第一編第二章「日唐田令の比較と大宝令」を参照のこと。
(41) 仁井田陞「日本律令の土地私有制並びに唐制との比較」(『補訂　中国法制史研究　土地法・取引法』注(6))が「養老令が大宝令以身死応収田条の後半を改めて「毎至班年、即従収授」とし、例示的であった点を概括的として、意味を簡明ならしめた」(一二二五頁)といっているのは注目に値する。

〔付記〕　本章は「田令口分条における「五年以下不給」の法意」(吉村武彦編『律令制国家と古代社会』塙書房、二〇〇五年)を初出とする。前章と同じく古記が養老令を引用する例を補い、表7を新たに作成した。

第三章　大宝田令荒廃条の復原

はじめに

田令は、律令制国家の経済的基盤となった土地制度の根幹にあたる法であるが、現存するのは養老令であり、その基点となる国家完成時に定められた大宝令は失われている。なかでも六年一班条を中心とした班田関連条文や荒廃条は、『令集解』古記中の逸文によれば大宝令と養老令の差異が大きく、かつ唐令を大きく改変していることにより日本独自の規定であると想定されてきた。そのため、数多くの大宝令復原研究が積み重ねられている。(1)しかし、大宝令が参照した唐令の内容が不明であることが研究の障害となっていた。

ところが北宋天聖田令の公開によって、大宝令が参照したものに近い唐田令（開元二十五年令）の大部分が明らかとなった。(2)そこには大宝田令のほぼすべてについて対応する条文が存在しており、独自に作成した条文がある程度存在するという大宝令についての従来の想定とは異なっていた。(3)つまりこれらの新出した唐令に基づいて通説を再検討する必要が生じたのである。(4)その後天聖令は全条文も公表され、研究状況も整ってきている。(5)

そこで筆者は、唐日令の分析を行い、大宝令の作成には明確な方針があったことを論じ（第一編第二章）、(6)班田制に関する重要規定である六年一班条にあたる大宝令の復原（第二編第一章）、および口分条の検討（第二編第二章）を行った。その結果、大宝令の復原を行うには、唐令から大宝令さらには養老令への変遷についての説明が必要であるという結論に達した。また大宝令と養老令の間に実質的な規定の変更があるかどうかについても個別の論証が必要であることを確認した。

本章では、これらの成果を利用して、重要条文の一つであるにもかかわらずいまだ結論の出ていない大宝田令荒廃条の復原についての再検討を行う。

一　荒廃条に関する研究史

田令荒廃条は、同条集解古記に「百姓墾」として記されている一般農民による私的土地所有の発生を解明するための素材として検討され、墾田永年私財法へと続く文脈で理解されてきた。[7]まず、墾田永年私財法については考え方に変遷がある。旧来の通説では、私的所有の端緒となり律令制の根幹規定である公地公民制の解体としていたが、吉田孝氏により、田地に対する支配体制の深化であるとの新たな位置づけが与えられた。[8]さらに近年では坂上康俊氏が吉田説を認めながらも私的土地所有の端緒としては評価すべきであるとしている。[9]これと関連して、荒廃条の位置づけにも諸説がある。まずは、開墾制限策説ともいうべき中田薫・[10]吉田孝両氏の考え方があり、[11]それに対して開墾奨励策とする弥永貞三・[12]吉村武彦・[13]坂上康俊各氏の説や、[14]百姓の開墾権は慣習不文の法として認められていたとする虎尾俊哉氏の説がある。[15]その他、荒廃田の再開墾を規定したものであるとする西別府元日氏の説もある。[16]

このような諸説が生じる原因として、想定される大宝田令荒廃条が養老令と大きく異なり、かつその内容に不明な点が多いことがあげられる。したがって、問題解決のためには確実な根拠に基づく大宝令の復原が必要不可欠となる。ところが旧来の復原方法には大きく二つの問題点がある。第一に、養老令と大宝令の内容が近いと考えられる部分については、養老令を基準とし古記の本文（いわゆる地の文）や大宝令施行時の『続日本紀』を使用するため、復原が限りなく養老令文に近づく、つまりは養老令文が混入してしまう点である。[17] 第二に、養老令と大宝令が大きく異なる部分については、確実な根拠のない字句を含んだ自由な大宝令の復原がなされてしまうという点である。これについては、大宝令から養老令へ実質的な変更があるという考え方によって様々な改変や意味づけがなされているが、そのこと自体の証明が必要である。これらの点を考慮して復原に関する諸説とその問題点を整理する。[18] まず田令29荒廃条および『令集解』同条古記を掲げる。なお、『令集解』における古記の位置をA～Eの記号で記し、引用部分を「　」に入れ、とくに大宝令文をゴシック体とした。

養老田令29荒廃条

凡公私田荒廃三年以上、有二能借佃一者、経二官司一判借之。〔ABC〕雖二隔越一亦聴。私田三年還レ主。公田六年還レ官。限レ満之日、所レ借人口分未レ足者、公田即聴レ充二口分一。私田不レ合。其官人於二所部界内一、有二空閑地一願レ佃者、任聴二営種一。〔D〕替解之日還レ公。〔E〕

『令集解』田令29荒廃条古記

A　「**荒廃三年以上**」謂堤防破壊不レ堪二修理一、仍有二能修理佃一者、判佃之也。

B　「**主欲二自佃一先尽二其主一**」謂他人先請二願佃一、経二官司一、訖後主聞二他人佃一、而未レ申二自佃一者、縦雖二後申一猶令二主佃一。開元令云。「令其借而不レ耕、経二二年一者、任二有力者一借之。即不二自加一レ功、転分二与人一者、其地即廻二借見佃之人一。若佃人雖二経レ熟訖一、三年之外不レ能二種耕一。依レ式追収、改給」也。

C　「**荒地**」謂未熟荒野之地。先熟荒廃者非。唯荒廃之地。有二能借佃一者判借耳。

D　「**任聴二営種一**」謂告二同官一知之也。

Ｅ　「**替解日還レ官収授**」謂百姓墾者待二正身亡一、即収授。唯初墾六年内亡者、三班収授也。公給熟田、尚須二六年之後一収授。況加二私功一、未レ得レ実哉。挙レ軽明レ重義。其租者、初耕明年始輸也。開元式第二巻云。其開二荒地一。経二二年一収レ熟。然後准レ例。養老七年格云。其依二旧溝一墾者。給二其一身一也。新作二堤防一墾者。給伝二三世一也。国司不レ合。[19]

養老令文は内容によって大きく二つに分けられ、前半の「公私田荒廃三年以上……私田不合」部分が荒廃田の借佃規定であり、後半の「其官人於所部界内……替解之日還公」部分が空閑地開墾規定である。[20]研究論文が多いので天聖令以前の研究を中心とした大宝令復原について、具体的な根拠を掲げて論じた諸説をａｂｃに分類してそれぞれの大まかな復原案を模式的に表して整理する。

ａ　「公私田」については、本条の冒頭部分であり、α「凡公私田……」β「凡（口分）田……」の二説に分類される。泉谷康夫氏は、同部分に古記が存在せず、大宝令の「主欲自佃先尽其主」部分が有主田について述べたものであることから、「公私」の存在を否定し、「凡口分田」という条文を想定した。[21]しかし、「主欲自佃先尽其主」について、その前に「私田」を補う、もしくは私田の附加規定とみるという考え方も可能で、[22]「公私」存在説のほうが有力である。[23]

ｂ　「荒地」と「空閑地」については、三説がある。

α　「荒地」非存在説

凡公私田荒廃三年以上、有能借佃者、経官司判借之。主欲自佃先尽其主。雖隔越亦聴。私田三年還主。公田六年還官。限満之日、所借人口分未足者、公田即聴充口分。私田不合。

其官人於所部界内、有**空閑地**願佃者、任聴営種。（後略）

時野谷滋氏が提起した説であり、古記にある「荒地」は養老令文の「空閑地」と同一であり復原できず、大宝令には存在しないとしている。(24) しかし、古記には「「荒地」謂……」と大宝令文を引用する形態ではっきり「荒地」が記されており、その存在を否定する根拠にはならない。さらに「荒地」が存在したとしても令文は十分に説明可能である。したがってこの説は成立しない。(25)

β 「荒地」「空閑地」併存説

凡公私田荒廃三年以上、有能借佃者、経官司判借之。主欲自佃先尽其主。**〈荒地不合判借**(小林説) **(荒地准此)**(坂上説)**〉**。雖隔越亦聴。私田三年還主。公田六年還官。限満之日、所借人口分未足者、公田即聴充口分。私田不合。

其官人於所部界内、有**空閑地**願佃者、任聴営種。（後略）

この説は前半に「荒地」の、後半に「空閑地」の存在を想定するものである。研究史上有力とされ、多くの論がある。ここでは、根拠ごとに整理・検討する。

まず、『続日本紀』養老六年閏四月乙丑条に「太政官奏曰。（中略）如部内百姓、**荒野閑地**、能加二功力一、収二獲雑穀三千石已上一、賜二勲六等一。一千石以上、終レ身勿レ事。見帯二八位已上一、加二勲一転一。即酬賞之後、稽遅不レ営、追二奪位記一、各還二本色一」とあり、この「荒野」「閑地」から、大宝令に「荒地」「空閑地」という地目が並存したとする弥永貞三氏の説がある。(26) しかし、先述のとおり大宝令施行期の『続日本紀』は復原の根拠にならない。さらに「荒野」「閑地」という記載であって、古記と養老令のように「荒地」「空閑地」とあるのでもない。このように考えると、この説は根拠とならない。

次に、「荒地」は前半に存在し、大宝令には「荒地の開墾には借荒に関する荒廃条の規定を適用しない」という意味の規定があったとする、吉田孝氏の説がある。(27) その論拠は第一に、古記Cでは「荒地」を「荒廃之地」（田が荒廃した地）と区別して、荒地には借佃に関する規定が適用されない、と述べているとする。その前提には、「荒地」は前半部に存在し、借佃に関する規定を適用しない、という意味の字句が大宝令に含まれていたという仮定がある。しかし、『令集解』における古記の位置は大宝令復原の根拠とならないことが判明しており、[28]「荒地」が前半部に存在することは証明できない。第二に、唐令に非常に近かった大宝令文を養老令で意識的に改正した条文が存在し、荒廃条もそれにあたると推測しているが、基になった唐令は当時明らかにされていなかったのでこれも確実ではない。このように考えると、吉田説には未証明の前提が存在しており、根拠があるとはいえない。

最後に、前半に「荒地不㆑合㆓判借㆒」という規定があったことを主張する小林昌二氏の説がある。[29]氏は第一に、古記Dには官人営種について「任聴㆓営種㆒」とある養老田令荒廃条の該当部分の同文を引用し、また古記Eには「替解日還㆑官収授」と記して「替解之日還㆑公」に類似した引用をしており、官人営種の許可とその替解之日の還官規定が大宝田令にみられることを示唆しているとする。しかしこれは「空閑地」が「荒地」であったことを否定する根拠にはならない。第二に、「空閑地」という字句が、『類聚三代格』の和銅四年十二月詔に「親王已下及豪強之家、多占㆓山野㆒妨㆓百姓業㆒。自今已後、厳加㆓禁制㆒。但有㆑応㆑墾㆓開**空閑地**㆒者、宜経㆓国司㆒然後聴㆓官処分㆒」[30]とあることにより大宝令にも存在したとする。これも先述のとおり、『類聚三代格』は大宝令復原の根拠にならないし、『続日本紀』の「空地」[31]とも表記が異なる。さらに『類聚三代格』の場合は、弘仁格の段階で養老令文に合わせて「空閑地」に変更された可能性もある。[32]このように考えると、氏の説も、大宝令文復原の根拠とはならない。

近年、小林氏が復原した「荒地不㆑合㆓判借㆒」の部分を「荒地准㆑此」とする、坂上康俊氏の説が提起されたが、令文復原に関する新たな根拠は提示されておらず、これまでの批判が該当する。[33]

また、荒地と空閑地が併存するとした場合、両者の区別が必要となるが、どのような方法で区別をしたのかが明らかにされていないという問題点がある。[34]

γ　「荒地」存在「空閑地」非存在説

凡公私田荒廃三年以上、有能借佃者、経官司判借之。主欲自佃先尽其主。雖隔越亦聴。私田三年還主。公田六年還官。限満之日、所借人口分未足者、公田即聴充口分。私田不合。

其官人於所部界内、有**荒地**願佃者、任聴営種。（後略）

伊藤循氏は、C部分に「荒地」とあり、E部分にある地目も「荒地」のみであるから、CDEは「荒地」についての注釈とし、唐令からの移入語である「荒地」が「荒廃之地」「荒廃田」と混同されやすかったため、古記の解釈は施されたとする。[35]論理的な説であるが、高野良弘氏による唐令にも「空閑地」が存在するため、空閑地を否定するだけの明確な論拠を提示していないという批判があり、完全に論証したといえない部分がある。[36]

ここで荒地と借佃の関係を整理すると、古記Cに「荒廃之地」は借佃できるとあるが、それには二つの前提が想定できる。すなわち、β説は荒地は借佃できないという前提で荒廃地は借佃できるとしており、γ説は荒地は借佃の対象地ではないという前提で荒廃地は借佃できるとしている。つまりどちらの解釈も可能なのであり、証明を確実にするためには決定的な根拠が不足しているといえる。

c　「百姓墾」規定については、下記の二種類がある。

α　百姓墾規定存在説

（前略）替解日還官、**（部内）百姓営種者、**（吉村・荒井説）依口分例収授。

この説は「還官収授」は不自然な表記であるとの虎尾俊哉氏の指摘より想定されている。[37]その論拠として、第一に、大宝以身死応収田条と荒廃条古記の百姓墾規定が密接な関係をもっているとすれば、後者の内容は大宝荒廃条に法規定として存在したという伊藤循氏の指摘があるが[38]、古記の読解に仮定や例外が含まれていて証明できていない。第二に、古記Eの「百姓墾者待二正身亡一、即収授」が「百姓」墾田が発見されしだい不法にも国司によって収公される実態を前にした古記編者が、墾田は死亡直後の規定を守るべきだと確認・強調していると理解できれば可能であるとの坂江渉氏の説[39]があるが推論であり、根拠とはならない。第三に、田中本によれば還官収授の間に脱文が存在するという荒井秀規氏の説[40]は、田中本のみにみられる欠損部に基づいての立論であり、他の写本をあわせて検討すると成立しない[41]。これらのことから、史料的な根拠によって百姓墾規定が存在したことを証明することはできない[42]。

β　百姓墾規定非存在説

（前略）替解日**還官収授**。

多くの説が、百姓墾規定を推定する根拠はないとしている。ただし、重複表現ともみられる「還官収授」をどのように解釈するかという問題が未解決である。

以上のように、従来の研究では、b「荒地」と「空閑地」・c「百姓墾」について、決定的な根拠が存在しないといえる。

二　天聖令を用いた大宝令の復原

前説での研究史をふまえたうえで、天聖令を使用するとどのように大宝令が復原できるのだろうか[43]。以下に唐日令を対照してみる。下段が養老田令29荒廃条で、上段がそれに対応する唐開元二十五年令である[44]。対応する部分には①〜⑨の数字を振ってある。

唐田令通34〔唐30〕公私荒廃条

① 諸公私荒廃三年以上、有二能佃一者、経二官司一申牒借之、雖二隔越一亦聴。

② 〈易田於二易限之内一、不レ在二備（倍）限一。〉

③ 私田三年還レ主、公田九年還レ官。

④ 其私田雖レ廃二三年一、

⑤ 主欲二自佃一先尽二其主一。

⑥ 限満之日、所レ借人口分未レ足者、官田即聴レ充二口分一。

⑦ 〈若当県受レ田悉足者、年限雖レ満、亦不レ在二追限一。応レ得二永業一者、聴レ充二永業一。〉

⑧ 私田不レ合。

⑨ 其借而不レ耕、経二一年一者、任二有力者一借之。則（即）不二自加一レ功転分二与人一者、其地即回（廻）二借見佃之人一。若佃人雖レ経二熟訖一、三年外不レ能二耕種一、依レ式追収、改給。

養老田令29荒廃条

① 凡公私田荒廃三年以上、有二能借佃一者、経二官司一判借之。雖二隔越一亦聴。

②

③ 私田三年還レ主、公田六年還レ官。

④

⑤ （主欲二自佃一先尽二其主一）

⑥ 限満之日、所レ借人口分未レ足者、公田即聴レ充二口分一。

⑦

⑧ 私田不レ合。

⑨ 其官人於二所部界内一、有二空閑地一願レ佃者、任聴二営種一。替解之日還レ公。

※（　）内は大宝令文

唐令は『令集解』古記（B部分）に開元令として引用されている⑨部分のみが以前から知られており、その他（①〜⑧にあたる部分）はまったく不明であったが、該当する条文の全体が明らかになった。古記所引の開元令が三年令だとすると[45]、開元二十五年令と三年令の⑨部分はほとんど同一であるため、条文全体もほぼ同一であったことがうかがえる。だとすれば、大宝令が参照した永徽令も違いは少ないとの想定が可能である[46]。そこで、唐日令を比較してみると、以下のことが判明する。第一に唐令の全体が借佃規定であること。第二に養老令に存在していないのは、②④⑤⑦部分であり、そのうち⑤は、『令集解』古記に「主欲㆓自佃㆒先尽㆓其主㆒」とあることから、大宝令には存在しており、④にあたる字句も存在した可能性が高いこと[47]。第三に①の部分で唐令にある「申牒」の字句が削除されていること。第四に唐令の⑨部分は本条全体と同様に借佃規定であるが、日本令では官人による空閑地の開墾規定となっていること。つまり、唐令の借佃規定を削除して、新たな日本令を作成しているということである。養老令において、前半の①では「借佃」、後半の⑨では「佃」というように表記上も区別されていることを加えると、この部分は日本令でも借佃規定とは考えにくく、未墾地の開発規定とみるべきである。こう考えると、日本令のすべてが借佃規定であるとする西別府氏の説[48]には難がある[49]。

以下、天聖令を用いて大宝令を復原してみる。まず、a「公私田」について。「公私」は古記に存在しないが唐令に確認できるため大宝令には存在したとして問題ない。「田」については後述する。

b「荒地」と「空閑地」について。まずα「荒地」非存在説が成立しないことは前節で述べた。β「荒地」「空閑地」併存説では、第一に吉田孝氏が唐令に非常に近かった大宝令文を養老令で意識的に改正した条文が存在し、荒廃条もそれにあたるという想定をしていたが、これは⑤の「主欲㆓自佃㆒先尽㆓其主㆒」の部分だけで、「荒地」規定については該当しないことが判明した。したがってこのことはまったく根拠にならない。第二に前半に「荒地不㆑合㆒判借（荒地准レ此）」という字句を想定する説については、大宝令においてこの規定が作成され、養老令で削除された理由の説明が難しく、史料的な根拠も存在していない。逆に大宝令当初からこの字句はなかったとしたほうが、説明が容易である。第三に、唐令の規定を簡略化することが多い大宝令に、唐令にもない複雑な規定を作るのかということが問題となる。第四に、唐田令通14〔唐12〕請永業条には未墾地を申請するための規定があるが大宝令にはそのような規定がなく、文書による耕地管理のしくみすらないのに、荒地・空閑地の区別が可能であるのかということも疑問である。(50)

γ「荒地」存在「空閑地」非存在説について。第一編第二章「日唐田令の比較と大宝令」において検証した全体的な傾向を用いて検討してみる。第一に、大宝令作成の原則として新しい規定を作る場合は、同令にある字句を使用するという傾向がある。したがって、唐田令通9〔唐7〕五品以上永業田条・通14〔唐12〕請永業条には「無主荒地」という字句があるので、未墾地を規定するなら「荒地」を使用するのではないかという想定ができる。(51)第二に、養老令への変更にあたって、大宝令における不適当な字句を修正した例が多い傾向がある。本条について考察すると、唐令において借佃規定であった後半部を大宝令では未墾地の開墾規定に変更したため、同一条に借佃対象地の荒廃と未墾地の荒地が併存することにより解釈が複雑になった。この問題を解決するために令意を明確にしようとして「荒地」を「空閑地」とし、あわせて「荒廃」を「荒廃田」としたと考えれば理解しやすい。また、古記の構成について、ABが借佃規定、CDEが荒地開墾規定となっている。したがって、伊藤氏のいうように荒地部分の解釈は空閑地部分に対応すると考えるべきである。(52)

以上の検討から、b「荒地」と「空閑地」については、γ「荒地」存在「空閑地」非存在説が最も有力である。

c「百姓墾」規定については、α百姓墾規定存在説のように令文に規定されていることを証明するのは不可能であり、その存在を示す史料的な根拠は何もない。よってβ百姓墾規定非存在説に立ち、α説の基点となったそもそもの疑問点である「還官収授」が解釈できればよいのである。そのためには、大宝令の班田関連条文を検討することが必要である。第二編第一章・第二章によれば、その特徴は唐令の収授法を、班田収授法に変更したということである。

まず唐令について田令通27〔唐25〕収授田条には、

諸応二収授一之田、毎年起二十月十（一）日一、里正予校勘造レ簿。至二十一月一日一、県令惣二集応レ退応レ授之人一、対共給授。十二月三十日内使レ訖、符下按（案）記、不レ得二輒自請射一。（下略）

とあり、田を収授（とりさずける）する際には十月から十二月の間に手続きをすませるという原則規定がある。これと関連して、「不レ在二収授之限一」（通7〔唐6〕永業田伝子孫条）、「収授」（通27〔唐25〕収授田条後半）、「依レ法収授」（通30〔唐28〕道士女冠条）、「依二収授法一」（通33〔宋復原4〕為水侵射条）は、先の原則規定（通27〔唐25〕収授田条）の適用を示す文言である。つまり、収授の原則規定である通27〔唐25〕収授田条と、それの適用を示す諸条（通7〔唐6〕・通27〔唐25〕後半・通30〔唐28〕・通33〔宋復原4〕）が存在するという構造になっている。

それに対し大宝令は、毎年田を収授する唐令の規定を、六年に一度の班年に班田を行うという班田収授法に変更した。このとき、班田が田をわかち、収授が田をとる意である[53]。その際、大宝令では唐田令にある原則規定と適用規定の関係を取り入れたと考えられる。すなわち、原則規定は、以身死応収田条の

凡以二身死一応レ収レ田者、初班三班**収授**、後年待二班田年一**収授**。

という規定であり[54]、適用規定は、大宝田令神田条に「神田・寺田不レ在二**収授之限**一」とあり、大宝田令荒廃条後半に「其官人於二所部界内一、有二荒地一願レ佃者、任聴二営種一。替解日、還レ官**収授**」とあるものである。先の唐令の構造によれば、この場合の「収授」とは六年に一度の班年における収授（田をとる）のことと考えられる。

くわえて大宝田令にはもう一つの特徴がある。関連史料をあげると、[55] 戸令10戸逃走条には、「凡戸逃走者、令㆓五保追訪㆒。三周不㆑獲除㆑帳、其地**還㆑公**《地従一班収授》」とあり、養老令の「還公」は、大宝令では「地従㆓一班収授㆒」であり、田令18王事条には、「凡因㆓王事㆒没㆓落外蕃㆒不㆑還、有㆓親属同居㆒者、其身分之地**十年乃追**《三班》[56]」とあり、養老令の「十年乃追」は、大宝令では「三班乃追」となっている。つまり、班田年にほぼすべての田の班田収授を行うことになっており、即時還公の規定がないということである。[57]

このように考えると、大宝田令荒廃条の「還㆑官収授」とは、替解（国司の交替・解官）の時点は班年とは限らないため、一度官に還して、六年に一度の班年に収授（田をとり、その後に班田）を実施するという意となり、解釈が可能なのである。したがって、大宝田令荒廃条に百姓墾規定は存在しなかったということがほぼ確実となる。

その他、天聖令による考察が必要な点がある。第一に、養老令では「能借佃」とある部分が、唐令では「能佃」となっており、大宝令ではどちらであったかという問題が生じる。ここでは大宝令においては主に唐令を引き写すことが多いという全体的な傾向によって、「能佃」であったと考える。[58] 第二に、養老令で削除された大宝令文「主欲㆓自佃㆒先尽㆓其主㆒」の部分の前に、唐令では「其私田雖㆑廃㆓三年㆒」が存在する。主が存在してその先占を認めるという規定があるためには、「官」ではない、つまり「私」の記載が必要となる。こう考えると大宝令にも同文があった可能性が高い。[59] また、③・⑥部分については、唐令と養老令がほぼ同文であるため、大宝令も同様と考える。[60]

以上を総合すると、荒廃条の復原私案は、以下のとおりである。

凡公私荒廃三年以上、有㆓能佃㆒者、経㆓官司㆒判借之。雖㆓隔越㆒亦聴。私田三年還㆑主。公田六年還㆑官。其私田雖㆑廃㆓三年㆒、主欲㆓自佃㆒先尽㆓其主㆒。限㆑満之日、所㆑借人口分未㆑足者、公田即聴㆑充㆓口分㆒。私田不㆑合。其官人於㆓所部界内㆒、有㆓**荒地**㆒願㆑佃者、任聴㆓営種㆒。替解日**還㆑官収授**。

私見の特徴として、①『令集解』古記の大宝令引用文と唐令からの継受を考えると、最も単純な復原である、②a大宝令の法意はそのままで養老令において字句の修正を行う、b唐令を引き写した部分のうち、不適当な部分を削除する、という唐日田令の比較から導きだした全体的な傾向とも合致する(61)、との二点があげられる。この私見に比べると、「荒地」「空閑地」併存説および百姓墾規定存在説は、史料的な根拠が存在しないのに加えて、大宝令において一度独自の規定を作り、養老令において削除するという複雑な過程を想定しなければならず、説明が容易でないという欠陥が存在する。

上記の復原による荒廃条の唐令から大宝・養老令への継受関係を図示すると、以下のとおりである（表8）。唐令から大宝令への継受が認められる部分はゴシック体とし、条文が移動・削除されている部分は矢印で示した。（　）内は推定である。

表8　荒廃条関連条文　唐令・大宝令・養老令対照表

唐令	大宝令	養老令
【通34（唐30）（拾27）公私荒廃条】 諸公私**荒廃三年以上**、有能佃者、 経官司申牒借之、雖隔越亦聴。 〈易田於易限之内、不在備（倍）限。〉 私田三年還主、公田九年還官。	**荒廃三年以上**	【29荒廃条】 凡公私田荒廃三年以上、有能借佃者、 経官司判借之。雖隔越亦聴。 私田三年還主。公田六年還官。

其私田雖廃三年、 **主欲自佃、先尽其主。** 限満之日、所借人口分未足者、 官田即聴充口分。 〈若当県受田悉足者、年限雖満、亦不在追 限。応得永業者、聴充永業。〉 私田不合。 其借而不耕、経二年者、任有力者借之。則 （即）不自加功転分与人者、其地即回（廻） 借見佃之人。若佃人雖経熟訖、三年外不能 耕種、依式追収、改給。	**（其私田雖廃三年）** → × **主欲自佃、先尽其主** → × **荒地** **任聴営種**　**替解日還官収授**	限満之日、所借人口分未足者、 公田即聴充口分。 私田不合。 其官人於所部界内、有空閑地、願 佃者、任聴営種。替解之日、還公。
【通14（唐12）（新）請永業条】 諸請永業者、並於本貫陳牒、勘験告身、并 検籍知欠。然後録牒管地州、検勘給訖、具 録頃畝四至、報本貫上籍、仍各申省、計会 附簿。其有先於寛郷借得無主**荒地**者、亦聴 廻給。		

三　荒廃条の法意とその意義

以上の復原により、試みに唐令から大宝・養老令への継受関係を素描してみる。まず、唐令には、通14〔唐12〕請永業条に「諸請二永業一者、並於二本貫一陳牒、勘二験告身一、并検レ籍知レ欠。然後録牒二管レ地州一、検勘給訖、具録二頃畝四至一、報二本貫一上レ籍、仍各申レ省、計会附レ簿。其有下先於二寛郷一借中得**無主荒地**上者、亦聴二廻給一」、通9〔唐7〕五品以上永業田条に「諸五品以上永業田、皆不レ得二於狭郷受一、任於二寛郷隔越一、射二**無主荒地**一充」と官人が無主荒地を申請して永業田に組み込む規定（「請」）が存在している。さらにまたそれとは別に、今回検討した通34〔唐30〕公私荒廃条に荒廃した田を借す規定（「借」）がある。つまり唐令では「請」と「借」が別条に規定されていたのである(62)。

大宝令の作成にあたって、唐令にあった口分田と永業田のうち、永業田関連条文の大半と同様に、通14〔唐12〕請永業条と通9〔唐7〕五品以上永業田条が削除された結果(63)、唐令でいう「請」にあたる未墾地の開墾規定が消滅してしまった。また唐令通34〔唐30〕公私荒廃条後半の有力者による借佃規定は、郡司と百姓の別も定められていなかった大宝令以前の段階では想定が困難であったと考えられる(64)。そこで、借佃規定であった通34〔唐30〕公私荒廃条のうち不要となった後半部分に、荒地という唐田令の字句を使用した未墾地の開墾規定を挿入したのであろう(65)。ただし先述のように、その他の部分と同様に「申牒」が削除され、易田・永業田に関する二つの注が削除されている。前半の借佃規定は、先述のとおり唐令をほぼ踏襲し、「公私荒廃」「能佃」も、そのままであると考える(66)。

ところが唐令では借佃のみの規定であった通34〔唐30〕公私荒廃条に、大宝令では借佃規定と未墾地の開墾規定の二つを盛り込んでしまったため、前半と後半の区別が不明確になってしまった。そこでこの問題を解決するために、養老令において修正を行ったと考えられる。まず前半部で「公私荒廃」を「公私田荒廃」とし、荒廃した田が対象であることを、さらに後半部で「荒地」を「空閑地」とし、未墾地が対象であることを、それぞれ明確化したのである。その際、唐令を引き写した「主欲㆓自佃㆒先尽㆓其主㆒」は不必要となり、削除されたのであろう(67)。

このように考えると、大宝田令荒廃条はどのように評価できるだろうか。研究史をひもとくと、百姓墾を制限もしくは許可しているという二者択一の議論となっているが、それはなぜであろうか。研究史の基点となった、中田薫「日本荘園の系統」には、

> 所有権の公認と取得自由の公認とは、個人経済的活動の二大要件を成すものにして、その根底は深く人の性情に存するものと云はざる可らず。是を以て見れば土地の所有権を殆ど否認し、取得自由を極度に束縛する均田法や班田制の如きは、人の性情に戻り、経済上の進歩発展を阻害すること甚しきものなること論を俟たず

と記されており、この考え方によれば、荒廃条の官人開発規定は一般人民の開墾を制限するものということになる(68)。これに対して開墾の許可・奨励という発想が生まれているのである。ところが一つ抜け落ちている視点として、百姓墾は禁止も奨励もされておらず、大宝令作成時には想定されていなかったという可能性が考えられる。郡司が定まるのは大宝令段階であるため(69)、それ以前において郡司と百姓を区別するのは困難だからである。

さらに文書による土地管理についての唐日令比較をしてみる。唐令には、「牒」という文言で記されている土地に関する文書の規定が、日本令では大きく変更されている。養老令と比較してみると、削除されたと考えられる規定として、永業の地を請うための「陳牒」（通14〔唐12〕請永業条）、田の交錯の際の「申牒」（通29〔唐27〕田有交錯条）、借佃の際の「申牒」（通34〔唐30〕公私荒廃条）があり、変更された規定としては、地を売買するための「申牒」（通20〔唐18〕買地条）から宅地の売買（日本令17宅地条）がある。これらのことは、大宝令についても大きく変わらないこ

とは間違いないだろう。つまり、大宝令には文書による耕地の管理が規定されていないということになる。[70]その理由として、大宝令以前には、文書により土地を管理することが一般的ではなかったことが想定できるのである。

ここで、田令をどうみればよいかという問題が生じる。このことは、「田令の完成度」の視点で論じられている。吉田孝氏は、日本の班田法は、墾田を民戸の已受田に組み込む仕組みを欠き、永年私財法で未墾地と新墾田を弾力的に規制できる体制を生みだすとしており、田令は未完成であり、墾田永年私財法で完成すると考えている。[71]それに対し坂上康俊氏は、大宝令の制定者は、新開田の発生を十分に予想し、どのように班田収授の体系に組み込むかということについてまで、かなり整合的な構想をもち、かつ少なくとも既開発地と同様に把握しようとしていたというように、将来のことを見すえて、かなり完成度の高いものであったとしている。[72]

これらの説に対し、筆者は大宝田令はその制定当時の現状において完成を期したものと評価すべきであると考える。当時の現状とは、先述のとおり、郡司と百姓の違いも明確でなく、文書による土地管理規定が一般的でない時代である。そうすると百姓墾は制定者にとって想定外であったということになる。大宝令作成時には、律令法に基づく完成した律令国家は存在しないのであるから、八世紀のイメージを無前提に大宝令に投影してはならない。しかし、荒廃条は当時想定可能であった荒地管理を意図した条文であるという側面は評価する必要がある。大宝令施行以後に土地管理制度としての田制は本格的に展開したのではないだろうか。

おわりに

本章での結論をまとめると、以下のとおりである。

第一に、天聖令に基づき唐令からの継受関係を検討した結果、大宝田令荒廃条には、①「公私」の規定が存在すること、②「荒地」が存在し「空閑地」は存在しないこと、③「百姓墾」規定は存在しないこと、の三点の蓋然性が非常に高いことが明らかになった。

第二に、唐令では借佃のみの規定であった荒廃条に、大宝令では前半の借佃規定に加え後半に未墾地の開墾規定を盛り込んだため、前後半の区別が不明確になった。そこで、養老令において、前半部の「公私荒廃」を「公私田荒廃」に、後半部の「荒地」を「空閑地」に変更したという、継受関係を具体的に説明した。

第三に、郡司と百姓の違いが明確でなく、文書による耕地管理も一般的でなかった大宝令の編纂時においていわゆる「百姓墾」は想定外であり、土地管理制度としての田制は大宝令施行後に展開したという見通しができる。

以上のように、田令荒廃条においても、唐令から大宝・養老令への継受関係は明確である。また大宝令の制定にあたっては、文書による土地管理が発達していない日本の現状に合わせて唐令が改変されていることも判明した。それでは文書による土地管理がない時期の班田制はどのように実施されていたのか、その後どのように展開していくのかという課題が残されたが、これは第三編で論じることとする。

注

（1）研究の概要は序章で整理した。主要な研究史は、村山光一『研究史班田収授』（吉川弘文館、一九七八年）を参照。その後一九九〇年までの文献は、荒井秀規「律令制的土地制度関連研究文献目録」（『律令国家の展開過程』名著出版、一九九一年、初版一九九一年）に紹介されている。近年のものは山尾幸久「班田法規の制度的内容の二論点」（『日本古代国家と土地所有』吉川弘文館、二〇〇三年）の文献を参照。

（2）戴建国「唐《開元二十五年令・田令》研究」（『歴史研究』二〇〇〇年二期）。

（3）天聖令全体については、第一編第一章「天聖令研究の現状」を参照。

(4)　天聖令発見以前の通説については、虎尾俊哉「附録　田令対照表」(『班田収授法の研究』吉川弘文館、一九六一年)、「唐日両令対照一覧」(仁井田陞著・池田温編集代表『唐令拾遺補』東京大学出版会、一九九七年)を参照。
(5)　天一閣博物館・中国社会科学院歴史研究所天聖令整理課題組校証『天一閣蔵明鈔本天聖令校証　附唐令復原研究　上・下』(中華書局、二〇〇六年)。
(6)　以後唐令の条文番号および条文名は、第一編第二章「日唐田令の比較と大宝令」による。
(7)　村山光一『研究史班田収授』(注(1))を参照。
(8)　吉田孝「墾田永年私財法の基礎的研究」(『律令国家と古代の社会』岩波書店、一九八三年、初出一九六七年)。
(9)　坂上康俊「律令国家の法と社会」(歴史学研究会他編『日本史講座2　律令国家の展開』東京大学出版会、二〇〇四年)。
(10)　中田薫「日本荘園の系統」(『法制史論集二』岩波書店、一九三八年、初出一九〇六年)。
(11)　吉田孝「墾田永年私財法の基礎的研究」(『律令国家と古代の社会』注(8))。
(12)　弥永貞三「律令制的土地所有」(『日本古代社会経済史研究』岩波書店、一九八〇年、初出一九六二年)。
(13)　吉村武彦「古代社会と律令制国家の成立」(『日本古代の社会と国家』岩波書店、一九九六年)。
(14)　坂上康俊「律令国家の法と社会」(『日本史講座2　律令国家の展開』注(9))。
(15)　虎尾俊哉「律令時代の墾田法に関する二―三の問題」(『日本古代土地法史論』吉川弘文館、一九八一年、初出一九五八年)。同「律令法の一側面」(『古代東北と律令法』吉川弘文館、一九九五年)。
(16)　西別府元日「国家的土地支配と墾田法」(『律令国家の展開と地域社会』思文閣出版、二〇〇二年、初出一九八一年)。
(17)　大宝令の復原に際して該当条の古記の字句を優先すべきであることについては、松原弘宣「『令集解』における大宝令―集解編纂時における古記説の存在形態について―」(荊木美行編『令集解私記の研究』汲古書院、一九九七年、初出一九七四年)を参照。
(18)　主要なものは以下のとおりである。仁井田陞「日本律令の土地私有制並びに唐制との比較―日本大宝田令の復旧―」(『補訂　中国法制史研究　土地法・取引法』東京大学出版会、一九八〇年、初出一九二九・三〇年)、滝川政次郎「新古律令の比較研究」(『律令の研究』名著普及会、一九八八年、初刊一九三一年)、時野谷滋「田令と墾田法」(『飛鳥奈良時代の基礎的研究』国書刊行会、一九九〇年、初出一九五六年)、虎尾俊哉「律令時代の墾田法に関する二―三の問題」(『日本古代土地法史論』注(15))、虎尾俊哉「附録　田令対照表」(『班田収授法の研究』注(4))、弥永貞三「律令制的土地所有」(『日本古代社会経済史研究』注(12))、初出一九六二年）、赤松俊秀「飛鳥・奈良時代の寺領経営について」（『古代中世社会経済史研究』平楽寺書店、一九七二年、初出一九六九年）、吉村武彦「大宝田令荒廃条の復旧と荒地の百姓墾規定について」（『歴史学研究月報』一四三、一九七一年）、吉田孝「墾田永年私財法の基礎的研究」（『律令国家と古代の社会』注（8））、小林昌二「大宝田令荒廃条の復原」（『日本古代の村落と農民支配』塙書房、二〇〇〇年、初出一九八〇年）、杉山宏「大宝荒廃条の復原について」（『史正』一一、一九八一年）、伊藤循「日本古代における私的土地所有形成の特質—墾田制の再検討—」（『日本史研究』二二五、一九八一年）、西別府元日「国家的土地支配と墾田法」（『律令国家の展開と地域社会』注（16）、初出一九八一年）、坂江渉「大宝田令荒廃条の特質と墾田法の変遷」（『日本史研究』三一三、一九八八年）、荒井秀規「大宝令下、三世一身法以前の私的土地開墾の意義について」（『明治大学大学院紀要』二五—四、一九八八年）、高野良弘「大宝田令荒廃条の再検討」（『研究と資料』一一、一九九二年）、高野良弘「百姓墾田収公に関する基礎的考察—規定の有無をめぐって—」（村山光一編『日本古代史叢説』慶応通信、一九九二年）、小林昌二「持統期における麦の天下播殖と空閑地」（『日本古代の村落と農民支配』塙書房、二〇〇〇年、初出一九九五年）、吉村武彦「古代社会と律令制国家の成立」（『日本古代の社会と国家』注（13））、「唐日両令対照一覧」（『唐令拾遺補』注（4））、坂上康俊「律令国家の法と社会」（『日本史講座2　律令国家の展開』注（9））。

(19)『令集解』にある以下の文は編者による弘仁格文の引用であり、古記はここまでである。

(20) 西別府元日「国家的土地支配と墾田法」（『律令国家の展開と地域社会』注（16））は前後半ともに借佃規定としているが、これについては後述する。

(21) 泉谷康夫「公田について」（『律令制度崩壊過程の研究』鳴鳳社、一九七二年、初出一九六〇年）。

(22) 前者が虎尾俊哉「附録　田令対照表」（『班田収授法の研究』注（4））、後者が吉田孝「公地公民について」（坂本太郎博士古稀記念会編『続日本古代史論集　中』吉川弘文館、一九七二年）の説である。なお、公私田概念については虎尾俊哉「律令時代の公田について」（『日本古代土地法史論』注（15）、初出一九六四年）を参照。

(23) 吉村武彦「大宝田令荒廃条の復旧と荒地の百姓墾規定について」（注（18））は公私田の区別がないとしていたが、同「土地政策の基本的性格」（『日本古代の社会と国家』注（13））では、『日本書紀』天武五年是年条に「将㆑都新城㆒、而限内田園者、不㆑問㆓公私㆒、皆不㆑耕悉荒、然遂不㆑都矣」とあることによって公私田の区別が存在すると修正している。

(24) 時野谷滋「田令と墾田法」（『飛鳥奈良時代の基礎的研究』注（18））。

(25) 時野谷説批判は、小林昌二「大宝田令荒廃条の復原」(『日本古代の村落と農民支配』注(18))に詳しい。
(26) 弥永貞三「律令制的土地所有」(『日本古代社会経済史研究』注(12))。
(27) 吉田孝「墾田永年私財法の基礎的研究」(『律令国家と古代の社会』注(8))。
(28) 松原弘宣「『令集解』における大宝令」(『令集解私記の研究』注(17))を参照。
(29) 小林昌二「大宝田令荒廃条の復原」(『日本古代の村落と農民支配』注(18))。
(30) 大同元年八月廿五日官符所引和銅四年十二月六日詔旨。「合四箇条事」のうち「一原野事」。
(31) 『続日本紀』和銅四年十二月丙午条。『類聚三代格』とほぼ同文であるが「空閑地」の部分が「空地」となっている。なお、『新訂増補国史大系　続日本紀』(吉川弘文館)では、『類聚三代格』によって「閑」字を補い「空地」を「空閑地」としているが、後述のように格での改変を考慮せず、国史と格を同一視した校勘の誤りである。
(32) 小林昌二「持統期における麦の天下播殖と空閑地」(『日本古代の村落と農民支配』注(18))は、『類聚三代格』は『続日本紀』によらず、別途のオリジナルから採ったとしているが、現在の格文研究によれば疑問である。格文の改変については、川尻秋生「三代の格の格文改変とその淵源」(『日本古代の格と資財帳』吉川弘文館、二〇〇三年、初出一九九五年)を参照。
(33) 坂上康俊「律令国家の法と社会」(『日本史講座2　律令国家の展開』注(9))は、大宝令の復原自体に天聖令を活用していないことが問題点である。
(34) 各論者の区別をあげると、弥永貞三「律令制的土地所有」(『日本古代社会経済史研究』注(12))は、空閑地を新たに治水・用排水設備を建設する必要のない開田化の容易な土地として、荒地を新たに灌漑設備を施すことによって水田化しうるような未開の荒蕪地とし、小林昌二「持統期における麦の天下播殖と空閑地」(『日本古代の村落と農民支配』注(18))は、空閑地を持統期の麦の天下播殖の対象の地であったが以後に耕作を欠くことになった地を継承した地として、荒地を未熟荒野の地とし、西別府元日「国家的土地支配と墾田法」(『律令国家の展開と地域社会』注(16))は、空閑地を荒廃田の再開墾に希望がなく用益者がいなくなった土地として、荒地を未墾地としている。
(35) 伊藤循「日本古代における私的土地所有形成の特質」(注(18))。
(36) 高野良弘「大宝田令荒廃条の再検討」(注(18))。なお、空閑地の用例については、西別府元日「国家的土地支配と墾田法」(『律令国家の展開と地域社会』注(16))を参照。

(37) この説は、虎尾俊哉「律令時代の墾田法に関する二・三の問題」(『日本古代土地法史論』注(15))の指摘に基づき、吉村武彦「大宝田令荒廃条の復旧と荒地の百姓墾規定について」(注(18))によって提起されたが、吉村武彦「律令体制の成立と国家的土地所有」(永原慶二他編『日本経済史を学ぶ　上　古代・中世』有斐閣、一九八二年)や同「古代社会と律令制国家の成立」(『日本古代の社会と国家』注(13))では、百姓墾規定の存在を認めない虎尾説とも歴史認識は一面で共通するとしており、復原には固執していないようである。

(38) 伊藤循「日本古代における私的土地所有形成の特質」(注(18))。

(39) 坂江渉「大宝田令荒廃条の特質と墾田法の変遷」(注(18))。

(40) 荒井秀規「大宝令下、三世一身法以前の私的土地開墾の意義について」(注(18))。本論文は伊藤循「日本古代における私的土地所有形成の特質」(注(18))により、大宝令の百姓墾規定は養老令に残存し、その後の修正段階で削除されたとする。

(41) 館蔵史料編集会『国立歴史民俗博物館蔵貴重典籍叢書歴史篇二　令集解二』(臨川書店、一九九八年)および石上英一「解説」(同『同歴史篇六　令集解六』臨川書店、一九九九年)によれば、田中本は袋綴装冊子で田令が所載されている第一二冊には紙面中央部に染みがあり、「謂百姓墾者」の部分は欠損している(国立歴史民俗博物館において原本も確認ずみ)。しかし、欠損部分は五字分で「謂」「者」と思われる残画が確認でき、その他の有力な写本である鷹司本・東山御文庫本・船橋本によれば、まったく問題となる点はない。令集解の写本については、水本浩典「令集解」(皆川完一他編『国史大系書目解題　下』吉川弘文館、二〇〇一年)を参照。なお田中本以外の諸写本の確認には、明治大学図書館所蔵のマイクロフィルム紙焼を使用した。

(42) 最近発表された伊藤循「大宝田令荒廃条の荒地と百姓墾田」(吉村武彦編『律令制国家と古代社会』塙書房、二〇〇五年)は、百姓墾規定が存在する根拠を荒井説の写本検討に従っているが、同様の理由で成立しない。

(43) 最近の研究として、坂上康俊「律令国家の法と社会」(『日本史講座2　律令国家の展開』注(9))・伊藤循「大宝田令荒廃条の荒地と百姓墾田」(『律令制国家と古代社会』注(42))があるが、天聖令から導かれる大宝令作成の特徴といった点の検討がなく、実証面では旧説と同様の問題点が存在する。

(44) 天聖令は第一編第二章「日唐田令の比較と大宝令」による。ただし、『天一閣蔵明鈔本天聖令校証』(注(5))において養老令を唐令復原の根拠に使用している部分は、慎重を期すため外してある。具体的には「公私(田)」「能(借)田」の( )部分である。

(45) 日本に伝来した開元令については、坂上康俊「舶載唐開元令考」(『日本歴史』五七八、一九九六年)を参照。

(46) このことは、第二編第一章「大宝田令班田関連条文の復原」・同第二章「田令口分条における受田資格」の検討によっても蓋然性が確認されており、第一編第一章「天聖令研究の現状」で整理した天聖令と養老令の類似性にも合致している。なお『令集解』古記Bに引用された開元令冒頭の「令」字は類書からの引用の可能性もあり、開元令文ではないと考えておく。
(47) 虎尾俊哉「附録　田令対照表」(『班田収授法の研究』注(4))は、「主欲自佃先尽其主」の規定は公田には関係がないので、「私田」を補うべきとしている。
(48) 西別府元日「国家的土地支配と墾田法」(『律令国家の展開と地域社会』注(16))。
(49) 後半部分も借佃規定であるのなら、唐令通34〔唐30〕公私荒廃条の条文の一部分を使用する可能性が高い。
(50) 唐田令には、「陳牒」(通14〔唐12〕条)、「申牒」(通20〔唐18〕・通29〔唐27〕・通34〔唐34〕条)という規定があるが、養老田令では「申牒」(17宅地条・19賃租条)しかなく、かつ大幅に対象が縮小されている。第三編第二章を参照。
(51) 高野良弘「大宝田令荒廃条の再検討」(注(18))がいうように「空閑地」は、唐令での存在は想定できるが、唐田令には存在しない。くわえて、開元式に「荒地」とあることも重視すべきである。また、当時の日本では「主」が用益権を表し、荒地である時点で無主となるため、「無主」は省略されたのであろう。「主」の概念については、吉村武彦「土地政策の基本的性格―公田・公地制の展開」(『日本古代の社会と国家』注(13))による。
最近発表された北村安裕「古代の大土地所有と国家」(『日本史研究』五六七、二〇〇九年)は、当該部分を「無主荒地」と復原すべきとする。直接証明できる史料はないが、『令集解』などに「無主荒地」という用例はみられないため、現状では「荒地」の可能性が高いと考えている。
(52) 伊藤循「日本古代における私的土地所有形成の特質」(注(18))。
(53) 村山光一「班田収授制の成立についての一考察―「収授」の語の検討を通して―」(『杏林大学外国語学部紀要』二、一九九〇年)。
(54) 大宝田令以身死応収田条の復原については第二編第一章「大宝田令班田関連条文の復原」を参照。
(55) 養老条文をあげ、大宝令で字句が同一である部分には◎(令集解古記に引用符付きで引用)・○(令集解古記に引用)を、相違する場合はその字句を傍書した。大宝令の復原法および表記法については、第一編第二章「日唐田令の比較と大宝令」を参照。
(56) 「身分之地」とされているものであろう。
(57) 大宝田令園地条については同条古記に「若絶戸還レ公。謂」とあり、還公規定が存在する。ただし、園地は班田によらないために還公としても規定上問題がない。

(58) 古記Cで「唯荒廃之地、有㆓能借佃㆒者判借耳」といっているのは、「能佃」という大宝令文が「借佃」を示すことの説明であると考えられる。古記Aにおいて、「能借佃」ではなく、「能」「佃」としか出てこないのも大宝令は「佃」であることの傍証となろう。ちなみに唐令ではすべてが借佃規定であるので、「佃」としても問題はない。

(59) 虎尾俊哉「附録 田令対照表」(『班田収授法の研究』注(4))では、「私田」を復原している。そうすれば泉谷康夫「公田について」(『律令制度崩壊過程の研究』注(21))のように「凡口分田」とする必要はなくなる。

(60) 公田に関する借佃の還官年限が唐令の「九年」に対し、養老令は「六年」である。先のとおり、養老田令18王事条の十年は大宝令では存在しないため、大宝田令では「六年」が最長の年限である可能性が高いので、本条もそれに従ったと考えておく。

(61) 第一編第二章「日唐田令の比較と大宝令」を参照。

(62) 請・借の概念については、吉田孝「墾田永年私財法の基礎的研究」(『律令国家と古代の社会』注(8))、堀敏一「中国古代の土地所有制」(『均田制の研究』岩波書店、一九七五年)を参照。

(63) 全体的な傾向については、第一編第二章「日唐田令の比較と大宝令」を参照。

(64) 大宝令作成時には大宝令は施行されていないことを考える必要がある。

(65) 本条後半部分については、通36(唐31)山崗砂石条「諸田有㆓山崗・砂石・水鹵・溝澗㆒、不㆑在㆓給限㆒。若人欲㆑佃者聴之」を継受したことを強調する松田行彦「唐開元二十五年田令の復原と条文構成」(『歴史学研究』八七七、二〇一一年)の見解もあるが、第一編第二章で言及したとおり、条文全体としての継受関係は明確でなく、参考にした可能性はあるが字句の採用にとどまると判断する。

(66) 唐令が「公私田」「能借佃」であれば大宝令も同様になるが、筆者は唐令復原に養老令を使用することには慎重であらねばならないという立場をとる。(注(44))を参照。

(67) 「主」が用益権だとすると、「荒廃」には主は存在しないことになり、この点が矛盾と考えられた可能性がある。

(68) 中田薫「日本荘園の系統」(『法制史論集二』注(10)、四六頁)が資本主義的市民法における所有権を基準としていることは、永原慶二「歴史意識と歴史の視点—日本史学史における中世観の展開—」(『歴史学叙説』東京大学出版会、一九七八年、初出一九七五年)を参照。

(69) 大宝元年以前の出土文字資料では、「郡」字そのものが検出されていない。奈良文化財研究所編『評制下荷札木簡集成』（東京大学出版会、二〇〇六年）を参照。

(70) 『唐六典』（一一頁）の「尚書都省」に「凡下之所二以達上一、其制亦有レ六」のうち「牒」は「九品已上公文皆曰レ牒」とされていて、唐令には九品已上が上申する「牒」の存在が想定できる。牒の実例および法規定については、内藤乾吉「西域発見唐代官文書の研究」（『中国法制史考証』有斐閣、一九六三年、初出一九六〇年）、中村裕一『唐代公文書研究』（汲古書院、一九九六年）の諸論考および三上喜孝「文書様式「牒」の受容をめぐる一考察」（『山形大学歴史・地理・人類学論集』七、二〇〇六年）、赤木崇敏「唐代前半期の地方文書行政—トゥルファン文書の検討を通じて—」（『史学雑誌』一一七—一一、二〇〇八年）を参照。ただし、「牒」については未解明の部分が多い。

(71) 吉田孝「編戸制・班田制の構造的特質」（『律令国家と古代の社会』注(8)）。

(72) 坂上康俊「律令国家の法と社会」（『日本史講座2　律令国家の展開』注(9)）。

〔付記〕本章は「天聖令を用いた大宝田令荒廃条の復原」（『続日本紀研究』三六一、続日本紀研究会、二〇〇六年）を初出とし、表8を新たに作成した。

第三編　古代田制の特質

第一章　日本古代の「水田」と陸田

はじめに

近年、日本の歴史・文化を水田稲作によって一元的に説明することが批判され[1]、畑作などの生業が正当に評価されるようになってきた[2]。古代においても畑作が行われていたこと自体は確実であるが、水田と比較すると史料が少ないことは否めない。

それでは、日本古代史はなぜ稲作を中心として考えられてきたのだろうか。その理由として、一つには「瑞穂国」が日本の別称ともなっているように、神話に記載されている農業はほとんどが稲作についてであること、また班田収授制を中心とした土地制度が水田を主な対象地とし、田租という税制にも稲についての額が定められているということなどがある[3]。このように神話・土地制度・税制の機軸が稲作であることによって、古代の畑作は軽視され、正当な位置づけがなされなかったのである[4]。

さて、ここまでは「畑」という記載法を使用してきたが、これはあくまでも現代における用法であって、以下では水田でない耕地を総称してハタケとカタカナで表記することとする。その理由はハタケの表記法が各時代や種類においてまちまちだからである。「畑」が一般的に用いられるのは近世以降であり、それ以前の中世においては「畠」が一般的なハタケで「畑」は焼畑を示すというのが基本的な用法である[5]。ところが古代においては「園（薗）」「圃」

「陸田」「畠」「白田」などの表記が渾然としていて、それぞれが何を示すのかが十分に理解されていないのが現状である。それならば、これらの表記がハタケをいったいどのような側面から認識しているのかを一つ一つ明らかにしていくことが基礎的な作業として必要である。またハタケ表記や関連の政策は八世紀前半から多くなり、文書を使用した土地管理制度は大宝令施行後に展開するという第二編第三章「大宝田令荒廃条の復原」の見通しとも重なってくる。このような前提に立って、本章では「陸田」の地目について検討していきたい。

研究史を振り返ると、陸田とは原則として雑穀栽培地であり、田令園地条にあるような百姓私有の園地から分離したものであるとする泉谷康夫・亀田隆之両氏等の見解が通説的な位置を占めてきた。(6) これに対して梅田康夫氏は栽培種目による区別は表面的であるとし、陸田は墾田に比されるもので、班田収授制の成立以降、新たに開発されたかあるいはされるべき非水田耕地であり、園地は律令国家が把握した既存の非水田耕地であるとした。(7) その他陸田は大宝田令荒廃条に存在が推定される「空閑地」に耕営されたとする伊佐治康成氏の説もある。(8)

また陸田政策については、亀田隆之氏は陸田の管理把握を強め収奪の対象とすることが主眼であるとしたが、(9) 木村茂光氏は陸田政策は国家的次元の問題であり畠作全般とは区別するべきであると主張している。(10) その他には墾田政策や耕地拡大政策との関連、(11) 義倉制との関連、(12) さらには神話との関係(13) などが指摘されている。

これらの研究の問題点としては、陸田が成立する以前にその起源となる農民私有のハタケが存在したことを自明としているものが多いが、(14) それ自体が論証されていないこと、(15) 陸田がハタケであることを強調するあまり、「田」との関係の検討が不十分であること、陸田の管理と雑穀栽培奨励策との関係が明確にされていないことなどがあげられる。

以下、陸田が田制全体のなかでいかに位置づけられるかを検討する。

一　陸田と雑穀栽培の奨励策

『日本書紀』に「以二粟稗麦豆一、為二陸田種子一、以レ稲為二水田種子一」(16)とあるように「陸田」は基本的には、稲作地である「水田」に対比される雑穀栽培地としてのハタケの表記である。それでは、なぜ、日本においては水田を示すとされる「田」という語を含む陸田という表記が必要となったのだろうか。その理由として、『類聚三代格』に「不レ得下因レ斯不レ務二水田一変為中陸田上」(17)とあることや、「山城国葛野郡班田図」には水田と陸田の入り組んだ状態が記載されている(18)ことにより、「陸田」は「水田」のそばにあり、相互の変換も可能であったことがうかがわれる点があげられる。

先にもあげた多くの陸田政策の見方は、農民の私有権が強い陸田に対して国家が支配を及ぼしていく、といったものである。しかし、筆者は雑穀栽培の奨励と陸田の管理は密接に関連しながらも、異なった方向性をもつものであると考えている。それでは、従来同一視されていた古代国家による雑穀栽培の奨励策と陸田の管理がどのように区別され、どのような共通性をもつのかを検討していきたい。

まず、雑穀栽培奨励策について検討する。以下にあげるa・b二つの史料は『弘仁格抄』民部中に一連の史料として配列されており、平安初期において関係が深いとされているものである(19)。

a　『続日本紀』霊亀元年（七一五）十月乙卯条（『類聚三代格』の年紀は和銅六年(20)〈七一三〉十月七日）

詔曰、国家隆泰、要在レ富レ民。富レ民之本、務従二貨食一。故男勤二耕耘一、女脩二紝織一、家有二衣食之饒一、人生二廉恥之心一、刑錯之化爰興、太平之風可レ致。凡厥吏民豈不レ勗歟。今諸国百姓、未レ尽二産術一、唯趣二水沢之種一、不レ知二陸田之利一、或遭二澇旱一、更無二余穀一、秋稼若罷、多致二饑饉一、此乃非二唯百姓懈懶一、固由二国司不レ存二教道一、宜下令中佰姓兼二種麦禾一、男夫一人二段上。凡粟之為レ物、支久不レ敗、於二諸穀中一、最是精好。宜下以二此状一遍告二天下一、尽レ力耕種、莫上レ失二時候一。自余雑穀、任レ力課之。若有二百姓輸レ粟転レ稲者一聴之。

ここで第一に問題になるのは、諸国の百姓が「陸田之利」を知らないとあることである。日本列島においてもともと水田稲作のみが実施されていて、国家の政策によりハタケが導入されたとすれば話は簡単だが、考古学などの成果によると、列島において以前から畠作は行われている(21)。そういう前提に立てば、「不レ知二陸田之利一」とは国家による文飾という見方も成り立つ可能性があるが、筆者はある程度実際をふまえた表現であると考えている。その根拠として、一つには古代においては国家的強制力により集団的移住がなされたと考えられているが(22)、そのような村落では稲作偏重の生産がなされていた可能性があるという点、いま一つには大宝律令により国司に勧農が委任されて(23)、国司・郡司の評定項目として「勧二課田農一」(24)が定められ、水田の開発が急務となったため、評定外である雑穀栽培が疎かになったのではないかという点があげられる。また、「不レ知二陸田之利一」というように陸田は修辞的に用いられており、耕地として明示されていない点も重要である。

第二に「宜下令中佰姓兼二種麦禾一、男夫一人二段上」という政策の意義であるが、水稲稲作のみの農業は天候不順による害を受けやすい(25)ので、飢饉対策のため男夫一人あたり二段の地に麦禾《あわ》をうえさせるということである(26)。二段は男子口分田の額に等しく、実際にそれだけの面積が耕作されるようになったかは確認できない。ただし国家には「男勤二耕耘一」というように男性が農作業を行うという認識があり(27)、「不レ知二陸田之利一」という稲作農民の労働力の一部が雑穀栽培に割り当てられていることは重要であろう。

第三に粟を中心とした雑穀栽培を奨励し、百姓に稲の代わりに粟を輸すことを許可した政策の意義であるが、これは飢饉対策として粟を中心とした雑穀の増産をはかり、稲にかえて粟を租として輸すことを許可したと考えるべきである。[28]天平期の正税帳に粟の記載があるのは[29]従来いわれているようにこの政策に関連するものであろう。

以上の検討によれば、この詔の主眼は、飢饉対策としての雑穀栽培の奨励および、そのための制度を整えることによって、百姓の再生産の維持をはかることにあると考えるべきである。ここで雑穀類は百姓すなわち水田稲作農民の食料である稲の代替物として意識されており、直接の収奪の対象ではない点が重要である。

b　『類聚三代格』養老七年（七二三）八月二十八日官符[30]

太政官符

畿内七道諸国耕㆓種大小麦㆒事

右麦之為㆑用在㆑人尤切、救㆑乏之要莫㆑過㆓於此㆒。是以藤原宮御宇　太上天皇之世、割㆓取官物㆒播㆓殖天下㆒。比年以来、多虧㆓耕種㆒至㆓於飢饉㆒艱辛良深。非㆓独百姓懈緩㆒、実亦国郡罪過。自今以後、催㆓勧百姓㆒勿㆑令㆑失㆑時、其耕種町段、収獲多少、毎㆑年具録、附㆓計帳使㆒申上。

養老七年八月廿八日

ここでは、麦が端境期の食料として有用なことを強調し、国郡に対して耕種の正しい時期を指導し、その面積と収穫の分量を毎年記録して、計帳使にさずけて進上させよと諸国に対して命令している。この政策が実施されていたことは、天平六年（七三四）出雲国計会帳に「麦帳一巻」[31]が大帳使に付して進上されていたという記載があること、および『延喜式』に「種麦」[32]帳があることによってわかる。しかし、この史料には「陸田」という語が記載されておらず、面積と収穫量を報告することによって飢饉対策とすることが主眼なのであって、麦作地自体を把握しようとしているものではない。しかも、対象地として「陸田」が考慮されたとしてもすべての陸田で麦が栽培されたわけではないし、論理的には陸田以外の地で麦が耕作されてもよいのである。つまり、この官符の意図は飢饉対策としての麦作を奨励して、その徹底をはかるもので、ハタケからの収穫物は百姓の食料として意識されていたのであり、収奪の対象ではなかったのである。

ただし、『類聚三代格』承和七年（八四〇）五月二日官符に「不㆑得㆘因㆑斯不㆑務㆓水田㆒変為㆗陸田㆖」とあるように、あくまでも中心になるのは水田であり、陸田における雑穀栽培は稲作を補完するものとして認識されていたことには注意が必要である。

結局のところ、古代国家の雑穀栽培奨励策は、陸田を中心としたハタケが対象地であった可能性は高いが、陸田自体を管理する制度とは区別して取り扱う必要がある。その主旨は、栽培を奨励した雑穀を端境期などの百姓の食料とすることによって、再生産の維持を行い、稲などによる収入を安定もしくは増加させることにあった。その対象は水田稲作を行っている百姓であり、雑穀は稲の代替食料として位置づけられていたのである。

二　水田と陸田

陸田が水田に対比される語であることはすでに述べたし、その用例も「水田陸田[33]」「水陸田[34]」「水陸之田[35]」などいくつかある。ところがこれらの例は、すべて天平二年（七三〇）以後のものであり、天平元年（七二九）以前には、『続日本紀』や『類聚三代格』などの法的に厳密な表記が求められる編纂物には、「水田」自体が記載されていないのである[36]。それでは、天平元年以前には「水田陸田」のような表現はどのようになされていたのであろうか。そこで想起されるのが、以下にあげる和銅二年（七〇九）十月二十五日のいわゆる「弘福寺領田畠流記[37]」である。

弘福寺川原

田壱伯伍拾捌町肆段壱伯弐拾壱歩

陸田肆拾玖町漆段参歩

大倭国広瀬郡大豆村田弐拾町玖段弐拾壱歩
山辺郡石上村田弐拾捌町肆段壱伯肆拾陸歩
葛木下郡成相村田壱町弐段漆拾弐歩
高市郡寺辺田参町参段参拾玖歩
陸田壱拾壱町玖段壱伯弐歩
内郡二見村陸田陸段

河内国若江郡田壱拾弐町陸段
壱伯肆拾歩

山背国久勢郡田壱拾町弐伯参拾捌歩
陸田参拾漆町壱段弐伯陸拾壱歩

尾張国仲嶋郡田壱拾町肆段弐伯捌拾壱歩
尓波郡田壱拾町

近江国依智郡田壱拾壱町壱段参拾陸歩
伊香郡田壱拾町弐段弐伯弐拾捌歩

美濃国多芸郡田捌町
味蜂間郡田壱拾弐町

讃岐国山田郡田弐拾町

和銅二年歳次己酉十月廿五日正七位下守民部大録兼行陰陽暦博士山口伊美吉田主

従三位行中納言阿倍朝臣宿奈麻呂　正八位上守少史勲十等佐伯造足嶋

従三位行中納言兼行中務卿勲三等小野朝臣毛野　従六位下守大史佐伯直小龍

正四位下守中納言兼行神祇伯中臣朝臣臣万呂　正八位下守大録船連大魚

正五位下守左中弁阿倍朝臣使

従五位下守左少弁賀毛朝臣使

従五位上行治部少輔采女朝臣比良夫
正五位下民部大輔佐伯宿祢石湯

ここでは、弘福寺の寺領田として「田」と「陸田」が並列されている。これは平安時代の流記資財帳の例では「水田」と表記されるところであり、[38] なぜ「水田」という表記法がとれなかったのか検討が必要である。

そこで注目されるのが、次の史料[39]である。

筑前国観世音寺
田卌町　御笠郡

（紙継目）……………………………………………

和銅二年歳次己酉十月廿五日正六位下守民朝臣在判
陰陽寮暦博士宮屛田主
正八位上守大史勲等佐伯道足
従六位下守大史佐伯直小龍
正八位下守大録船連大魚

正三位行中納言　朝臣宿禰麻呂
正三位行中納言兼行中務卿勲三等小野朝臣毛野
正四位下守中納言兼行神祇伯中臣朝臣
従五位下守左中弁賀毛朝臣使
正五位下右中弁阿倍朝臣使
従五位上行治部少輔委朝臣比良
民部大輔正五位下佐伯宿祢湯

この史料は、先の「弘福寺領田畠流記」と日付および署名がほとんど同一である。その形式は前者より、①寺院名、

②田積の合計、③陸田積の合計、④寺田の所在国郡（および村）と面積、⑤署名となっていたことがわかり、後者では①と⑤を写し、④の一部分を抜き書きしたものと考えられる。そのほか『河内国西琳寺縁起』に「和銅二年已下帳」とある[40]ことなどにより、これらと同様の帳簿がすべての寺院において作成されたことが想定できる[41]。

それではこれらの帳簿はいったい何なのであろうか。その手がかりを与えてくれるのが次の史料である。

『続日本紀』和銅六年（七一三）四月己酉条

因二諸寺田記錯誤一、更為二改正一、一通蔵二所司一、一通頒二諸国一。

先の「弘福寺領田畠流記」はこの「田記」だという意見があり[42]、筆者もこれに賛成する。ここでいう「所司」は民部省のことで、職掌にある「諸国田[43]」に関すると考えられ、先の帳簿に民部省の官人が署名していることにも符合するのである。ところが、このように考えると、「田」記や諸国「田」に「陸田」が含まれるのはおかしいのではないかという疑問が生じる。しかし、「陸田」とは広義の「田」のなかに概念上含まれる土地であると考えればすんなり解釈できるのである。つまり、この段階では「陸田」に対比される「水田」という法的概念が成立していないため「陸田」は「田」の特殊な形態として認識されていたと考えるのである。

このような視点によって、陸田制において難解であるとされる次の史料について考察を加える。

『続日本紀』養老三年（七一九）九月丁丑条

詔、給二天下民戸、陸田一町以上廿町以下一。輸二地子一段粟三升一也。

この史料は、一町以上二〇町以下の陸田を天下の民戸に支給し、一段ごとに粟三升の地子を輸させるという内容である。

このとき支給された陸田について、各戸がもともと私有していた既墾地の陸田が中心となったとする説[44]と、面積が大きすぎることによりそのなかにはかなりの量の未墾地が含まれていたという説[45]の二つがある。前説には先述した農民私有の園地の存在に疑問がもたれている点、後説には、未墾地がなぜ陸田と認識されるのか、未墾地の比率が一様でないとしたら面積に比例して地子を取ることが可能であるのかという問題点があり、論証は困難である。私見では地子を取る必要から、既墾地の陸田を中心に支給されたと考えている。

先ほど「陸田」は「田」の特殊形態であると述べたが、そのような認識が生じた理由として、景観ひいては開発形態の共通性が想定できる。当時の農業技術の段階では、水田のみの乾田開発は不可能であるため、水田と陸田は一体化した開発によって造り出され、その全体が「田」(区画された耕地)として認識されたとみるべきであろう[46]。この開発で水田化できなかった部分がハタケとされ、「陸田」として認定されたのであろう[47]。それは大宝田令荒廃条に「其官人於㆓所部界内㆒、有㆓荒地㆒願㆑佃者、任聴㆓営種㆒。替解日還㆑官収授」とある国司による未墾地開墾規定によるもので、このようにして開発された「田」のうち、水田化されたものは国司交替後に収公を経て班田されたが、「陸田」はしだいに蓄積されていったという想定も可能であろう[48]。

このような開発が行われた背景としては、先述した国司・郡司制の成立・整備により、国には「勧㆓課農桑㆒」との勧農義務が与えられ[49]、国司・郡司は「勧㆓課田農㆒、能使㆓豊殖㆒」および「有㆘不㆑加㆓勧課㆒、以致㆗損減㆖」という基準により考を進降され[50]、国司は巡察使[51]、郡司は国司の巡行[52]によりそれぞれ職務の執行状況を監察されるようになったことが考えられる。

要するに、この史料は「陸田」そのものをどう扱うかという点が主眼であり、そういった意味ではまさに「陸田」政策であり、ほかの雑穀栽培の奨励策とは同列に論じられないのである。

以上のように考えると、国家によって開発された「陸田」は当然国家所有となり、これが養老三年に支給されたとみたい。地子を取るという論理も、ここから出てくるのであろう。さらに大宝令には地子の規定がなかったと考えられ、本詔はその初例でもある。ここから土地管理の進展を読み取ることもできる。

また、「六道諸国遭レ旱飢荒。開二義倉一賑恤之」(53)と、同日に義倉を開いて賑恤していることにより、義倉制との関連が指摘されている。

義倉(54)とは、賦役令6義倉条によれば、富戸からはより多く、貧戸からはより少なく雑穀などを集めて、飢饉の際に貧戸を救済する制度で、負担する戸は資財基準により九つの等級（九等戸）に分けられている。(55)ところが、天平二年（七三〇）の安房国義倉帳(56)および同年の越前国義倉帳(57)によると、実際には九等戸に入らない戸がほとんどで、義倉を負担していたのは在地首長層に比定されるようなかなり裕福な一部の戸であったことがわかる。さらに、一町以上二〇町以下という陸田の面積が義倉の負担額（一石〜二〇石）と対応している(58)ことにより、陸田を支給された戸と義倉を負担していた戸が重なる可能性がある。

よって、この史料は、国家的開発によって生じた陸田を在地首長層に耕作させ、粟地子を取って義倉に充てたものとみるべきである。さらに義倉条が適用されるのであれば、「粟」はほかの穀物で納めることも許された可能性がある。

先に、天平二年から「水田」と「陸田」が対比された史料が出てくると述べたが、「水田」が法的に認められる画期となったのはどの時点であろうか、筆者はそれを『続日本紀』天平元年（七二九）三月癸丑条に「太政官奏曰（中略）又班二口分田一、依レ令収授、於レ事不レ便。請、悉収更班。並許之」(59)とあるいわゆる天平元年の班田であると考える。この班田は、いったんすべての口分田を収公し班給をしなおしたものという説が有力である。そこで注目したいのが次の史料である。

『続日本紀』天平元年（七二九）十一月癸巳条

① 任二京及畿内班田司一、太政官奏、親王及五位已上諸王臣等位田・功田・賜田、并寺家・神家地者、不レ須二改易一、便給二本地一。其位田者、如有下情二願以レ上易一レ上者上、計二本田数一、任聴レ給之。以レ中換レ上者、不レ合二与理一。縦有二聴許一、為二民要須一者、先給二貧家一。其賜田人先入二賜例一。見無二実地一者、所司即与処分。位田亦同。余依二令条一。其職田者、民部預計二合レ給田数一、随二地寛狭一、取二中・上田一、一分畿内、一分外国、随レ闕収授、勿レ使レ争二求膏腴之地一。② 又諸国司等前任之日、開二墾水田一者、従二養老七年一以来、不レ論二本加レ功人、転買得家一、皆咸還収、便給二土人一。若有下其身未レ得二遷替一者上、依レ常聴レ佃。自余開墾者、一依二養老七年格一。③ 又阿波国・山背国陸田者、不レ問二高下一、皆悉還レ公、即給二当土百姓一。但在二山背国一三位已上陸田者、具録二町段一、附レ使上奏。以外尽収。開レ荒為レ熟、両国並聴。其勅賜及功者、不レ入二還収之限一。並許之。（①・②・③は筆者挿入）

この奏は先の班田実施についての細則であると考えられ、二つの「又」によって三つに分割できる。①口分田以外の田地について、②国司の墾田について、③阿波・山背の陸田についてのそれぞれ個別的な取り扱いを規定している。まず、③では阿波・山背の陸田が還公され、水田と交えて班給されている[60]。よって、これらの二国においては陸田が水田とともに班田できるほど管理されていたことがわかり、他国の陸田もまた同様であったことが推測できる。次に「開レ荒為レ熟」とあるのは、荒地を開発した「陸田」が存在したことを、「其勅賜及功者、不レ入二還収之限一」とあるのは賜田・功田のなかに「陸田」が含まれていたことをそれぞれ示し、「陸田」は「田」の特殊形態であるという先の仮説によって説明するとわかりやすい。

次に、②には「養老七年」とあるがこれは以下にあげる三世一身法を指している。

『続日本紀』養老七年（七二三）四月辛亥条

太政官奏、頃者、百姓漸多、田池窄狭。望請、勧二課天下一、開二闢田疇一。其有下新造二溝池一、営二開墾一者上、不レ限二多少一、給伝二三世一。若逐二旧溝池一、給二其一身一。奏可之。

ここでは「開二闢田疇一」とあるのに対し、天平元年奏では「開二墾水田一」と言い換えられている。これが『続日本紀』における「水田」の初出であり、「陸田」に対比される「水田」が制度的に成立したことを暗示しているといえないだろうか。

そこで、養老六年（七二二）の百万町歩開墾計画[61]において「水田」成立以前の開発がどのように記載されているか再検討してみる。

『続日本紀』養老六年（七二二）閏四月乙丑条

太政官奏曰（中略）又食之為レ本、是民所レ天。随レ時設レ策、治レ国要政。望請、勧レ農積レ穀、以備二水旱一、仍委二所司一、差二発人夫一、開二墾膏腴之地良田一百万町一、其限レ役十日、便給二粮食一、所レ須調度、官物借之、秋収而後、即令二造備一。若有下国郡司詐作二逗留一、不中肯開墾上、並即解却、雖レ経二恩赦一、不レ在二免限一。如部内百姓、荒野・閑地、能加二功力一、収二獲雑穀一三千石已上、賜二勲六等一。一千石以上、終レ身勿レ事。見帯二八位已上一、加二勲一転一。即酬賞之後、稽遅不レ営、追奪二位記一、各還二本色一。（後略）

この史料は、開墾の方式によって二つに分けられる。前半が①国郡司による「差二発人夫一、開二墾膏腴之地良田一百万町一、其限レ役十日、便給二粮食一、所レ須調度、官物借之」という開発で、後半が②「部内百姓」による「荒野・閑地、能加二功力一」という開発である。一見、①が水田開発で②が陸田開発であるかのように思えるが、筆者は原則的には「陸田」は①に含まれると考えている。「良田」とは水田を意識した表記ではあるが、法的な意味での「水田」ではなく「田」の範疇で考えるべきであろう。したがって、水田と陸田は共通の「田」開発によるものであるという先の考え方によれば、「一百万町」という開墾の目的面積も全国の開発予定地のうち現実には水田化できない部分も含んだすべての土地を「良田」で埋め尽くす計画ととれば、ある程度蓋然性のある額といえる(62)。

このように考えると、大宝令制下において「陸田」は「田」に制度上含まれ、両者の区別が曖昧であったものを、天平元年の班田において、「田」のなかに「水田」と「陸田」が互いに相容れない地目として併存するという表記形態が新たに創設されたと考えられる。さらにこの点に関して田令1田租条では、「田長卅歩、広十二歩為レ段、十段為レ町」という田積規定の後に「段租稲二束二把、町租稲廿二束」という注が付されており、大宝令制定時に田は稲作地と認識されていたと考えられる。ところが田令という編目名について義解は、「田所三以殖二五穀一之地」として田は稲作地に限らない耕地一般としている。この変化も上記の「田」概念の変化が反映されている可能性があるだろう(63)。また、天平元年の班田においては最初の田図といわれる「天平元年図」が作成されたが(64)、その一因として「水田」と「陸田」の区別があげられるのではないだろうか。逆に田図が使用されることからは、この表記の変更が、土地管理の深化と密接に結びついていることが想定できるのである。詳しくは次章で論じるが、先述の和銅二年田記には所在郡（および村）の田積しか記載されていないのに対し、田図には一町ごとに田積が記載されていると考えられ(65)、両者の間には明確な段階差が存在するのである。

それでは、天平元年以後の「水田」と「陸田」はどのように史料に現れるのであろうか。天平二年（七三〇）に「縁レ旱令レ検二校四畿内水田・陸田一」(66)と、水田と陸田が初めて並立して用いられ、天平十年（七三八）に駿河国で「検校水田国司」に食料が支給されており(67)、同じく天平年中に伊勢国では「水田熟不」を検じている(68)。

また先にもふれたが、「水陸之田」「水陸田」という表現は素直にみれば「水田」と「陸田」が並立して「田」のなかに含まれることを示している。加えて、弘仁三年（八一二）にある「諸国司、公廨田之外営二水陸田一、時立二厳制一」(69)

という表記も「公廨田」の「田」概念には「水田・陸田」が包摂されていたことを想起させるのである。

さらに、寺領について、天平十九年（七四七）の法隆寺・大安寺・元興寺の流記資財帳(70)には「水田」と「薗（園）地」と記されているのに対して、貞観十五年（八七三）の広隆寺および元慶七年（八八三）の観心寺資財帳(71)には「水陸田（章）」と記載されており、貞観十八年（八七六）には金剛峰寺の「水陸田」三八町が「勅免㆓其租㆒、永為㆓寺田㆒(72)」とされている。このような寺領表記の相違が生じるのは、先述の「田」のなかに「水田」と「陸田」が含まれるという表記の普及が考えられるのである(73)。

これらの検討から以上のことがいえる。「陸田」は大宝令の成立時には「田」の範疇でとらえられており、「田」の特殊な形態を指すものであった。その特徴は、水田と同様に方格地割上に位置したハタケであり、開発方法も「田」開発の一環として水田と一体となって行われ、最終的には国家によって認定された。しかし、天平元年の大規模な班田に際し、「陸田」を含まない「水田」が政策上取り入れられ、「田」は「水田」と「陸田」を包摂しうる概念をもつ用語となった。

それでは、このような用語の変更にはどのような意味があったのであろうか。筆者は「田」という語が「陸田」を含む可能性があるという表現の曖昧さをもっているのに対して、「水田」といえば、水稲稲作が行われている耕地であると限定できる点にあると考えている。

たとえば、先にもふれたが、養老七年（七二三）の三世一身法をみると「開㆓闢田疇㆒」とあるものが、先の天平元年（七二九）の班田に際しては「開㆓墾水田㆒」と言い換えられており、三世一身法が水田のみを対象としていることがはっきりとわかる表現となっている。また、天平十三年（七四一）の国分寺建立の詔(74)には僧寺・尼寺にそれぞれ「水田」一〇町を施すことが記されており、未墾地を含まない水田が用いられたと考えられる。さらに、天平十九年

（七四七）には、この「水田」各一〇町にさらに「田地」を加え開墾させるとあり、既墾地である「水田」と未墾地を含む「田地」が対比されている。(75)

これらの用語の変化はしだいに厳密になっており、大宝令施行後に田図の使用などによって土地管理が深化したことを示すのではないだろうか。

おわりに

本章における検討の結果をまとめると次の二つになる。

①従来の研究において等閑視されてきた雑穀栽培奨励策と陸田そのものの管理は区別して考えなければならず、前者の目的は水田稲作を行っている百姓の再生産維持のための飢饉対策である。②「陸田」は大宝律令成立時には「田」の範疇でとらえられており、「田」の特殊な形態を指すものであった。その特徴は、水田に近い景観をもち、開発方法も「田」開発の一環として水田と一体となって行われ、最終的には国家の認定を受けるものである。ところが、天平元年の大規模な班田に際し、土地管理の必要上から「陸田」を含まない「水田」が政策上取り入れられ、「田」は「水田」と「陸田」を包摂する概念をもつ用語となった。その目的は、従来の「田」概念には「陸田」などが含まれる可能性があり曖昧であったので、水稲耕作地のみの呼称として「水田」を独立させ、「陸田」「田地」などの表記とともに田図による厳密な土地管理を可能とすることであった。

以上、陸田制の展開によって、第二編第三章での大宝令施行以後に土地管理が深化するという見通しの一端を論じた。これらの具体的な展開過程については次章において論じる。

注

（1）水田中心史観の批判としては、坪井洋文『イモと日本人』（未来社、一九七九年）、同『稲を選んだ日本人』（未来社、一九八二年）、佐々木高明『稲作以前』（日本放送出版協会、一九七一年）、同「畑作文化と稲作文化」（朝尾直弘他編『岩波講座日本通史一　日本列島と人類社会』岩波書店、一九九三年）、網野善彦『日本中世の民衆像』（岩波新書、一九八〇年）、網野善彦・石井進『米・百姓・天皇―日本史の虚像のゆくえ』（大和書房、二〇〇〇年）、網野善彦『日本の歴史00　「日本」とは何か』（講談社、二〇〇〇年）などを参照。

（2）中世史からの畠作史研究としては、木村茂光『日本古代・中世畠作史の研究』（校倉書房、一九九二年）、同『ハタケと日本人』（中公新書、一九九六年）があり、畑作農耕論全般については、木村茂光編『ものから見る日本史　雑穀』（青木書店、二〇〇三年）を参照。近年では水田と畠作を二項対立的にとらえることが批判され、生業全体のなかで位置づける研究が盛んとなっている。最近の研究動向については、国立歴史民俗博物館編『生業から見る日本史―新しい歴史学の射程』（吉川弘文館、二〇〇八年）および木村茂光編『日本農業史』（吉川弘文館、二〇一〇年）の諸論考を、日本古代史については、伊藤寿和「陸の生業」（上原真人他編『列島の古代史2　暮らしと生業』岩波書店、二〇〇五年）を参照。

（3）大津透「農業と日本の王権」（網野善彦他編『岩波講座天皇と王権を考える3　生産と流通』岩波書店、二〇〇二年）は、水田一元史観の成立において、後世に与えた影響は班田収授法より摂関期の受領支配下に田図を基礎にする徴税や民衆把握が行われたことが大きいとする。また、天皇の祭祀が稲を基本としたことも大きいとする。

（4）伊佐治康成「古代における雑穀栽培とその加工」（『ものから見る日本史　雑穀』注（2））に問題が整理されている。

（5）黒田日出男「中世の「畠」と「畑」―焼畑農業の位置を考えるために―」（『日本中世開発史の研究』校倉書房、一九八四年、初出一九八〇年）。なお、李成市「東アジアの木簡文化―伝播の過程を読みとく」（木簡学会編『木簡から古代がみえる』岩波新書、二〇一〇年）によれば、近年百済の領域である韓国羅州市伏岩里において「畠」と記された木簡が発見されたことが注目される。同木簡は、平川南「正倉院佐波理加盤付属文書の再検討」（『日本歴史』七五〇、二〇一〇年）においても検討されている。これらの釈文については、橋本繁「近年出土の韓国木簡について」（『木簡研究』三三、二〇一一年）を参照。

（6）泉谷康夫「奈良・平安時代の畠制度」（『律令制度崩壊過程の研究』鳴鳳社、一九七二年、初出一九六二年）、亀田隆之「陸田制」（『日本古代制度史論』吉川弘文館、一九八〇年、初出一九七二年）、同「陸田制再論」（『奈良時代の政治と制度』吉川弘文館、二

〇〇一年、初出一九八三年）、辻雅博「古代の畠の制度について」（『論究』一二—一、一九八〇年）。
（7）梅田康夫「律令時代の陸田と園地」（『宮城教育大学紀要』一三、一九七八年）。
（8）伊佐治康成「律令国家の陸田政策について」（『民衆史研究』五一、一九九六年）。ただし第二編第二章の復原によれば、大宝田令荒廃条に「空閑地」の字句は存在しない。
（9）亀田隆之「陸田制」（『日本古代制度史論』注（6））。
（10）木村茂光「日本古代の「陸田」と畠作」（『日本古代・中世畠作史の研究』注（2）、初出一九八八年）。
（11）梅田康夫「律令時代の陸田と園地」（注（7））、弥永貞三「律令制的土地所有　補注八」（『日本古代社会経済史研究』岩波書店、一九八〇年）、吉田孝「編戸制・班田制の構造的特質」（『律令国家と古代の社会』岩波書店、一九八三年）、伊佐治康成「律令国家の陸田政策について」（注（8））など。
（12）亀田隆之「陸田制再論」（『奈良時代の政治と制度』注（6））。
（13）菊地照夫「月読・スサノオ・粟の新嘗・陸田制についての覚書」（一山典還暦記念論集刊行会編『一山典還暦記念論集　考古学と地域文化』原田印刷、二〇〇九年）。
（14）泉谷康夫「奈良・平安時代の畠制度」（『律令制度崩壊過程の研究』注（6））、亀田隆之「陸田制」（『日本古代制度史論』注（6））、同「陸田制再論」（『奈良時代の政治と制度』注（6））、梅田康夫「律令時代の陸田と園地」（注（7））など。
（15）吉村武彦「律令制的班田制の歴史的前提について—国造制的土地所有に関する覚書—」（井上光貞博士還暦記念会編『古代史論叢　中』、一九七八年）によれば、第一に唐令では一括されていた「園宅地」が日本令では「園地」と「宅地」とに分割されていること、第二に日唐田令の条文構成を比較すると、唐開元二十五年令には永業田関連条文の次に桑漆関連条文が配列されているのに対し、日本令においては園地条の次に桑漆条が存在することにより、田令における園地は桑漆をうえる地として意図されていたことがわかる。開元二十五年田令の配列復原については、第一編第一章・第二章を参照。
（16）『日本書紀』神代上、第五段、一書十一。
（17）『類聚三代格』承和七年五月二日官符。
（18）概要は、東京大学史料編纂所編『日本荘園絵図聚影　釈文編一　古代』（東京大学出版会、二〇〇七年）を参照。
（19）弘仁格の概要については、川尻秋生「弘仁格抄の特質」（『日本古代の格と資財帳』吉川弘文館、二〇〇三年、初出二〇〇一年）、弘仁民部格および格番号については、福井俊彦編『弘仁格の復原的研究　民部上・中・下篇』（吉川弘文館、一九八九・九〇・九一年）を参照。弘仁格全条の各番号については、仁藤敦史・服部一隆編「復原弘仁格史料集」（『国立歴史民俗博物館研究報告』一三五、二〇〇七年）にも記されている。aが三〇八〔民部中45〕、bが三〇九〔民部中46〕にあたる。

(20)『続日本紀』と『類聚三代格』はほぼ同文ながら、前者が霊亀元年で後者が和銅六年と日付に二年の差がある。『弘仁格抄』三〇八〔民部中45〕に「詔　和銅六年十月七日」とあることにより、弘仁格においては和銅六年であったことがわかる。ここでは新日本古典文学大系『続日本紀二』（岩波書店、一九九〇年）の補注七―一における、和銅六年が八年に誤まれ、霊亀元年の部分に収録された可能性のほうが高い、という説に従う。

(21) 佐々木高明『稲作以前』・同「畑作文化と稲作文化」（ともに注(1)）、伊藤寿和「陸の生業」（『列島の古代史2　暮らしと生業』注(2)）など。発掘事例については、『はたけの考古学』（日本考古学協会二〇〇〇年度鹿児島大会実行委員会、二〇〇〇年）に一覧表がある。

(22) 直木孝次郎「古代国家と村落―計画村落の視角から―」（『奈良時代史の諸問題』塙書房、一九六八年、初出一九六五年）。ただし、氏のいう「計画村落」概念は、条里制による農村計画であるという未証明の前提があるため問題である。初出では筆者も「計画村落」概念を使用していたが訂正する。金田章裕「序章」（『条里と村落の歴史地理学研究』大明堂、一九八五年）を参照。

(23) 養老令には、戸令33国守巡行条に「勧務農功」という勧農規定があり、同条古記に勧農の内容についての逸文があるため大宝令でも存在したと考えられる。また職員令70大国条に「勧課農桑」ともあり、戸令33（前掲）や考課令54（注(24)後出）など関連条文が存在することから大宝令での存在も推定できる。亀田隆之「古代の勧農政策とその性格」（『日本古代用水史の研究』吉川弘文館、一九七三年、初出一九六五年）は、勧農の目的を収奪のための再生産維持としている。大宝令における国司権限の強化については、黛弘道「国司制の成立」（『律令国家成立史の研究』吉川弘文館、一九八二年）を参照。

(24) 考課令54国郡司条。『令集解』考課令1内外官条穴記所引古私記に「勧課田農」（五三四頁）とあることから、大宝令での存在が推定できる。

(25) 雑穀栽培の意義については、磯貝富士男「古代中世における雑穀の救荒的作付けについて―水田二毛作展開の歴史的前提として―」（『中世の農業と気候―水田二毛作の展開―』吉川弘文館、二〇〇二年、初出一九八八年）。

(26)「禾」を「あわ」とすることは、池辺弥「古代粟攷」（『古代神社史論攷』吉川弘文館、一九八九年、初出一九八七年）を参照。

(27) 坂江渉「古代国家と農民規範―日中比較研究アプローチ―」(『神戸大学史学年報』一二、一九九七年)に詳しい。
(28) 木村茂光「日本古代の「陸田」と畠作」(『日本古代・中世畠作史の研究』注(2))がこの説を唱えている。麦がないのは収穫時期の違いであろう。
(29) 天平二年大倭国正税帳、天平二年紀伊国正税帳、天平三年越前国正税帳、天平五年隠伎国正税帳(以上は『大日本古文書(編年文書)一』による)、天平八年薩摩国正税帳、天平九年豊後国正税帳、天平十年駿河国正税帳(以上は『大日本古文書(編年文書)二』による)。正税帳については、林陸朗・鈴木靖民編『復元天平諸国正税帳』(現代思潮社、一九八五年)も参照。
(30) 『類聚三代格』養老七年八月二十八日官符。弘仁格番号三〇九〈民部中46〉。
(31) 『大日本古文書(編年文書)一』。
(32) 『延喜式』民部省上32朝集使還国条。
(33) 『続日本紀』天平二年六月庚辰条、『類聚三代格』延暦三年十一月三日官符。
(34) 『類聚三代格』貞観十三年閏八月十四日官符、『同』寛平八年四月十三日官符、『同』昌泰四年四月五日官符。
(35) 『続日本紀』延暦八年六月庚辰条。
(36) 『日本書紀』には、賜田記事を中心に「水田」の用例があるが、「田」と同様に使用されていること、および「陸田」と対比されていないことにより、以下に述べる天平元年以後とは用法が異なり、制度として成立したものとはいえない。また、平川南「正倉院佐波理加盤付属文書の再検討」(注(5))によれば、韓国羅州市伏岩里木簡には「畠」とあわせて「水田」との表記もあるが、「陸田」と対比されていないため直接の関係は想定できない。その他「水陸」という用法には「水田」と「陸田」を表すものがあるという梅田康夫「律令時代の陸田と園地」(注(7))の説があるが、天平元年以前には「水陸」と「田」の結びつきが明らかな史料が存在しないことにより、私見の妨げにはならない。
(37) 石上英一「弘福寺文書と山田郡田図」「資料1　山田郡所領関係文書」(『古代荘園史料の基礎的研究　上』塙書房、一九九七年、初出一九九二年)を参照。なお、「弘福寺領田畠流記」は包紙外題であり、本書では「和銅二年弘福寺水陸田目録」と名づけられている。その他、松田和晃「円満寺旧蔵弘福寺文書をめぐって」(『中央史学』五、一九八二年)に詳しい翻刻があり、『大日本古文書(編年文書)七』にも掲載されている。松田氏によれば本文書の原本は焼失している。
(38) 貞観十五年広隆寺資財帳(『平安遺文』一六八号文書)、元慶七年観心寺資財帳(『平安遺文』一七四号文書)。

(39) 翻刻は、松田和晃「和銅二年の「水陸田目録」をめぐって」(『古文書研究』二〇、一九八三年)による。保安元年(一一二〇)の写しである。平野博之「「観世音寺大宝四年縁起」について」(『日本上古史研究』一―七、一九五七年)および『大宰府・太宰府天満宮史料　一』(太宰府天満宮、一九六四年)にも翻刻がある。なお、『典籍逍遥―大東急記念文庫の名品―』(大東急記念文庫、二〇〇七年)に写真が掲載されている。
(40) 釈文は『羽曳野市史4　史料編2』(羽曳野市、一九八一年)による。「羽曳野市域の古代寺院」『羽曳野市史1　本文編1』(羽曳野市、一九九七年)には、写真が掲載されている。
(41) 平野博之「「観世音寺大宝四年縁起」について」(注(39))によって指摘されている。
(42) 水野柳太郎「寺院縁起の成立」(『日本古代の寺院と史料』吉川弘文館、一九九三年)。田記については、鷺森浩幸「八世紀における寺院の所領とその認定」(『日本古代の王家・寺院と所領』塙書房、二〇〇一年)、中林隆之「日本古代の寺院資財管理と檀越」(『日本古代の王権と社会』塙書房、二〇一〇年)にも言及されている。
(43) 職員令21民部省条。
(44) 泉谷康夫「奈良・平安時代の畠制度」(『律令制度崩壊過程の研究』注(6))。
(45) 亀田隆之「陸田制」(『日本古代制度史論』注(6))、同「陸田制再論」(『奈良時代の政治と制度』注(6))、梅田康夫「律令時代の陸田と園地」(注(7))、弥永貞三「律令制的土地所有　補注八」(『日本古代社会経済史研究』注(11))など。
(46) 木村茂光「大開墾時代の開発」(『日本古代・中世畠作史の研究』注(2)、初出一九八二年)に開発における農業技術の問題が論じられている。
(47) 『延喜式』民部省上32朝集使還国条に「陸田」帳の規定がある。
(48) 大宝田令荒廃条の復原については第二編第三章を参照。
(49) 職員令70大国条。
(50) 考課令54国郡司条。
(51) 職員令2太政官条。
(52) 戸令33国守巡行条。
(53) 『続日本紀』養老三年九月丁丑条。

(54) 義倉制の研究には、滝川政次郎「義倉による救済」(『律令時代の農民生活』刀江書院、一九六九年、初刊一九二六年)、福田富貴夫「上代の義倉について」(『歴史地理』六二―五、一九三三年)、下川逸夫「義倉について」(『歴史地理』八三―三、一九五二年)、田名網宏「大宝・養老令の税制」(『古代の税制』至文堂、一九六五年)、時野谷滋「義倉帳と九等戸」(『飛鳥奈良時代の基礎的研究』国書刊行会、一九九〇年、初出一九五六年)などがある。

(55) 賦役令6義倉条には「凡一位以下、及百姓雑色人等、皆取二戸粟一、以為二義倉一、上々戸二石、上中戸一石六斗、上下戸一石二斗、中上戸一石、中々戸八斗、中下戸六斗、下上戸四斗、下中戸二斗、下々戸一斗。若稲二斗、大麦一斗五升、小麦二斗、大豆二斗、小豆一斗、各当二粟一斗一、皆与二田租一同時収畢」とあり、『令集解』の同条には、関連する格が多く収載されている。

(56) 天平二年「安房国義倉帳」(正集一九)

　　陸人小子　弐拾人正女　弐人小女

　　　右弐拾捌人賑給粟弐斛捌斗人別一斗

遺旧粟漆拾壱斛陸升伍合

新輸粟壱拾参斛参斗

都合粟捌拾肆斛参斗陸升伍合

見戸肆伯壱拾伍二戸中中　十二戸下中　二戸中下　六十九戸下下　三戸下上

　　右下下已上捌拾捌戸、見輸義倉粟、

参伯弐拾漆戸、不在輸限、

倉壱間

以前義倉収納如件、仍具事状、付目大初位上忌部宿禰登理万里申上、謹解、

『大日本古文書(編年文書)一』による。ただし、宮内庁正倉院事務所『正倉院古文書影印集成一』(八木書店、一九八八年)によって、「十一戸下中」を「十二戸下中」に訂正。二+二+三+十二+六十九=八十八で計算も合うようになる。

(57) 天平二年「越前国義倉帳」(正集二七)

稲穀肆佰漆拾斛参斗□□□□

天平二年見戸壱仟壱拾玖烟上上戸一、上中戸四、上下戸七、中上戸四、中中戸五、中下戸八、下上戸一十二、下中戸一十三、下下戸卌五、自余戸九百廿烟、不在輸粟之例

『大日本古文書（編年文書）一』による。ただし、宮内庁正倉院事務所『正倉院古文書影印集成二』（八木書店、一九九〇年）によって「下上戸一十一」を「下上戸一十二」に訂正。一＋四＋七＋四＋五＋八＋一十二＋一十三＋四十五＋九百二十＝千十九で計算も合うようになる。

(58)　すでに亀田隆之「陸田制再論」（『奈良時代の政治と制度』注(6)）に詳しい。

(59)　天平元年の班田の意義については、①部分的な班田による口分田の散在化の解消、②不便な大宝令から簡明な養老令への変更、③墾田等と国家の田の交錯した状況をできるだけなくす、などの点が指摘されている。参考文献は、虎尾俊哉「班田収授法の実施状況」（『班田収授法の研究』吉川弘文館、一九六一年）、宮本救「律令制的土地制度」（『律令田制と班田図』吉川弘文館、一九九八年、初出一九七三年）、角林文雄「天平元年班田の歴史的意義」（『日本史論叢』一〇、一九八三年）、吉田孝「編戸制・班田制の構造的特質」（『律令国家と古代の社会』岩波書店、一九八三年）などがある。

(60)　『延喜式』民部省上130に「凡山城・阿波両国班田者、陸田・水田相交授之」とある。この点については辻雅博「古代の畠の制度について」（注(6)）に詳しい。

(61)　百万町歩開墾計画の研究史については、佐々木常人「百万町歩開墾計画に関する一考察」（『東北歴史資料館研究紀要』一〇、一九八四年）を参照。対象地域に関して全国説と陸奥説があるが、筆者は全国説をとる。村尾次郎氏が唱えた陸奥説の主旨は、この史料は、太政官奏①…又②…又③…又④…という構造になっており、①が陸奥按察使管内の特例措置、④が陸奥の鎮所への運穀の奨励、を内容とするので、対象区域が明示されていない②百万町歩開墾計画、③出挙利率の軽減、の二つの政策も、陸奥に関するものだということである。しかし、石母田正「辺境の長者—秋田県横手盆地の歴史地理的一考察—」（『石母田正著作集七　古代末期政治史論』岩波書店、一九八九年、初出一九五八年）が強調しているように、各政策は又によって区切られ、独立したものであると考えるべきである。そうすれば、対象区域が明示されていない②の百万町歩開墾計画は全国に関するものとすべきである。

その他の参考文献は、村尾次郎「百万町開墾計画」（『律令財政史の研究　増訂版』吉川弘文館、一九六四年、初出一九六四年）、国学院大学続日本紀研究会「「百万町開墾計画」の解釈について」（『続日本紀研究』四—六、一九五七年）、高橋富雄「奥羽の律令主義」（『蝦夷』吉川弘文館、一九六三年）、吉川篤「百万町開墾と三世一身法」（『駒沢史学』一四、一九六七）など。

なお、この計画と陸田開発との関係について、吉田孝「編戸制・班田制の構造的特質」（『律令国家と古代の社会』注(59)）は、「大規模な条里制開発によって造り出された開墾田のうちには、用水の関係で水田にできない陸田が存在していたと想定」（二一四頁）しており、弥永貞三「律令制的土地所有　補注八」（『日本古代社会経済史研究』注(11)）は陸田を耕地拡大政策のなかに位置づけるべきとする。

(62)『和名類聚抄』の田積の合計は段歩以下を切り捨て計算すると「八六万二七六七町」である。その成立を承平年間とすると、この数字は実態を表すかどうかはともかくとして、九世紀前半以前のものと考えてよいだろう。そうすれば、『和名類聚抄』の田積は一応水田のみを表すと考えられるので、陸田の面積も含めると、一〇〇万町歩が目標面積としてならある程度の蓋然性をもつ傍証にはなる。なお『和名類聚抄』の田積については、弥永貞三「『拾芥抄』及び『海東諸国紀』にあらわれた諸国の田積史料に関する覚え書―中村栄孝「海東諸国紀の撰修と印刷」の脚注として―」（『日本古代社会経済史研究』岩波書店、一九八〇年、初出一九六六年）を参照。

(63) 義解は字義の解釈という可能性も残るが、集解諸説に類似の注釈はなく、その可能性は低いと考えておく。

(64) 天平神護二年十二月五日伊賀国司解案（『大日本古文書　東南院文書二』三―二）および『大日本古文書（編年文書）五』。天平神護三年二月二十八日民部省牒案（『大日本古文書　東南院文書二』三―三五）および『大日本古文書（編年文書）五』。

(65) 最近の田図研究については、三河雅弘「班田図と古代荘園図の役割―八世紀中頃の古代国家による土地把握との関わりを中心に―」（『歴史地理学』二四八、二〇一〇年）を参照。

(66)『続日本紀』天平二年六月庚辰条。

(67) 天平十年駿河国正税帳（『静岡県史　資料編4　古代』静岡県、一九八九年）および『大日本古文書（編年文書）二』。

(68) 伊勢国計会帳（『大日本古文書（編年文書）二四』）。国立歴史民俗博物館編『正倉院文書拾遺』（便利堂、一九九二年）に写真がある。なお、伊勢国計会帳の年代については、鐘江宏之「伊勢国計会帳の年代について」（『日本歴史』五三七、一九九三年）を参照。

(69)『日本後紀』弘仁三年五月庚申条。

(70) 法隆寺資財帳については、法隆寺昭和資財帳編纂所『法隆寺史料集成一』（ワコー美術出版、一九八三年）および『大日本古文書（編年文書）二』により、元興寺資財帳については、日本思想大系『寺社縁起』（岩波書店、一九七五年）により、大安寺資財帳については、『大日本古文書（編年文書）二』によった。資財帳の翻刻には、松田和晃『索引対照　古代資財帳集成　奈良朝』（すずさわ書店、二〇〇一年）もある。

(71)　貞観十五年広隆寺資財帳（『平安遺文』一六八号文書）、元慶七年観心寺資財帳（『平安遺文』一七四号文書）。
(72)　『日本三代実録』貞観十八年七月二十二日条。
(73)　先述の「弘福寺領田畠流記」も、延暦十三年弘福寺文書目録（石上英一「弘福寺文書と山田郡田図」「資料1　山田郡所領関係文書」『古代荘園史料の基礎的研究　上』注(37)）では「弘福寺水陸田目録」と呼ばれているが、これは目録編纂時の呼称であって、文書作成時のものではないと考えるべきである。
(74)　『続日本紀』天平十三年三月乙巳条。
(75)　『続日本紀』天平十九年十一月己卯条。

〔付記〕
1　「日本古代の「水田」と陸田」（『千葉史学』三二、千葉歴史学会、一九九八年）を初出とし、近年の研究を参考にして大幅に改稿した。
2　再校段階において、中国湖南省郴州蘇仙橋遺跡から、「水田」「水陸田」などが記載された西晋期の木簡が出土していることを知った。直接継受したものではないと考えられるが、畑作中心の華北地方だけではなく水稲稲作の盛んな江南地方の制度を参考にした可能性の検討は今後の課題である。湖南省文物考古研究所郴州市文物処「湖南郴州蘇仙橋遺址発掘簡報」（『湖南考古輯刊』八、二〇〇九年）を参照。なお水田・陸田は『通典』食貨二水利田にも記載がある。

第二章　班田収授法の成立とその意義

はじめに

東アジアで最初に国家が形成された中国では、専制君主が成文法を制定し、官僚を通じて人民を支配するという体制がとられていた。この成文法は律令法を中核とするため、それに基づく支配体制の国家は律令制国家と定義できる。律令法は律令格式という法体系として隋唐期に完成し、列島社会はこの時期の中国法を継受することとなる。(1)したがって、日本の古代国家は中国国家の支配構造に規制された律令制国家として成立・展開することに一つの特徴がある。このことは発展段階の異なる中国の成文法である律令法が列島社会の慣習法(2)と融合して定着し、さらには改変していく過程として現象する。

律令法による支配という意味で、体系的法典である大宝令の施行は古代国家成立の大きな画期ととらえられる。(3)ここでいう支配の要素としては、人・物・土地の三つがあげられ、律令編目でいえばそれぞれ戸令・賦役令・田令に対応し、相互に密接な関係があるのが日本令の特徴である。このうち人については庚午・庚寅年籍が、物については調・養（庸）・贄の貢納があり、大宝令以前に実態を伴うことは明らかである。(4)それに対し、生産手段としての土地自体を国家が一元的に管理・把握するという意味での狭義の土地支配が大宝令以前に存在した明証はない。そもそも土地支配自体が歴史的に形成されていくものとして検証されるべきであろう。このように考えると、中国と列島社会の発展段階の違いは土地支配に最も明瞭に現れ、その展開過程において列島社会の特徴を検討することが可能となる。したがって、本章では列島社会における古代国家の特質を人・物・土地の支配が未分化な段階から、狭義の土地支配が分離していく過程としてとらえることを目的とする。

国家による支配は、令制前の王族・貴族と在地首長層が結びつくことによる大土地領有を否定する方向性をもち、支配機構によって人および租税の単位としての「戸」を把握することが中心となる。(5)したがって口分田を中心とした各戸の耕地支配を規定した班田収授法を検討し、その制度としての意味を検討しなければならない。

班田収授制は、中国の均田制にならって律令に規定された田制であり、土地公有が原則で良民・奴婢に口分田を班給し、六年ごとに作成される戸籍に基づいて収授されるというのが共通認識であろう。

ここで序章で検討した研究史における到達点について整理すると、第一に、班田収授法については、浄御原令段階において実質的な規定が確立し、大宝令で六歳受田制が成立したとするのが通説であるが、(6)浄御原令の田制・六歳受田制(7)には有力な批判があり、(8)再検討の必要が生じている。第二に、在地首長制論の提起(9)によって、日本古代の発展段階は低く、律令制成立期に私的土地所有の成立を認めない説が主流になっている。(10)第三に、班田制成立の前提として、在地首長制論に基づいた国造制的校班田を想定する説が有力である。(11)第四に、大宝令の班田収授制は唐令の屯田制的要素のみを導入し、墾田永年私財法において限田制的要素を加えることによって土地支配は深化したとする枠組みが通説化している。(12)これらの研究によれば、私的土地所有が確立していない時期つまりは成立期の班田制がいかなる性格のものかが、現在あらためて問題となるだろう。

また関連分野の研究によれば、①班田制と関連づけられていた条里制、②田制を記した出土文字資料、③定型的な国庁の三つが七世紀末には一般的に存在せず、大宝令制定時において班田制の施行を直接示す一次史料が未確認であり、班田を実施する国司の拠点である国庁も確立していないのである。

結局、八世紀前半まで班田収授制の実施を示す史料は存在せず、実施の根拠は主に大宝田令の解釈なのである。そこで本章では班田収授制解明のために、第一編で検討した天聖令の性格と第二編における新たな大宝令復原の両者を総括し、前章における大宝令制定以後における土地支配の深化の要素を加味することによって、班田収授法成立の意義を再検討する。また日本古代史の立場からどのように天聖令を取り扱うかという問題提起も行ってみる。[13]

一　天聖令の発見と大宝田令の復原

1　唐令復原と日本令研究の視角[14]

天聖令は北宋仁宗天聖七年（一〇二九）に制定され、唐令を基礎として作成されている。田令でみると、前半に現行法の宋令七条が、後半に現行法でない不行唐令四九条がある（図6）[15]。

後半は宋令に採用されなかった唐令がそのままの順序で載せられており、開元二十五年令であるという説が有力である（以後開元令と呼ぶ）[16]。前半の宋令は唐令を改変もしくはそのまま使用してるが、順序は唐令のとおりであるとされる。したがって開元令の大半が出現したことになり、宋令部分を配列しなおすことにより開元令全体（五六条）の復原が可能となった。その結果日本令（三七条）が参照したものに近い唐令とその配列が判明した。参考までに『唐令拾遺補』で復原された田令条文は四二条で、班田収授法が規定された養老21六年一班条・22還公田条・25交錯条に対応する唐令は未発見であった。それでは天聖令前半の宋令から開元令をどのように復原すればよいのだろうか（唐

図6　天聖田令概念図

1　諸田広一歩、長二百四十歩為畝、畝百為頃。
　　～
7　諸職分陸田（中略）限三月三十日、……
　　右並因旧文以新制参定
（1～7：**宋令7条**）

1　諸丁男給永業田二十畝、口分田八十畝、
　　～
49　諸屯課帳、毎年与計帳同限、申尚書省。
　　右令不行
（1～49：**唐令49条**）

図7　唐日令と天聖令の関係

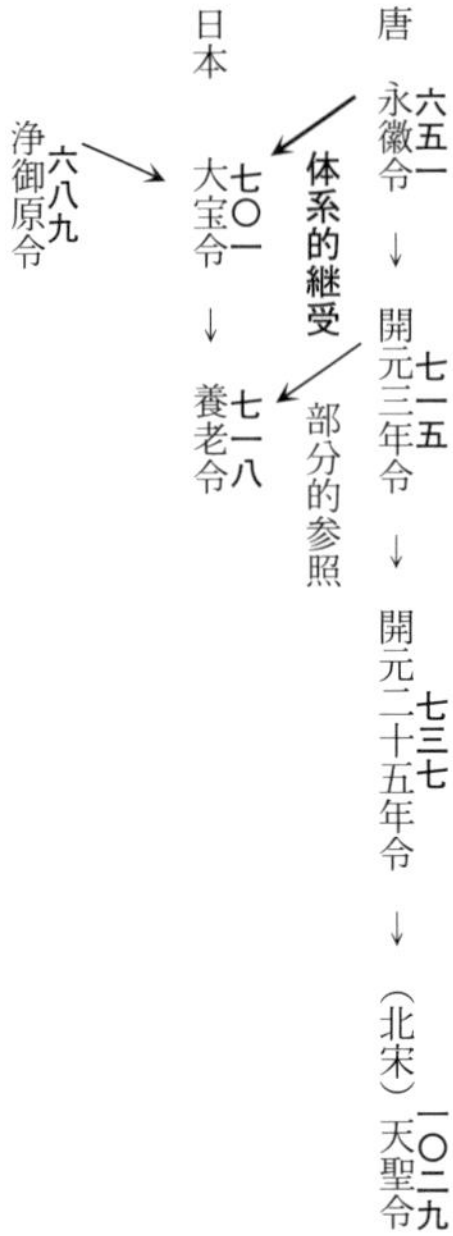

日令と天聖令の関係は図7を参照）。

まず天聖令発見以前の逸文による唐田令配列復原の研究を振り返ってみると、①養老令の配列に従う[17]、②『通典』の引用順に従う[18]、という二つの方法がある。①は便宜的に行われたやり方で、②は引用順という確実と思われる根拠に基づいたものだったが、天聖令によれば意外にも①のほうがおおむね正確なことが判明した。つまり日本令の作者は唐令の配列に準拠したということになる（唐日田令の対応については表9〈後出〉を参照）。

次に開元令の条文配列復原つまりは宋令部分をどう配列するかという問題が生じ、①『通典』の引用順に従い養老令の配列も併用するというもの[19]と、②養老令の配列に従う[20]という、二つの考え方がある。『通典』は条文群どうしの引用順には問題があるが、条文群内の引用順は唐令と矛盾がなく、養老令の配列も唐令そのままではなく一部改変されているため、本章では条文配列には『通典』の条文群内引用順と養老令の配列を併用するという方針で進める[21]。

それでは、開元田令はどう使用すればよいのだろうか。天聖令全文の分析を優先すべきとも考えられるが、宋令の比率が高い令が多いため、唐令の復原には困難が伴う。田令は唐令の比率が高いため復原が容易であり、ここを基点

として他令を検討するという方法は合理的である。他の令では唐令の比率は多くても半分程度で、田令の条件の良さは群を抜いている。(22) 次に宋令の分析が先決との考えもあろうが、中国には関連史料の残存が少ないため、日本田令研究の立場から検討するという方法も一つの有効な視点となる。

ここで唐令と日本令の関係をどのように考えるかという問題が生じる。田令について大まかに比較してみると、開元令と養老令には共通の要素が多く、大宝令は養老令より開元令に近い。したがって少なくとも日本令の存在部分について開元令と永徽令には親近性があるということは間違いない。(23) ただし唐日令を比較するにあたっては、開元令と永徽令が部分的に相違する可能性も考慮しなければならない。この問題を解決するため、本章では開元令のなかに大宝・養老令へと継受された要素が確認できればよいという立場をとる。以下、復原開元令を唐令と呼ぶ。

2　大宝田令の復原方法

唐日田令の関係について、日本令には、ある程度の独自条文が存在すると想定されてきたが、天聖令によれば大宝令のほぼすべての条文に基にした唐令が存在するということが判明した（表9）。つまり通説の想定が崩れてしまったため、大宝田令について全面的な再検討が必要となるのである。天聖令によれば、①唐令に起源をもつ部分と日本令で作られた部分の区別と、②手本とした唐令と改変した養老令の両者を使用した大宝令の復原が可能となってくる。旧来の大宝令復原は養老令のみを基準とするため、大宝令は養老令と同一か相異かの二者択一になりやすい。同一とみなされた場合は確実でない大宝令の逸文によって復原され、相異するとみなされた場合は、論理のみによって条文が作成される傾向がある。つまり、確実な史料的根拠に基づく復原がなされていないのである。

そこで天聖令を用いた大宝令の復原法として、以下の方法を提案したい。①古記に直接引用された確実な大宝令の

条文構成(唐)					唐令(開元二十五年令)			通典		大宝令	養老令		条文構成(日)				
大津	宋	渡辺	松田	服部	通	唐宋	条文名	食貨	職官	独自字句	番	条文名	服部	弥永	吉村	大町	石上
④給田Ⅱ	⑥公廨田・職分田	③公廨田・職分田	④公廨田・職分田	③官司官職に対する給田	37	唐32	在京諸司公廨田	26	1				③官職に対する給田	④特殊な田地に対する取り扱い方	④在外諸司職分田と駅田官田	③在外諸司職分田と駅田官田	④給田Ⅱ
					38	宋6	在外諸司公廨田	27	2	公廨田	31	在外諸司職分田					
					39	唐33	京官職分田	17 28	3								
					40	唐34	州等官人職分田	18 29	4	郡司職田	32	郡司職分田					
					41	唐35	駅封田	19		駅起田	33	駅田					
					42	宋7	職分田日限	30	5	公廨田	34	在外諸司職分田					
					43	唐36	公廨職分田										
					44	唐37	応給職田										
											35	外官新至					
⑤屯田	⑦屯田	④屯田	⑤屯田	④屯田	45	唐38	置屯	1		屯田	36	置官田	④屯田				⑤官田
					46	唐39	屯用牛	2									
					47	唐40	屯役丁				37	役丁					
					48	唐41	屯所収雑子										
					49	唐42	屯分道巡歴										
					50	唐43	屯所収藁草										
					51	唐44	屯収雑種運納										
					52	唐45	屯納雑子無藁										
					53	唐46	屯警急										
					54	唐47	管屯処										
					55	唐48	屯官欠負										
					56	唐49	屯課帳										

〔凡例〕
条文構成（唐）…唐令についての条文構成説
通…復原開元二十五年令の仮の通し番号
唐…天聖令の開元二十五年令通し番号
宋…天聖令の宋令部分について唐令を復原した部分の通し番号
条文名…唐令および復原唐令の冒頭部分を略記した仮の条文名
通典…通典に引用された唐令の順序　食貨（田制下・屯田）・職官（職田公廨田）に所在
独自字句…大宝令で養老令と大きく字句の異なるもの
番…日本思想大系『律令』における養老令の条文番号
条文名…日本思想大系『律令』における養老令の条文名
条文構成（日）…日本令についての条文構成説
〔条文構成案の文献（左から）〕
大津透「農業と日本の王権」『天皇と王権を考える 3』（岩波書店 2002）※石上説に従う
宋家鈺「唐開元田令的復原研究」『天一閣蔵明鈔本天聖令校証』（中華書局 2006）※唐令配列の復原が一部異なる
渡辺信一郎「北宋天聖令による唐開元二十五年令田令の復原並びに訳注」『京都府立大学学術報告 人文・社会』58，2006
松田行彦「唐開元二十五年田令の復原と条文構成」『歴史学研究』877，2011
服部一隆　本書第 1 編第 2 章
山崎覚士「唐開元二十五年田令の復原から唐代永業田の再検討へ」『洛北史学』5，2003　※唐令配列の復原が一部異なる　区分が詳細なため表に記載せず
弥永貞三「条里制の諸問題」『日本古代社会経済史研究』（岩波書店1980）
吉村武彦「律令制国家と土地所有」『日本古代の社会と国家』（岩波書店1996）
大町健「律令国家論ノート」『日本古代の国家と在地首長制』（校倉書房1986）
石上英一「日本律令法の法体系分析の方法試論」『東洋文化』68，1988　同『律令国家と社会構造』（名著刊行会1996）

表9　唐日田令の対照と条文構成説

条文構成(唐)					唐令(開元二十五年令)			通典		大宝令	養老令		条文構成(日)				
大津	宋	渡辺	松田	服部	通	唐宋	条文名	食貨	職官	独自字句	番	条文名	服部	弥永	吉村	大町	石上
①田積	①田畝面積	①田積	①田積	①個人に対する給田	1	宋1	田広	1			1	田長	①個人に対する給田	①田積と田租	①田積・田租	①給田の原則と付加規定	①田積・田租
											2	田租					
②給田Ⅰ	②民戸受田	②口分田永業田園宅地等	②給田		2	唐1	丁男永業口分	2							②給田		②給田Ⅰ
					3	唐2	当戸永業口分	3			3	口分田					
					4	唐3	給田寛郷	4									
					5	唐4	給口分田	5									
	③官人受永業田										4	位田		②土地の種類による取り扱い方			
					6	唐5	永業田親王	6		職田	5	職分田					
					7	唐6	永業田伝子孫	7			6	功田					
					8	宋2	永業田課種	8									
					9	唐7	五品以上永業田	9									
					10	唐8	賜人田	10			7	非其土人					
					11	唐9	応給永業人	11			8	官位解免					
					12	唐10	官爵永業	12			9	応給位田					
					13	唐11	襲爵永業	13			10	応給功田					
					14	唐12	請永業										
											11	公田					
											12	賜田					
	④寛郷園宅売買等				15	唐13	寛郷狭郷	14			13	寛郷					
					16	唐14	狭郷田不足	15			14	狭郷田					
					17	唐15	流内口分田										
					18	唐16	給園宅地	16			15	園地					
											16	桑漆					
③収授田Ⅱ				②土地に対する権利関係・収授	19	唐17	庶人身死	20					②土地に対する権利関係・班田収授	③所有権ないし占有権の移動	③田地の収授と田主の移動		③収授・用益
					20	唐18	買地	21			17	宅地					
					21	唐19	工商永業口分	22									
					22	唐20	王事没落外藩	23			18	王事					
					23	唐21	貼賃及質	24			19	賃租					
	⑤土地収授と非民戸受田		③収授		24	唐22	口分田便近	25			20	従便近				②給田の手続きと田主権の移動	
					25	唐23	身死退永業			身死応収田	21	六年一班					
					26	唐24	還公田				22	還公田					
					27	唐25	収授田				23	班田					
					28	唐26	授田				24	授田					
					29	唐27	交錯				25	交錯					
					30	唐28	道士女冠			神田							
					31	宋3	官人百姓				26	官人百姓					
					32	唐29	官戸受田				27	官戸奴婢			②		
					33	宋4	為水侵射				28	為水侵食					
					34	唐30	荒廃				29	荒廃			③		
					35	宋5	競田				30	競田					
					36	唐31	山崗砂石										

逸文を復原に使用する。②関連条文の古記をすべて矛盾なく説明できるかの検討を行う。③養老令と唐令の二点を基準としてその中間に大宝令を位置づけ、唐令になく養老令に存在する規定はどの段階で作成されたかにも留意する。①～③の手順をふまえたうえで、④a大宝令は可能な限り唐令を踏襲し、字句変更の場合も条文構成を維持する、b養老令段階での修正は大宝令における矛盾の解消が大きく、その際条文構成における極端な唐令の踏襲は弱まる、という全体的な傾向を利用する（第一編第二章）。これら①②③④の優先順位で、より確実な部分を復原し、大宝令復原方法の中核とする。

このように復原した条文を活用するために、以下の四点に留意する。①必要に応じて復原の困難な部分を推定し、その理由を明記する。②復原手続きをすませたうえで行論に使用し、復原段階で推論を交えないようにする。③唐令と大宝令の関係を検討するに際しては、直接的な継受関係がある大宝令を中心とし、養老令は大宝令の補足として使用する。④大宝令・養老令の各法意を明確化する。つまり唐令からどのように大宝令を作成したか、大宝令をどのような理由で養老令に改変したかという二段階で考えることによって、それぞれの法意が明らかになり、それによって復原の実証が完結する。

3　唐日田令の条文構成と大宝令

唐日令条文比較の方法については、「唐律令と受容国側の継受法の比較から受容国の社会構造・経済構造を分析する」[24]という方法が提起されている。しかし直接の継受関係がある唐令と大宝令はともに逸文しか存在せず、復原も困難であった。つまり、不完全な唐令と直接の継受関係がない養老令とを比較するという問題点が存在していた。ところが天聖令による復原によって、字句・配列ともにほぼ完全な唐令と大宝令の比較が可能となったのである。

唐日令の比較には、条文の配列だけでなく、配列の構成論理（条文構成）を明らかにすることが必要であり、そのためには条文構成の基準を定めなければならない。第一編第二章「日唐田令の比較と大宝令」の分析結果によれば、大宝田令は唐令の条文構成に規制されて意味づけを変更することがあり、作成意図と厳密に一致する条文配列にはならない。したがって、条文構成は唐令を基準として考えなければならない。

唐令の配列については①「個人に対する給田」と③「官司官職に対する給田」に類似の規定が分かれている点が気になるが（表9）、第一編第一章で検討したように『通典』は給田規定をひと括りにするために条文群どうしの配列を改変して引用したのである。唐田令は「北魏均田詔の規定を中核に、歴史的に展開してきた新たな地目や規定を順次増広・付加する」[25]いう理由により、両者の位置が相違したのだと想定できる。[26]

それでは唐田令の構成はどのように考えるべきかといえば、『通典』の引用によって表9のような四区分とするのが妥当である。①が「個人に対する給田」で、口分田・永業田・園宅地の支給面積であり、士農を対象とした給田規定である。寛郷・狭郷も面積の関連で入っていると考えられる。②は「土地に対する権利関係」で、収授法の規定が中心で、士農以外への給田も含まれる。③には「官司官職に対する給田」が、④は「屯田」の規定が記されている。そこで唐令と大宝令の構成を比較してみると、①は唐・日ともに「個人に対する給田規定」で、②は「土地に対する権利関係」という共通点はあるが、唐の収授法から大宝令の班田収授法への改変が、③は唐の「官司官職に対する給田」から大宝令の「官職に対する給田」へ、④は唐の「屯田」から畿内の御田としての「屯田」への改変が、それぞれ規定してあり、国家による人民支配の面では①②が中核部分となる。従来の研究では主に『通典』の引用を使用していたため、給田規定の検討が進展している。[27]それと比べて収授法を中心とした「土地に対する権利関係」については新発見条文が多いことから、現状では唐の収授法から大宝令の班田収授法への改変を検討することが必要となる。

以下、第二編「大宝田令の復原研究」に基づき、班田収授に関わる大宝令の主要規定について略述する。

4　大宝令における班田収授規定(28)

従来の研究では、浄御原令段階には受田資格に制限がなく、大宝令に至って六歳受田制が導入されるのが通説である。(29)これに対して反論もあるが、(30)田令班田収授規定全体の法意を検討していないという問題がある。

まず、班田制の主要条文である養老六年一班条・口分条をあげる。

凡田六年一班。〈神田・寺田不レ在二此限一。〉若以二身死一応レ退レ田者、毎レ至二班年一、即従二収授一。

凡給二口分田一者、男二段。〈女減二三分之一一。〉五年以下不レ給。（下略）

唐令では田を毎年収授するのに対して、養老令では「六年一班」というように、六年に一度班田を実施することになっている。そうすると、六年に満たない人には田を給うことができず、そのことが「五年以下不給」と記されているとするのが簡明である。つまり「六年一班」と「五年以下不給」は呼応した関係にあり、唐令にも存在しないため同時に規定された可能性が高い。さらに六年一班条の古記に「班、謂約二六年一之名」「初班、謂六年」と班のことを説明する記載があることは「六年一班」が大宝令に存在しないためであると考えられ、両者は養老令において規定されたとするのが妥当である。これに唐令からの継受関係を加味すると、大宝令の復原条文は下記のとおりになる。

凡以二身死一応レ収レ田者、初班三班収授、後年待二班田年一収授。

凡給二口分田一、男二段。〈女減二三分之一一。〉（下略）

それでは大宝令から養老令へと条文を改訂した理由としてどのような事情が考えられるだろうか。まず、大宝令では班田について、以下のa・b・c三つの規定が存在した（cはもう一つの主要条文である班田条）。

a　凡給㆓口分田㆒者、男二段。〈女減㆓三分之一㆒。〉（下略）

b　凡以㆓身死㆒応㆑収㆑田者、初班三班収授、後年待㆓班田年㆒収授

c　凡応㆑班㆑田（下略）

ここで問題となるのは、①bの死者の田をとる規定がcの田をわかつ規定の前にある、②田令に六年に一度班田する規定が存在しない、③班年以前の者も全員受田する規定になっている、④bの後半に「初班三班収授」以下の複雑な規定が存在する、という四点である。これらは唐令の条文構成を維持しつつ大宝令を作成したことによる矛盾であると考えられる。

次に養老令の条文は下記のとおりとなる（a・b・cと①から④までの数字は、上記の大宝令と対応）。

a　凡給㆓口分田㆒者、男二段。〈女減㆓三分之一㆒。〉五年以下不㆑給。（下略）

b　凡田六年一班。（中略）若以㆓身死㆒応㆑退㆑田者、毎㆑至㆓班年㆒即従㆓収授㆒。

c　凡応㆑班㆑田（下略）

①bのように田をとる「収授」の条文を田をたまう「班田」の条文に作り直してb・cの冒頭に班田の規定が並ぶようにし、②これもbにあるように大宝令にはなかった「六年一班」規定を作成する、③aにおいて全員給田でないことを明確化するために班年以前の未給者を「五年以下不給」により表す、④bの「初班三班収授」以下の複雑な規定を削除し、a・b合わせて「六年一班」「五年以下不給」という簡明な記載を作成するという変更がなされている。これらの修正によって養老令では複雑な規定であった大宝令の矛盾を、条文表記のうえで解消したということになる。

先行研究では、荒廃条は百姓（一般農民）による私的土地所有の発生を解明するための素材として百姓墾規定の存否を中心に検討され、墾田永年私財法へと続く文脈で理解されてきている。荒廃条は百姓墾を制限するという説[32]、荒廃条は百姓墾を奨励しているとする説[33]、百姓墾は慣習不文の法として認められているという説[34]がある。

5　大宝令における未墾地開発規定[31]

大宝田令荒廃条の復原に入る。まず、養老令の条文は下記のとおりである。

凡公私田荒廃三年以上、有㆓能借佃㆒者、経㆓官司㆒判借之。雖㆓隔越㆒亦聴。私田三年還㆑主。公田六年還㆑官。限満之日、所㆑借人口分未㆑足者、公田即聴㆑充㆓口分㆒。私田不㆑合。

其官人於㆓所部界内㆒、有㆓空閑地㆒、願㆑佃者、任聴㆓営種㆒。替解之日、還㆑公。

前半の二行が耕作されず荒廃した田（荒廃田）を借りて耕作（借佃）するという規定で、後半の一行が空閑地を開墾する規定となっている。古記に引用された「荒地」と「還官収授」という字句をめぐって多くの議論がなされてきた。天聖令を使用した復原によれば、大宝令の復原は下記のとおりであり、後半に「荒地」が存在し、百姓墾規定は存在しないことは確実である。

凡公私荒廃三年以上、有㆓能佃㆒者、経㆓官司㆒判借之。雖㆓隔越㆒亦聴。私田三年還㆑主。公田六年還㆑官。其私田雖㆑廃㆓三年㆒、主欲㆓自佃㆒先尽㆓其主㆒。限満之日、所㆑借人口分未㆑足者、公田即聴㆑充㆓口分㆒。私田不㆑合。

其官人於㆓所部界内㆒、有㆓荒地㆒願㆑佃者、任聴㆓営種㆒。替解日還㆑官収授。

したがって、大宝令で百姓墾は想定されておらず、未墾地（荒地）開発の主体は国司とされていることがわかる。

それでは先と同様に養老令への改定理由を考えてみると、①荒廃（田）と荒地の違いが不明確であり、②班年に田を収授する原則であったため「還官収授」と規定する、という大宝令が唐令を改変して条文を作成したことによる矛盾を、①荒地を空閑地と変更し荒廃田との違いを明確化し、②即時還公規定ができたため収授が省かれるという字句の変更によって、解消したことになる。

ここで本節で論じたことをまとめると、規定の形式については、①大宝令は唐令の収授法を班田収授法へと改変しており、②大宝令は唐令の体系的継受を行い、養老令は大宝令を通覧して修正したものであり、③班田収授法に関わる重要規定は大宝令段階で確立し、養老令における改変は大宝令の矛盾を条文上で解消しているだけで、実質的な改変はみられないということになる。規定の内容については、①班田収授法は口分田を最小限六年間用益することを認め、②未墾地の開発主体は国司と設定されている。

二 班田収授法からみた大宝田令の特質

前節までの考察をふまえて、班田収授法を中心とした唐日令の比較を行い、大宝田令の特質を論じる。

なお、大宝令は国家成立時の法であり唐令の体系的継受を行っていることから、大宝令が復原できる部分は大宝令を、復原できない部分は養老令を使用することにする。(35) また大宝令作成時は浄御原令制下であり、体系的法典を基礎とした律令制国家は存在しなかったため、田令の特質は編者の構想として検討する。

1 土地の制度から稲の制度へ

まず唐田令通1〔宋復原1〕田広条には、「諸田、広一歩、長二百四十歩為レ畝、畝百為レ頃」という耕地の面積規定があり、唐田令通36〔唐31〕山崗砂石条には「諸田有山崗・砂石・水鹵・溝澗之類、不在給限。若人欲佃者聴之」という耕作不適当地を給田から除外する規定がある。これらによれば唐令は純粋な耕地の面積規定といえる。次に唐賦役令通1〔宋復原1〕課戸条には「諸課戸、一丁租粟二斛」という丁租の額と、唐賦役令通4〔唐3〕租条には「諸租、准州土収穫早晩、斟量路程険易遠近、次第分配。本州収穫訖発遣。十一月起輸、正月三十日納畢」という輸納について記されており、租の収取の規定は賦役令に存在している。つまり唐令では田積は田令に、租は賦役令に規定されることになる。

これと比較してみると大宝令には、1田長条に「凡田、長卅歩、広十二歩為段。十段為町〈段租稲二束二把。町租稲廿二束〉」と田を稲作地とした面積あたりの田租規定があり、2田租条に「凡田租。准国土収獲早晩。九月中旬起輸。十一月卅日以前納畢。其舂米運京者。正月起運。八月卅日以前納畢」と田租の納入・運京規定がある。つまり唐令の丁租を田租とし、田令に規定している。稲以外の規定については、15園地条に「凡給園地者。随地多少均給。若絶戸還公」と園地の支給規定が、16桑漆条に「凡課桑漆。上戸桑三百根。漆一百根以上。中戸桑二百根。漆七十根以上。下戸桑一百根。漆卅根以上。五年種畢。郷土不宜。及狭郷者。不必満数」と桑漆の課種規定があり、両条は続けて配置されていることから桑漆をうえるための園地が田とは別に規定されていることになる。[36]非水田耕地を「園」とするのは、大宝令以前の「薗」の用法によるのであろう。[37]したがって田を稲作地として、そこから田租を収取し、輸納する一連の過程が田令に規定されていることがわかる。

それでは田租規定が田令にある意味は何だろうか。『日本書紀』には、大化二年正月甲子条（大化改新詔三条）に「初造戸籍・計帳・班田収授之法」（中略）凡田長卅歩、広十二歩為段。十段為町。段租稲二束二把。町租稲廿二束」、白雉三年条に「自正月至是月、班田既訖。凡田、長卅歩為段。十段為町。〈段租稲一束半、町租稲十五束。〉」と二カ所の引用があり、班田に関する記事に田長条が引用されている。このことは、班田において稲の収取が重要との意識が書紀の編者に存在したことを示す。

また「段租稲二束二把。町租稲廿二束」と田租の単位が出挙と同じく束つまりは穎稲であることからは、元来出挙と田租は一体であるという説によって[38]、田令は土地のみの規定でなく、稲の収取と密接に関係していることが想定できる。このことは大宝令作成時に機能していた「代」制が束代という同じく穎稲による収取制度であったことからもいえるだろう。稲の収取は、大宝令施行を契機に、田租（ないしその前身）と出挙稲の総体のうち、田租（ないし田租相当分）を穀として蓄積するようになったとされ[39]、稲の収取全体の一部を田租として割き取ったと位置づけられる。その他大宝田令には地子や田品といった規定が欠如していることも、土地自体の管理を意図したものであることを疑わせる。

したがって大宝田令は単なる土地制度ではなく、稲の収取と密接な関連をもっているといえる。

また、駅起田は駅戸の徭役労働で経営し、収穫を駅起稲に繰り入れ、その出挙利稲で必要経費を支弁したとする説もあり[40]、これが成り立てば駅田についても稲の制度を前提としているといえる。

つまり、中国では土地制度として規定されていた田令を、大宝令では以前から存在した稲の制度に読み替えて受容したということになる。

租が賦役令ではなく田令にあることを授田と賦課の非対応としたり[41]、未墾地を含む永業田の規定が存在しないことを熟田主義とする考え方[42]についても、田令に稲の収取制度を前提とした土地制度が規定されているとすれば説明できるのである。両者ともに国家による一元的な土地自体の管理把握がなされていない段階の現象であるといえよう。

2　給田体系の改変

唐の給田体系についてまとめると、a唐の口分田・戸内永業田は、丁男の永業田二〇畝・口分田八〇畝を基準として、性別・年齢・課不課によりすべての場合の給田額を定めており、b官人永業田は、官人身分による給田で、蔭によって子孫に伝えられる。c園宅地は、口の数によって給う宅辺の地で、d公廨田は、在京・在外の官司に対する給田、e職分田は、京官・外官の官職に対する給田で、f駅封田は、馬・驢ごとの給田である。

唐令と比較すると大宝令の給田体系はどうなっているだろうか。

a口分田は、唐令の口分田・戸内永業田から一元化され、男女・奴婢の差を除けば受田資格は記されておらず、戸籍に記載された全員に班田する規定で、最小限六年間の用益を保証することになっている。また唐令では寛郷の場合は規定どおりの満額支給、狭郷の場合は規定の半額支給となっているのに対し、大宝令では狭郷の場合の支給額が規定されていない。「依二郷法一、少々均分」（田令13寛郷条古記）とあるように、論理的には郷法によって少額の給田しかできなくてもかまわないようになっており、(43)田地不足への対応も形式上可能となっている。

bの位田・職田・功田は、唐令の官人永業田に対応し、その種類の共通性からは食封との関連が想起される。律令制段階とは異なる出挙運用を含んだ過渡的食封段階を設定するという説(44)は田制にも適用可能な論理であって、狭義の土地支配が存在せず、人・物・土地の未分化を反映していると考えられる。また大宝令における職田が位田と並んで唐令の官人永業田の箇所に配列されていることからは、職田が位田とともに、相続可能な私有地である永業田的性格を意図されていたという想定も可能である。これについては、唐令の永業（通13〔唐11〕襲爵永業条）を日本令では職田・位田（日8官位解免条）と書き替えた部分があるのも傍証になり、長屋王家木簡におけるいわゆる「御田」「御薗」

なども、位田・職田などが完全に律令給与化されていない状況を表すだろう。(45)

この後に、唐令に存在しない地目として公田・賜田がある。(46)

公田については、養老令では「賃租」対象地の無主田であり、大宝令においては、「賃租」が「販売」であったと考えられる。「賃租」は一年を限る売買としてとらえられており、これが「販売」という字句に表れているとすれば、「永売」のない遅れた発展段階を示すものであるといえるだろう。(47)

賜田は天皇の別勅により認められる地で面積の上限はない。天皇との人格的な関係に基づいた保障的役割を果たす地目であるといえる。具体的には、位田・職田・功田とされていた田が収公されるにあたって、一次的に賜田と認定するような使用法が考えられるのではないだろうか。『日本書紀』にも賜田記事が多く、これからも前代的なものといえるだろう。(48)ちなみに唐田令には地目としての「賜田」規定は確認されていない。

公田・賜田ともに発展段階の遅れた日本の現状に合わせて規定したため、唐令に該当条文が存在しなかった可能性が高いであろう。

c園地・宅地は、唐令における宅辺の土地としての園宅地規定を、非水田耕地としての園地と宅辺の宅地に分割している。(49)園地が令文上は収取作物としての桑漆と関連づけられているのは先述のとおりである。

d公廨田は、在外諸司公廨田で、唐令の公廨田が官司運営費であるのに対して、大宝令の公廨田は国司や大宰府という中央から派遣される地方官の官職に対する給与とされており、ここでも天皇との人格的な関係があると考えられる。つまり公廨田は官職に対する給田として一本化されている。公廨田穫稲を公廨とするという説によれば、(50)この事例も大宝令制定時の構想としては田・稲一体の可能性を示すことになる。なお大宝令は唐令の影響で公廨田としていたが、養老令では個人の官職に対する給田という字句の意味に従い職分田に変更している。

e職田は、唐令では官職に対する給田であるが、大宝令では現地で採用される郡司という官職に伴う職田としており、大宝3口分条「其地有二寛狭一者、従二郷法一」、大宝32郡司職分田条「狭郷皆随二郷法一給」とあるように、口分田が二段未満という狭郷の場合は口分田とともに郷法によって減額されることとなっている。その他の職田や公廨田には郷法規定はなく、原則として満額支給であると考えられる。ちなみに唐令の郷法は唐令通5〔唐4〕給口分田条に「諸給二口分田一者、易田則倍給〈寛郷二（三）易以上者、仍依二郷法一易給〉」とあるように、三易の場合は現地のやり方によれという易田支給に際しての規定にすぎず、大宝令は郷法の範囲を拡大解釈して規定しているといえる。また郡司職田は口分田とともに輸租田であるという共通点もある。さらに旧来から郡司職田の面積は多額であることが指摘されており(51)、近年郡司職田は地域支配者層の古くからの支配領域内の耕地を読み替えたものという説も提起されている(52)。したがって郡司職田は旧来の慣行に従うというしくみになっていて、口分田とも共通性があるということになる。

f駅起田は、唐では馬・驢の頭数を基準として支給される駅封田であり、大宝令では馬に一元化され、路を基準として面積が定められている(53)。養老令では駅田となる。

3　田地記載と籍帳

唐令による田地記載と籍帳について、「諸請二永業一者、並於二本貫一**陳牒**、勘二検告身一、并検レ籍知レ欠、然後録牒二管レ地州一、検勘給訖、具録二頃畝四至一、報二本貫一上レ籍」（通14〔唐12〕請永業条）と、官人が永業田を請う場合、本貫に申し出て戸籍に面積と四至を記載し、「凡売買皆須下経二所部官司一**申牒**上、年終彼此除附」（通20〔唐18〕買地条）と、地を売買する場合、所部の官司に申牒して互いの籍帳から除附し、「諸田有二交錯一、両〔主〕求レ換者、詣二本部一**申牒**、判二聴手実一、以レ次除附」（通29〔唐27〕田有交錯条）と、交錯した田を交換する場合は、本部に申牒して互いの籍帳から除附し、「諸公私荒廃三年以上、有二能佃一者、経二官司一**申牒**借レ之」（通34〔唐30〕公私荒廃条）と、借佃の際に申牒するなど、届け出て（申牒）から籍帳の記載が変更される（除附）しくみがある。現存の唐戸籍には手実に由来する田の面積と四至の記載があることも考え合わせると、唐令には手実によって田地が籍帳に記載され、それが個人からの申請により変更されるというしくみがあることになる。(54)

つづけて大宝令による田地記載をみてみる。3口分条の田地記載は「給訖、具録二町段及四至一」とあり、四至は大宝令文として復原できないし、仮に存在したとしても空文であった可能性が高い。また唐令が支給額を記すのみであるのと比較すると、この部分に唐令にはない町段を録す規定があるのは異例である。唐では戸籍に田地の面積・四至を記載しているが、(55)戸令には条文が発見されておらず、唐制では式に規定が存在した可能性もある。(56)通14〔唐12〕請永業条にある「給訖、具録二頃畝四至一」という同様の部分は、戸籍に記載する規定になっており、すでに指摘があるように、口分条の「給訖、具録二町段一」は戸籍に記載される法意とみるべきである。(57)そうすると、西海道戸籍は受田額の町段のみを記載していることから、上記の大宝令規定と合致することになる。(58)

それでは唐令に見られた申牒規定と除附について養老令をみてみると、17宅地条に「凡売二買宅地一、皆経二所部官司一**申牒**。然後聴レ之」という宅地の売買や19賃租条に「凡賃二租田一者、各限二一年一。園任賃租及売。皆須経二所部官司一**申牒**、然後聴」という田の賃租について申牒規定はあるものの、籍帳に除附する規定がない。これは大宝令においても同様であると想定され、大宝令では手実から籍帳へと田地が記載される関係が存在しないことが明らかになる。

4　収授法から班田収授法へ

唐田令通27〔唐25〕収授田条には、

諸応二**収授**一之田、毎年起二十月十（一）日一、里正予校勘造レ簿。至二十一月一日一、県令惣二集応レ退応レ授之人一、対共給授。十二月三十日内使レ訖、符下按（案）記、不レ得二輒自請射一。其退レ田戸内、有レ合二進受一者、雖二不課役一、先聴二自取一、有レ余収授。郷有レ余、授二比郷一。県有レ余、申レ州給二比県一。州有レ余、附レ帳申レ省、量給二比近之戸（州）一。

と毎年農閑期（十月～十二月）に田を収授する手続きを終えるという規定があり、これを収授原則規定と呼ぶ。次に、

通26〔唐24〕還公田条「其応レ追者、皆待レ至二**収授**時一、然後追収」

通27〔唐25〕収授田条「其退レ田戸内、有レ合二進受一者、雖二不課役一、先聴二自取一、有レ余**収授**」

通33〔宋復原4〕為水侵射条「諸田為レ水侵射、不レ依二旧流一、新出之地、先給二被レ侵之家一。若別県界新出、依二**収授法**一」（『宋刑統』）

通30〔唐28〕道士女冠条「諸道士・女冠受二老子道徳経以上一、道士給レ田三十畝、女冠二十畝。僧尼受二具戒一者、各准レ此。身死及還俗、依レ法**収授**」

通7〔唐6〕永業田伝子孫条「諸永業田、皆伝二子孫一、不レ在二**収授**之限一」

と先の原則規定を適用する規定群があり、これらを収授適用規定とする。唐令にはこれらが有機的に結びつくしくみがあり、この全体を収授法と定義できる。それでは唐令の収授手続きはどのようなものであったのかといえば、里正が予め簿を造り、県令が退し受ける人を集めて授けるしくみになっている。実際に里正が退田文書を作成し、県令が給田文書に署名した例もあることから[59]、中央派遣の県令と現地採用の里正が共同して簿を作ることになっており、そ

のために手実・籍帳の田地記載を参照することが可能であったということになる。また退す人と受ける人を集めて授けると、退受両者がいて県令が収授することになっているのも特徴である。十〜十二月ですべて終了するという規定からは、土地は里正が把握しているか、戸籍を転写するという文書行政上の処理であることが想定できる。したがって唐令の収授法とは田地の権利を変更するに際して、県令と里正が共同して毎年十〜十二月の農閑期に収授する手続きを終える規定ということになる。

それでは大宝令はどうかといえば、唐令の収授原則規定にあたるものがある。その前に通25〔唐23〕身死退永業条の退田規定をみてみると、

諸以二身死一応レ退二永業・口分地一者、若戸頭限二二年一追、戸内口限二一年一追。如死在二春季一者、即以二死年一統二入限内一、死在二夏季以後一者、聴下計二後年一為上レ始。其絶後無二人供レ祭及女戸死者、皆当年追。

と、戸内で死者が出た場合、死期によって退す年を決定するという手続きであり、通27〔唐25〕収授田条の収授原則規定の細則を定めたものである。大宝令では、この条文から「凡以二身死一応レ収レ田者、初班三班収授、後年待二班田年一収授」という大宝21以身死応収田条を作成しており、死者の田をかえす手続規定を収授の原則規定に作りかえている。これは元来各戸で用益していた田のうち死者の分をとり、新たに生まれた人にわかつという法意と考えられる。それは、24授田条古記に「取二無人之分一給二有人一、然則抄給総不レ合二収授一」と、死者の田を取り生者に給いすべてを収授しないという解釈があること、天平元年班田の記事に「班二口分田一、依レ令収授、於レ事不レ便。請悉収更班[60]」とあり、ことごとく収《と》り更にわかたないのが大宝令の規定だと判断できることからも裏づけられる。

それでは通27〔唐25〕収授田条の収授原則規定の条文はどうなっているのか。それは23班田条に該当し、

凡応レ班レ田者。毎二班年一。正月卅日内。申二太政官一。起二十月一日一。京国官司。預校勘造レ簿。至二十一月一日一。

総二集応レ受之人一。対共給授。二月卅日内使レ訖。　其収田戸内有合合進受者

と、班田規定に作りかえられている。

これは、田をわかつ班田（大宝23）と田をとる収授（大宝21）が一対の行為として別条に規定されているということになり、以身死応収田条が収授の、班田条が班田の規定で、両者あいまって班田収授法となる。このように考えてよいとすれば、改新詔の「班田収授之法」は大宝令による修飾であることが確実になる。養老令からは班田収授という考え方は読み取れない。

それでは唐令にあった収授適用規定はどうなったのか。大宝令では、田令神田条に「神田・寺田不レ在二**収授**之限一」、田令29荒廃条に「替解日還レ官**収授**」と、わずかながらその存在を示す痕跡がある。この二条が適用規定にあたり、原則規定と有機的に結びつくという唐令のしくみを形式上継受したものと考えられ、大宝令で成立したことになる。

また大宝令には一身間に与えられる田（身分之地）を班年にすべてとりさずけるという計班規定があるが、養老令では削除されている。たとえば、戸令10戸逃走条には、大宝令には「其地従二一班収授一」とあったものが、養老令では「其地還レ公」となり、田令18王事条の大宝令には「三班乃追」とあったものが、養老令では「十年乃追」となっている。

それでは班田手続きをみてみる。大宝令では六年一造の戸籍(61)に連動して六年に一度の班年に田の収授を行うことになっているが、これは唐の戸籍三年一造を六年一造にしたことに合わせたためであると考えられる。したがって班田年が生じ、太政官に事前報告するという過程が必要となってくる。また京国官司が簿を作成するというように簿の作成は国司（畿内は京職・国司）の作業とされている(62)。養老令によれば受ける人を集めて国司が授けるということになっており、国司が授けることが班田とされる。大宝令も同一であったとみてよい。さらに日本では手実・籍帳に田地記

載がないため唐令と同一手順による簿の作成は不可能となり、戸籍の記載から口数を抜き出し、班田額を決めることとなる。同様の理由で校田も必要となるのである。十〜二月まで丸五ヵ月かかるというように、唐令より期間が長いのは文書の書写以外に、六年間に蓄積した業務が含まれることも想定でき、唐日令の相違が班田遅延の一因になっていると考えられる。

三　班田収授法の意義と大宝令の制定

1　大宝令班田収授法の特徴と法意

それでは、大宝班田収授法の特徴と法意は何であろうか。前節の整理に基づいてまとめる。

第一に手続きの簡略化があげられる。造籍と班田については、唐の戸籍三年一造・毎年収授制を戸籍六年一造・六年一班としており、造籍・班田に関わる文書手続きを六年に一度とすることが主旨と考えられる。すべての田を班年に収授し、そのために収授規定や田の収授を班で数える計班規定を導入したのは、班田を六年一造の戸籍に対応させる目的である。戸籍に記載された全員に授田するというのは年齢・男女・良賤による受田資格が存在しないということになる。西海道戸籍に記載された口分田の額は一律であり、田数を戸籍記載者数で割るという計算上の数値であることを考え合わせると、導入当初は文書行政上の処理にすぎなかった可能性も考えられる。(63)

第二に田地に対する国家の権限の弱さがあげられる。各戸による田の保有が前提で、死者の田を生者に割り当てる規定であるのは、権利の移動が最も少ない形式であり、国家の権限はそれほど強く設定されていないことがわかる。

国司が班田を行う、具体的には簿を作り、受田者に授けるというのは、田を国司の管理下に置くという意志の現れであり、国家の権限が弱い田地に対して、関与を深めていく意図である。

第三に大宝令制定当時の慣行を活用したことがある。まず稲の制度を前提としており、土地だけの規定ではなく、旧来の稲の収取を取り込んでいる。これは稲の収取を媒介として土地支配を表す段階に適応しているといえる。次に旧来の土地関係に変更を加えないことになっている。王族・貴族の大土地領有を急激に廃止しない措置で、位田・職田・功田などや最終的には賜田の規定を適用することによって、実質的に旧来の所領を保持することが可能となる。(64)また郡司職田・百姓口分田については、国司の公廨田を確保した後、郷法によって実情に合わせて田積を減少することができる。さらに百姓の積極的な経済活動を前提としていないことになっており、荒廃条には未墾地開発の主体を国司と設定していることから、在地の有力者を郡司に編成する構想のため、百姓の未墾地開墾を想定していないことが考えられる。

これらを要するに、大宝田令は形式としては唐令を継受しながらも、条文の改変や読み替えによって列島に存在した慣習法的要素をそのなかに盛り込んでいるということになる。

2　班田収授法の成立

上記の特徴をふまえて、大宝令班田収授法成立までの経緯をたどってみる。

大宝令以前については、大化二年（六四六）の改新詔第三条に「初造㆓戸籍・計帳・班田収授之法㆒」(65)とあるが、「班田収授」は先述のとおり大宝令の概念である。『日本書紀』白雉三年（六五二）に「自㆓正月㆒至㆓是月㆒、班田既訖」(66)とあるのも、「正月」は23班田条「毎㆓班年㆒。正月卅日内。申㆓太政官㆒」(67)の記載によると考えられ、改新詔の六年後であり、「班田収授之法」を造った後の施行記事として記されているといえる。同年四月の後の「是月」にある「作戸籍」[68]も「五月卅日内訖」[69]という戸籍の制作期限によるのであろう。したがって上記は大宝令による修飾であり、実施された確証はなく、仮に何かされたとしても国司が実施する班田とつながるとはいえない。

班田制との関わりで問題となるのは、東国国司詔である。[70]大化元年（六四五）八月に派遣された東国等国司の職務には「作二戸籍一及校二田畝一」[71]との造籍と校田があるが「班田」という字句はなく、書紀編者は東国国司の職務を班田とみなしていない。校田は「墾田頃畝」[72]とあるように田地の面積調査であって、「以二収数田一、均二給於民一。勿レ生二彼我一」[73]と校出田を伴うものであった。とはいえ現地に来て間もない東国国司には田地の位置を確認する手段がないため、校田作業は国造等の在地首長層に頼らざるを得ない。したがって造籍・校田を行いうる権限が在地首長層にあるとする考え方は妥当である。[74]つまりこの時期の田制は、在地首長層に依存している段階といえる。

浄御原令期には『日本書紀』持統六年（六九二）九月辛丑条に「遣二班田大夫等於四畿内一」とあり、後の畿内班田使に共通しているため、班田大夫という天皇の使が畿内において班田を実施したことが想定できる。しかしこの記事から大宝令制のような国司が主体となった全国的な班田を読み取ることはできない。

浄御原令段階には、「熟田百代、租稲三束」という「令前租法」が存在していた可能性が高いとされるが、[75]「令前」は大宝令以前という意味であり開始時期は明確でない。少なくとも単位が束であることから、先述した大宝田令制定時における稲の収取を媒介とした土地支配を表すといえる。しかし、大宝令施行以後のように国司の関与は強くなく、耕地の割り当ては在地首長やそれを官人に編成した評司などに依存した段階であり、[76]班田制成立の画期とまではいえない。

この段階の班田制は、畿内のみについては班田使を派遣して中央からの一元的な管理をしていたものの、全国的には在地首長に依存して百代から三束の租を徴収するという原初的な形態であったといえよう。評司など官人制の萌芽はみられるが、いまだに在地首長層に依存した段階であるといえる。

それでは、大宝令の制定にはどのような意味が見いだせるのだろうか。大宝令制定時（浄御原令段階）の状況は地方支配の拠点と財政基盤が評家・評稲で、在地首長の力をそのまま用いている段階であり、地方支配のためには支配機構としての「国」を創出することが急務であったといえる。出土遺構の検討によっても、当時の地方支配は郡家（大宝令以前は評家）を拠点としていたとされ[77]、「国庁」があったとしても郡とさしてかわらないものとされている[78]。『続日本紀』には「国」が頻出することから、その位置は定まっていると想定できるが、支配の拠点としては郡家から隔絶したものではないというのが大宝令制定時の実態ではないのだろうか。「国謂二大郡一耳」（儀制令17五行条古記）というのもそのような意識の現れであろう。

このような状況において大宝令の班田収授法は、全体として唐令収授法の体系を継受しながら、列島の実情をふまえた班田収授法へと改変し、国司が土地割り当てを行うことで、権限が弱い田地に対して関与を深めていく意図をもつ制度として導入された。この段階の土地管理の特徴は、大宝の西海道戸籍や全国的に作成されたと考えられる和銅二年の田記にみられるように[79]、国郡以下は町段のみで四至記載がなく[80]、作成された「簿」（田令23班田条）にも「戸頭姓名、口分町段[81]」しか記されていない[82]。つまり現地の郡司に依存しなければ位置の特定ができず、まだ国司を中心とした中央からの一元的な管理ができない状況である。

大宝令の制定は、体系的法典の完成という意味では画期となるが、その内容は郡司に編成された在地首長による田地支配に依存したものであり、ようやく国司による土地支配が始まった段階であるといえる。施行時においては先述のとおり、おおむね旧来の土地支配を追認した可能性が高いであろう。

3　班田収授法の施行と展開

そこで大宝令制定以後はどう考えられるのだろうか。まず法制史的視点として述べたいのは、養老令の改変は大宝令の矛盾を条文上で修正したものが多く、実質的な変更は少ないということである。旧来は大宝令から養老令への改変に実質的な意味があり、政策の変更があるといわれてきたが[83]、そのようにとらえなければならない根拠はない。しかも養老令の施行に際して何らかの変化があったという史料も存在しない。むしろ単行法令としての格によって、令規定を少しずつ改定していった、もしくは大宝令によって打ち出された大綱が実施されてきたと考えるべきである。近年では日本令について、大宝元年による律令の制定を重視し、養老令はそれに修正を施したものという説も提起されているのである[84]。

大宝令施行後に、国司の権限が大幅に拡大されたとするのは通説であり[85]、近年では上記の考えに基づき、天聖令による新たな考証から、国司の地方財源における権限は低く、令制国司制の制度的確立によって国司を介した地方社会における稲の管理が可能になったという説も提起されている[86]。これらのことは、田制とも密接に関係しているはずで、田制だけが先行して確立されたとする想定は困難であろう。以下これらの研究の成果によって、大宝令施行後の田制の展開について素描してみる。

大宝元年（七〇一）四月には大宝令の施行に先立ち「罷二田領一、委二国司巡検一」[87]と、中央から個別に派遣された田領に代わって、諸国における田の管理が初めて国司に委ねられる。大宝令制定後に国司の権限が拡大されることを考えれば、田領の権限はそれ以下であり、在地首長層に依存した土地管理しか行っていないと考えられる。これ以前に中央が確実に直接管理していたのは、先述した持統六年の班田大夫派遣の記事から、畿内のみであろう。少なくとも大宝以前と以後には段階差があることは間違いない。

　ついで大宝元年六月には「勅、凡其庶務一依二新令一。又国宰・郡司貯二置大税一、必須レ如レ法。如有二闕怠一、随レ事科断。是日、遣二使七道一、宣下告依二新令一為レ政、及給二大租一之状上」[88]、同二年二月には「諸国大租・駅起稲及義倉、并兵器数文、始送二于弁官一」[89]、「諸国司等始給レ鎰而罷。先レ是。別有二税司主鎰一。至レ是始給二国司一焉」[90]とあり、大宝令の施行に伴って大租・大税が整備されていることがわかる。従来の税司が鎰を管理していた段階は、中央からの個別の使という点[91]で先の田領と同質のものであり、中央派遣官の国司が鎰を管理することによって、初めて国家的な田租制が成立したとみるべきである。このように大宝年間の単行法令の施行によって国家的な稲の収取制度は確立したため、それ以前とは一線を画して考えなければならない。国司による田地への関与とそこからの稲の収取が制度化されたという点からみて、この段階を班田制の確立とみるべきである。

　慶雲三年（七〇六）には「遣二使七道一、始定二田租法一。町十五束」[92]とあり、大宝令では一町ごとに二二束であった田租が一町ごとに一五束という、大宝令以前の租法である一〇〇代ごとに三束に戻されている[93]。田租の徴収額自体には変化がなかったと考えられ[94]、『日本書紀』白雉三年（六五二）に「段租稲一束半、町租稲十五束」[95]とあり「成斤」による徴収が一般的であったことや、近年「斤」を単位とする「貸稲」の木簡が指摘されていることは[96]、この制度がある程度定着していたことを示すだろう。また田令1田長条では「段租稲二束二把。町租稲廿二束」と段があれば無用とも思える町の規定があり、『令集解』古記所引の慶雲三年格や『続日本紀』でも町単位でしか記されていない。さらには「五百代」表記[97]の存在から、町の区画は重要視されており、この単位を基準として田租が徴収もしくは集計されていた可能性もあるだろう[98]。

　和銅二年（七〇九）には、前章で検討したように、諸寺の田記が全国的に作成され、所在の国郡（および村）と面積が記された。しかし四至が記されていないように、いまだ郡司に依存しなければ位置の特定ができない段階である。和銅四年には、「詔曰。親王已下及豪強之家、多占二山野一、妨二百姓業一。自今以来、厳加二禁断一。但有下応レ墾二開空地一者上、宜経二国司一、然後聴二官処分一[99]」とあり、王臣家が山野を占めることを禁止するが、空地を墾開する者は国司に申請して太政官の処分を聴くこととなっている。空地に限って墾開のための占地が認定されたとみてよいであろう。和銅五年には国司の巡行の際に「田疇不レ開」が、郡司の成績判定に用いられ[100]、田地経営が監督されることとなった。和銅六年には諸寺の田記が改正され[101]、格の制限面積を過ぎて占めた田野を還収する[102]など、寺院の田地管理も強化されている。

霊亀三年（七一七）五月には租の確実な徴収のために青苗簿が制定され[103]、「以二大計帳・四季帳・六年見丁帳・青苗簿・輸租帳等式一、頒二下於七道諸国一[104]」と青苗簿・輸租帳などの稲の収取に関する帳簿が整備される[105]。天平期には「遭レ損戸、及売二買田一口」の「夾名」を記した「郡青苗簿」があり[106]、霊亀段階にこれより進んでいたことは考えられないだろう。これも田地に即して租を徴収しようとする試みであるといえよう。

養老三年（七一九）には天下民戸に支給された陸田から地子が徴収され[107]、土地管理の深化がうかがえる。養老六年には、百万町歩開墾計画[108]が、養老七年には三世一身法[109]が発令され、それぞれ未墾地における国家的開発と私的開発が奨励されたのである[110]。

以上のように、土地支配の進展については、班田収授法を契機として文書による土地自体の管理が始まると考えるのが妥当で、具体的に使用されたのは簿・田文といった文書類であろう[111]。その契機としては「国」が確立することによって、地方における文書行政の拠点となることが想定できる。発掘事例によれば、左右対称の定型的な国庁の成立は八世紀前半から中頃とされ[112]、大宝律令の施行から遅れることを想起すべきであろう。

土地管理の深化という意味で法制的な画期ととらえられるのは天平元年（七二九）の班田である。天平元年三月には「班二口分田一、依レ令収授、於レ事不レ便。請、悉収更班。並許之[113]」とあり、死者の田を生者に配分するだけという大宝令の規定どおりではなく、全面的な収公と班田を請求して許可されている。このことが実施されるためには、個々の口分田の面積と位置が把握されていることが前提となる。さらに十一月には、班田の方針が発令され[114]、①畿内における位田を中心とした田の交換、②畿内と外国への職田の配分、③田の交換・配分に関する田品規定、④国司墾田・百姓墾田の収公、⑤陸田の収公が記載されており、前章の検討によれば田に水田・陸田が含まれるという制度も開始されたと考えられる[115]。

このような全面的な収公を伴う班田が実施されるためには、口分田をはじめとした諸田が国ごとに面積と位置・田品を把握され、それが中央つまりは国司によって一元的に管理されている必要がある。その前提として班田図もしくはそれと同様の機能をもつ帳簿が存在していた可能性は高いだろう[116]。八世紀中頃以降の班田図には一町に相当する区画と、その区画ごとに条里呼称や田をはじめとした家・野・山などの地目が記載され、田に関しては区画ごとに面積・田主名が記されていたとされる[117]。初期の班田図にどこまでの記載があったかは定かでないが、最も基本的な機能である一町ごとに田の面積と田主名を記すということは想定してよいであろう[118]。残存する班田図によると[119]具体的には、国・郡・里・町区画（後の坪）・田積および町区画内の田主・田積の記載となる。つまり国司は一町単位で田積・田主を現地に即して把握することができたのであり、これは町ごとの位置表示機能と定義できる。ここに至って在地首長である郡司に依存せず、国家が国司を通して田地を直接支配することが制度的に可能となるのである。このような班田図の整備は、「天平元年図[120]」の存在から上限を天平元年とし、最初の四証図[121]の年代から天平十四年を下限としてよいであろう。

ここで、田図・田籍・田文の成立について整理してみる[122]。『令集解』古記によって天平十年頃の法意識を一覧すると、まず「具録㆓町段及四至㆒」とある養老田令3口分条古記には言及がなく、先述のとおり本条は戸籍に記す法意と想定できる。ついで田令23班田条古記には「預校勘造㆑簿」という令文に「謂造㆓田文㆒」との注釈があり、造籍の後年に田簿を作る理由として「依㆑籍造㆓田文㆒」とするなど、田を給授するために戸籍から作成する簿のことを田文といっている。さらに公式令66公文条では「凡公文悉作㆓真書㆒。凡是簿帳・科罪・計贓・過所・抄牓之類、有㆑数者、為㆓大字㆒」という令文について、古記は「簿帳」は「大税帳・計帳・田籍等之類」とし、同83文案条では「凡文案、詔勅奏案及考案・補官解官案・祥瑞・財物・婚・田・良賤・市估案如此之類常留」との令文に、古記は「田謂田図也」としており、田籍は大字を使用する公文であり、田図は常留することがわかる[123]。初出は田籍が「天平十四年寺田籍[124]」であり、田図は引用ながらも「天平元年図」であり、四証図の初めである天平十四年には確実に存在したはずである。以上から、単純に考えると公文としての田籍・田図は天平期というほぼ同時期に成立したとすることが妥当であろう[125]。ただし、それ以前から給授のために田文を作成したことは考えられるが、大字を使用するような公文とは認識されていないだろう。

したがって、天平期前後に中央による土地の一元的管理・把握が始まるとみてよい。ここに至って、稲を媒介とした土地支配の段階から、土地自体の管理・把握つまりは狭義の土地支配が始まったといえる。

4　班田収授法の意義

以上の班田収授法成立からその実施・展開の過程はいかに評価すべきだろうか。

班田収授法は、在地首長が耕地割り当ての権限をもっており、稲を媒介とした土地支配が行われていたという制定時の実情に合わせて作成された。その目的は、国司が耕地割り当てに介入することによって田地支配を強化することである。つまり当時の土地支配は天皇と在地首長の人格的関係を基礎として成り立っており、班田収授法は、このような首長制的土地支配段階に適応した制度といえるのである。これは列島社会における慣習法を基礎とした制度といえよう。

ところが大宝田令は施行されて以後、次々と制度が変更される。これは当時の実情に合わせるという大宝令制定時の想定以上に土地支配が進展していく過程であり、天平元年を契機として国家による一元的な土地自体の管理・把握つまりは狭義の土地支配が始まるのである。その要因としては、国を拠点とした文書行政の確立があげられ、とくに田地の位置表示機能がある田図の成立が重要である。この段階になり初めて国という機構による土地支配、つまりは国家的土地支配が成立したといえよう。天皇と在地首長との人格的関係は、国司とその下僚としての郡司の関係に変わっていくのである。これらは、唐令を継受しつつも慣習法に基づいて制定された大宝令が施行されるにしたがって改変されていき、田図という日本独自と考えられる土地管理制度を形成していく過程であると評価できる。[126]従来首長の稲であった出挙稲が官稲混合という形で国家財政に組み入れられたのも、土地支配の進展と関連があるのではないだろうか。

このような位置表示機能がある田図の存在という前提のもとに、天平十五年（七四三）の墾田永年私財法[127]によって未墾地の占定が可能となり、天平勝宝元年（七四九）の寺院墾田地許可令[128]を根拠として大規模な占定が実現されていき、初期荘園の展開へとつながるのである。八世紀中頃に成立する条里プランもこの動きと軌を一にしているといってよい。[129]

田図によって土地管理が確実にできるようになると、国司が耕地割り当てに関与するという形式の班田収授法は論理的に不要になっていくのであろう。したがって、同法は田図による一元的な土地管理が完成することによって制定時に意図された役割を終えたという想定が可能である。つまり大宝律令の制定以後、土地支配はしだいに進展していくが、大宝律令制定時の構想どおりに進んだわけではないということになろう。[130]

以上のことから、班田制は在地首長に依存した土地支配から国家的土地支配が成立するまでの過渡的な段階の制度であるということになる。

5　班田収授法からみた大宝令の制定

大宝田令をどうみるかという点については、大宝養老田令は未完成で墾田永年私財法で完成したという考え方や、[131]大宝田令は新開田の発生を予想し完成度が高いとする考え方が提起されている。[132]ここで大宝令作成時の実情を想起すると、浄御原令は不十分であるため体系的法典に基づいた律令制国家は存在しておらず、大宝令の内容には多分に想定を含むこととなり、成立以後の展開は予測不可能である。また本章の検討によれば、唐令の体系を継受しつつも実情に合わせるということもなされている。したがって、大宝田令は唐田令の体系的継受を行うなかで制定当時の現状における完成を期したものであるとするのが妥当である。

唐律令の継受とは、体系的な唐律令（格式）から体系的な大宝律令を作成するという作業で、そこには何らかの法則性が必要となる。したがって大宝律令は唐律令条文に規制され、継受の枠内で独自性が記されることになる。なおここでいう体系性には、令の各編目および律の存在が必要であり、個別の法が集められただけでは体系とはならない。次に田令の検討を通してみた体系的継受の方法は、根拠をいちいち唐律令に求めながら条文を作成するというものだった。このように考えると体系的継受は一度だけであり、大宝律令制定の意義は大きいことになる。[133]

また慣習法が成文法化される場合、唐令継受のなかに制定されることとなる。つまり唐令に典拠をもつことが重視され、慣習法がそのままの論理で成文法とはならないことに留意が必要である。本章の検討でいえば、稲の収取において田租と出挙（貸稲）は密接に関係しているが、律令ではその編目にしたがって田令と雑令に切り分けられているのである。逆に継受された唐令の論理を除いていけば、そこに慣習法を明らかにすることも可能となる。

おわりに

本章では大きく二つのことを論じてみた。まず、日本史研究から天聖令を使用する方法論について、①唐令と大宝令の比較、②大宝令の復原方法、③唐令・大宝・養老令の法意研究という面から新たな問題提起をしてみた。

次に大宝田令からみた班田収授法の特質について、①唐令の体系的継受は大宝令段階であり、養老令はその修正である、②大宝田令は唐令を継受しながらも、制定時の実情に合わせて作成されている、③大宝班田収授法は唐令の収授法を簡略化および改変して作られている、④班田収授法には権限が弱い田地を国司の管理下に置くことによって国家が関与を深めていく意図がある、⑤大宝田令は稲の収取を媒介として土地を支配する段階に適応している、とした。さらに、班田制の成立・展開過程について、①浄御原令段階に班田が実施されたのは畿内のみで、全国的には一〇〇代三束の租を徴収する原初的な制度として始まり、②大宝田令の制定と穀による租の徴収の開始によって班田制は確立した、③天平元年を契機にして大宝令では想定していなかった田地の位置特定機能をもつ田図を使用した土地自体の管理・把握が始まった、④班田収授法は田図による一元的な土地管理が完成することによって制定時に意図された役割を終える、⑤以上のことから班田制は在地首長に依存した土地支配から国家的土地支配が成立するまでの過渡的段階の制度であると位置づけられる、という点を指摘した。

加えて、大宝令の制定について、①大宝田令は唐田令の体系的継受を行うなかで制定当時の現状における完成を期したものであり、②唐律令の継受とは、体系的な唐律令から体系的な大宝令を作成する作業で、継受の枠内で独自性は記されることとなり、③唯一の唐律令の体系的継受である大宝令制定の意義は大きい、ということを確認した。

以上を要するに、班田収授法は、在地首長が支配していた田地を国司の管理下に置くことで国家的土地支配を実現するという目的で大宝令段階に制定され、田図による国家的土地支配が成立するまでの過渡的制度だったということになろう。

注

（1）　滋賀秀三「法典編纂の歴史」（『中国法制史論集　法典と刑罰』創文社、二〇〇三年）。

（2）　本章では律令法以外の列島社会における慣行を広く慣習法と呼ぶ。法と社会の関係やその展開過程を説明しやすいという理由からである。慣習法概念については、長谷山彰「あとがきにかえて—古代における慣習法概念—」（『律令外古代法の研究』慶応通信、一九九〇年）を参照。また世界史的な法概念については、千葉正士『世界の法思想入門』（講談社、二〇〇七年）に概要が整理されている。

（3）　体系的法典としての大宝令の性格は、第一編第一章「天聖令研究の現状」を参照。大隅清陽「大宝律令の歴史的位相」（大津透編『日唐律令比較研究の新段階』山川出版社、二〇〇八年）において問題が整理されている。

（4）　これらの班田制の前提となる主要研究は、序章「班田制研究の課題」を参照。

（5）　これらの点については近年研究が進められている。北村安裕「古代の大土地経営と国家」（『日本史研究』五六七、二〇〇九年）は、大土地経営とそれに対する国家の規制を具体的に検討している。従来の土地制度史と大土地領有論を融合する試みである。また、三谷芳幸「律令国家と校班田」（『史学雑誌』一一八―三、二〇〇九年）は、経営体としての戸の創出が校班田の目的とする。今後深めていくべきテーマであろう。

（6）　虎尾俊哉『班田収授法の研究』（吉川弘文館、一九六一年）。

(7) 鎌田元一「大宝二年西海道戸籍と班田」(『律令公民制の研究』塙書房、二〇〇一年、初出一九九七年)。
(8) 明石一紀「班田基準についての一考察—六歳受田制批判—」(竹内理三編『古代天皇制と社会構造』校倉書房、一九八〇年)。
(9) 石母田正『日本の古代国家』(岩波書店、一九七一年)。
(10) 吉村武彦「律令制国家と土地所有」(『日本古代の社会と国家』岩波書店、一九九六年、初出一九七五年)、河内祥輔「班田収授制の特質」(『歴史学研究別冊特集—一九七六年度歴史学研究会大会報告—世界史の新局面と歴史像の再検討』一九七六年)など。
(11) 吉村武彦「律令制的班田制の歴史的前提について—国造制的土地所有に関する覚書—」(井上光貞博士還暦記念会編『古代史論叢　中』吉川弘文館、一九七八年)。
(12) 吉田孝「墾田永年私財法の基礎的研究」(『律令国家と古代の社会』岩波書店、一九八三年、初出一九七二年)。
(13) なお、本章は広範な問題を取り扱うため、参考文献は例示的なものであることをお断りしておく。
(14) 詳細は第一編第一章「天聖令研究の現状」を参照。
(15) 天聖令全体については、天一閣博物館・中国社会科学院歴史研究所天聖令整理課題組校証『天一閣蔵明鈔本天聖令校証　附唐令復原研究　上・下』(中華書局、二〇〇六年)により、天聖田令は第一編第二章「日唐田令の比較と大宝令」による。また天聖田令の解釈については、渡辺信一郎「北宋天聖令による唐開元二十五年令田令の復原並びに訳注」(『京都府立大学学術報告　人文・社会』五八、二〇〇六年)を参照。
(16) 岡野誠「天聖令依拠唐令の年次について」(『法史学研究会会報』一三、二〇〇九年)を参照。
(17) 中田薫「唐令と日本令との比較研究」『法制史論集一』(岩波書店、一九二六年、初出一九〇四年)、仁井田陞『唐令拾遺』(東京大学出版会、一九六四年、初刊一九三三年)。
(18) 石上英一「日本律令法の法体系分析の方法試論」(『東洋文化』六八、一九八八年)、同「貢納と力役」(日本村落史講座編集委員会編『日本村落史講座4　政治Ⅰ　原始・古代・中世』雄山閣出版、一九九一年)、同『律令国家と社会構造』(名著刊行会、一九九六年)。仁井田陞著・池田温編集代表『唐令拾遺補』(東京大学出版会、一九九七年)。
(19) 戴建国「唐《開元二十五年令・田令》研究」(『歴史研究』二〇〇〇年二期)。
(20) 宋家鈺「唐開元田令的復原研究」(『天一閣蔵明鈔本天聖令校証』注(15))。
(21) 第一編第一章・第二章を参照。復原開元二十五年田令については、第一編第二章「日唐田令の比較と大宝令」による。

(22) 第一編第一章「天聖令研究の現状」参照。

(23) 第二編「大宝田令の復原研究」の各章を参照。

(24) 石上英一「比較律令制論」（『律令国家と社会構造』注(18)、初出一九九二年）一四七頁。

(25) 渡辺信一郎「北宋天聖令による唐開元二十五年令田令の復原並びに訳注」（注(15)）四〇頁。

(26) 開元令の配列復原方法の詳細については、第一編第一章「天聖令研究の現状」を参照。

(27) 堀敏一『均田制の研究』（岩波書店、一九七五年）、吉田孝「墾田永年私財法の基礎的研究」（『律令国家と古代の社会』注(12)）。

(28) 具体的な実証は、第二編第一章・第二章を参照。

(29) 虎尾俊哉「大宝令に於ける班田収授法関連条文の検討」（『班田収授法の研究』注(6)）。

(30) 明石一紀「班田基準についての一考察」（『古代天皇制と社会構造』注(8)）、同「田令口分条の「不給」規定―六歳受田制説再批判―」（『日本歴史』四一五、一九八二年）。

(31) 第二編第三章「大宝田令荒廃条の復原」を参照。

(32) 中田薫「日本荘園の系統」（『法制史論集二』岩波書店、一九三八年、初出一九〇六年）、吉田孝「墾田永年私財法の基礎的研究」（『律令国家と古代の社会』注(12)）。

(33) 弥永貞三「律令制的土地所有」（『日本古代社会経済史研究』岩波書店、一九八〇年、初出一九六二年）、吉村武彦『日本古代の社会と国家』（注(10)）、坂上康俊「律令国家の法と社会」（歴史学研究会他編『日本史講座2　律令国家の展開』東京大学出版会、二〇〇四年）。

(34) 虎尾俊哉「律令時代の墾田法に関する二―三の問題」（『日本古代土地法史論』吉川弘文館、一九八一年、初出一九五八年）、同「律令法の一側面」（『古代東北と律令法』吉川弘文館、一九九五年、初出一九八二年）。

(35) 養老令に◎・○が付いているのは、大宝令として復原できる部分である。復原の表記法は第一編第二章「日唐田令の比較と大宝令」を参照。

(36) 吉村武彦「律令制的班田制の歴史的前提について」（『古代史論叢　中』注(11)）、吉村武彦『日本古代の社会と国家』（注(10)）。近年の研究として、北村安裕「古代におけるハタケ所有の特質―「園地」を中心に―」（『ヒストリア』二二一、二〇一〇年）がある。

(37)「薗（園）」の用例は多く確認でき、大宝令以前にも「薗職」「薗司」などが確認できる。詳細は北村安裕「古代におけるハタケ所有の特質」（注(36)）を参照。
(38)渡辺晃宏「律令国家の稲穀蓄積の成立と展開」（笹山晴生先生還暦記念会編『日本律令制論集　下』吉川弘文館、一九九三年）、川原秀夫「古代稲穀収取制成立史論」（『栃木史学』八、一九九四年）、三上喜孝「古代の出挙に関する二、三の考察」（笹山晴生編『日本律令制の構造』吉川弘文館、二〇〇三年）、同「出挙・農業経営と地域社会」（『歴史学研究』七八一、二〇〇三年）など。なお、稲の収取についての研究史は、小口雅史「日本古代における「イネ」の収取について―田租・出挙・賃租論ノート―」（黛弘道編『古代王権と祭儀』吉川弘文館、一九九〇年）を参照。
(39)渡辺晃宏「律令国家の稲穀蓄積の成立と展開」（『日本律令制論集　下』注(38)）。
(40)青木和夫「古代の交通」（『日本律令国家論攷』岩波書店、一九九二年、初出一九七〇年）。
(41)内田銀蔵「我国中古の班田収授法」（『日本経済史の研究　上』同文館、一九二一年）。
(42)吉田孝「墾田永年私財法の基礎的研究」（『律令国家と古代の社会』注(12)）。
(43)関和彦「律令班田制に関する一考察―漁民支配を通して―」（原始古代社会研究会編『原始古代社会研究3』校倉書房、一九七七年）。
(44)吉村武彦「改新詔・律令制支配と「公地公民制」」（亀田隆之先生還暦記念会編『律令制社会の成立と展開』吉川弘文館、一九八九年）。
(45)奈良文化財研究所編『平城京長屋王邸跡』（吉川弘文館、一九九六年）。
(46)近年、三谷芳幸「田令公田条・賜田条をめぐって」（『日本歴史』七二六、二〇〇八年）は、日本令で新たに作成された公田条・賜田条は、日本律令田制の特質によってその存在を要求された条文であり、熟田の班給体制を支え、班田収授の円滑な運営を可能にするために公田条が、人格的給田の比重の高さにより賜田条が規定されたとする。両条の作成が日本独自の制度と関わっているという指摘は、第一編第二章「日唐田令の比較と大宝令」における検討からも首肯されるが、その内容についてはさらなる検討が求められる。
(47)公田賃租については、吉村武彦「賃租制の構造」（『日本古代の社会と国家』注(10)、初出一九七八年）を参照。
(48)梅田康夫「班田収授制の成立」（『法学』四八―六、一九八五年）。

(49) 園宅地から園地・宅地への分離については、吉村武彦「律令制的班田制の歴史的前提について」(『古代史論叢 中』注(11))を参照。また近年の研究として、北村安裕「古代におけるハタケ所有の特質」(注(36))がある。
(50) 渡辺晃宏「公廨の成立―その財源と機能―」(笹山晴生編『日本律令制の構造』吉川弘文館、二〇〇三年)。
(51) 坂本太郎「郡司の非律令的性質」(『坂本太郎著作集七律令制度』吉川弘文館、一九八九年、初出一九二九年)。
(52) 磐下徹「郡司職分田試論」(『日本歴史』七二八、二〇〇九年)。
(53) 大津透「唐日律令地方財政管見」(『日唐律令制の財政構造』岩波書店、二〇〇六年、初出一九九三年)は、唐の駅封田は駅馬の飼料栽培を第一の目的とするのに対し、駅起田は駅起稲の財源ないし駅運営全体の料田という性格が強いとする。
(54) 池田温『中国古代籍帳研究―概説・録文―』(東京大学出版会、一九七九年)。
(55) 池田温『中国古代籍帳研究』(注(54))。
(56) 日本令でも同様に、戸令には田地に関する規定が存在した形跡はない。
(57) 杉本一樹「絵図と文書」(平川南編『文字と古代日本2 文字による交流』吉川弘文館、二〇〇五年)。
(58) 西海道戸籍は大宝令によると考えられることは、鎌田元一「大宝二年西海道戸籍と班田」(『律令公民制の研究』注(7))を参照。
(59) 西嶋定生「吐魯番出土文書より見たる均田制の施行状態―給田文書・退田文書を中心として―」(『中国経済史研究』東京大学出版会、一九六六年、初出一九五九・六〇年)。
(60) 『続日本紀』天平元年三月癸丑条。
(61) 実例から戸籍が六年一造であったことは確実である。大宝戸令にも同様の規定があったと想定できるが、古記逸文は見あたらない。
(62) 班田収授において、国に機能が集中していることは、大町健「律令制的国郡制とその成立」(『日本古代の国家と在地首長制』校倉書房、一九八六年)によって指摘されている。
(63) 虎尾俊哉「浄御原令に於ける班田収授法の推定」(『班田収授法の研究』注(6)、初出一九五四年)。
(64) 吉田孝「律令制と庄」(網野善彦他編『講座日本荘園史2 荘園の成立と領有』吉川弘文館、一九九一年)では、大伴氏の田庄の田が一族の位田・功田・賜田・口分田などに振り向けられたと推測している。それに対して、森公章「家政運営の諸相」(『長屋王家木簡の基礎的研究』吉川弘文館、二〇〇〇年)では、長屋王の御田の田数が多いことから、それが位田・職田などの可能性は薄く、高市皇子との関係を考えるべきとするが、高市皇子の御田が位田・職田・賜田などとして追認された可能性は残るのではないだろうか。寺崎保広「長屋王家の生活」（『人物叢書長屋王』吉川弘文館、一九九九年）では、御田には位田として支給されたものも含むとしている。

(65)　『日本書紀』大化二年正月甲子朔条。

(66)　『日本書紀』白雉三年条。

(67)　田令23班田条。同条古記からは大宝令文が復原できないが、第二編第一章「大宝田令班田関連条文の復原」によれば、同様の条文が存在したはずであるので、当該部分も存在した可能性が高いだろう。

(68)　『日本書紀』白雉三年是月条。

(69)　戸令19造戸籍条。

(70)　東国国司詔の研究史については、山尾幸久「郡県化による公民化の考察—東国国司詔を中心に—」（『「大化改新」の史料批判』塙書房、二〇〇六年）を参照。

(71)　『日本書紀』大化元年八月庚子条。

(72)　『日本書紀』大化元年八月庚子条。倭国六県への遣使の記事で「造二戸籍一并校二田畝一」の分注に「謂検二覈墾田頃畝及民戸口年紀一」とある。ただし『後漢書』光武帝紀建武十四年六月条が「詔下二州郡一検二覈墾田頃畝及戸口年紀一」とほぼ同文であるので、漢籍による修飾である可能性もある。その場合でも、面積のみが対象ということは動かないであろう。『後漢書』は中華書局標点本を使用した。

(73)　『日本書紀』大化二年八月癸酉条。

(74)　吉村武彦「律令制的班田制の歴史的前提について」（『古代史論叢　中』注(11)）。

(75)　『令集解』田令1田長条古記。令前租法が浄御原令に存在した可能性が高いことについては、金沢悦男「田積田租法の変遷について—学説史の検討から—」（『法政考古学』二〇、一九九三年）を参照。厳密には「令前」は大宝令以前であって、どの段階に成立したかの判断は保留すべきであろう。

(76)　吉村武彦「律令制的班田制の歴史的前提について」（『古代史論叢　中』注(11)）によれば、国造制段階においては、国造が給田を含む田地編成の権限を有していたとし、班田類似慣行の存在を認める。補註1によれば、氏は国造制段階と律令制段階との班田制には差異が存在し、評制施行期以後に制度の変質があるととらえているようであるが、耕地の割り当てに対する在地首長の権限はその後も継続したと考えてよいのではないだろうか。筆者の認識は吉村説に近いが、その画期を大宝令成立時とする点が異なる。

(77) 山中敏史『古代地方官衙遺跡の研究』(塙書房、一九九四年)、同「評制の成立過程と領域区分—評衙の構造と評支配域に関する試論—」(岸和田市他編『考古学の学際的研究—浜田青陵賞受賞者記念論文集Ⅰ—』昭和堂、二〇〇一年)。

(78) 大橋泰夫「国府成立の一考察」(大金宣亮氏追悼論文集刊行会編『古代東国の考古学』慶友社、二〇〇五年)、同「国郡制と地方官衙の成立—国府成立を中心に—」(『古代地方行政単位の成立と在地社会』奈良文化財研究所、二〇〇九年)、同「古代国府の成立をめぐる研究」(『古代文化』六三—三、二〇一一年)。なお、『古代文化』六三—三・四、二〇一一・一二年には、「古代国府の成立をめぐって」(上・下)という特輯が組まれており、有益である。

(79) 弘福寺・観世音寺・西琳寺のものが確認されている。第三編第一章「日本古代の「水田」と陸田」を参照。

(80) 和銅二年弘福寺田記。第三編第一章「日本古代の「水田」と陸田」を参照。

(81)『類聚三代格』弘仁十一年十二月廿六日官符。

(82) 鎌田元一「律令制的土地制度と田籍・田図」(『律令公民制の研究』注(7)、初出一九九六年)は、田籍が戸主ごとの名寄せ形式の帳簿であり、田図より先行して律令制成立時から存在したとする。田籍様の帳簿が田図より先行するという点までは認めてよいが、田籍の初例は天平十四年であるので、律令制の当初からあったかは疑問である。

(83) 虎尾俊哉『班田収授法の研究』(注(6))など。

(84) 小林宏「前近代法典編纂試論」(『日本における立法と法解釈の史的研究三　近代』汲古書院、二〇〇九年、初出二〇〇三年)。

(85) 黛弘道「国司制の成立」(『律令国家成立史の研究』吉川弘文館、一九八二年)。

(86) 武井紀子「日本古代倉庫制度の構造とその特質」(『史学雑誌』一一八—一〇)。

(87)『続日本紀』大宝元年四月戊午条。

(88)『続日本紀』大宝元年六月己酉条。

(89)『続日本紀』大宝二年二月丙辰条。

(90)『続日本紀』大宝二年二月乙丑条。

(91) 税司の性格については、平石充「税司に関する一考察」(林陸朗他編『日本古代の国家と祭儀』雄山閣、一九九六年)を参照。

(92)『続日本紀』慶雲三年九月丙辰条。

(93) 実際の量はほとんど同一である。大宝令以前が代制であることは、金沢悦男「田積田租法の変遷について―学説史の検討から―」（注(75)）を参照。

(94)『令集解』田令1田長条古記において計算されている。

(95)『日本書紀』白雉三年条。段・町の面積単位は大宝令以前に使用された形跡がないため、後代の史料による修飾であろう。形式から原格と考えられる『令集解』田令1田長条古記所引の慶雲三年九月十日格には、「令前租法。熟田百代、租稲三束（注略）、一町租稲一十五束」とあり段の記載がない。『日本書紀』の「段租稲一束半」は「一町租稲一十五束」より計算して導きだした表記ではないだろうか。

(96) 市大樹「西河原遺跡群の性格と木簡」（『飛鳥藤原木簡の研究』塙書房、二〇一〇年）によれば、七世紀後葉～八世紀前半の木簡とされる。

(97)『万葉集』巻八―一五九二に「五百代小田」とあり、山垣遺跡5号木簡にも「五百代」とある（加古千恵子他「釈文の訂正と追加（一）兵庫・山垣遺跡（第六号）」『木簡研究』二〇、一九九八年）。

(98) 石上英一「日本古代における所有の問題」（『律令国家と社会構造』注(18)、初出一九八八年）では、財政のための収取のあり方は直接に生産関係の内実を示さないとしており、吉川真司「税の貢進」（山中章編『文字と古代日本3　流通と文字』吉川弘文館、二〇〇五年）がいうように、荷札木簡にも法的擬制がなされている可能性が高い。田租も令文のとおりに徴収されていた確証はないように思う。伊場遺跡41号木簡では「□《〔マカ〕》広万呂田租二石□《〔一カ〕》斗」という一人分としては過大な数量が記されている（浜松市生涯学習課編『伊場遺跡総括編（文字資料・時代別総括）』浜松市教育委員会、二〇〇八年）。

(99)『続日本紀』和銅四年十二月丙午条。

(100)『続日本紀』和銅五年五月甲申条。

(101)『続日本紀』和銅六年四月己酉条。田記については、第三編第一章「日本古代の「水田」と陸田」を参照。

(102)『続日本紀』和銅六年十月戊戌条。

(103)『類聚三代格』霊亀三年五月十一日勅。『令集解』賦役令9水旱条私、霊亀三年五月十一日勅。

(104)『続日本紀』養老元年五月辛酉条。

(105) 青苗簿と租帳の関係については、佐藤泰弘「青苗簿についての基礎的考察」（栄原永遠男他編『律令国家史論集』塙書房、二〇一〇年）で論じられている。ただし、郡青苗簿の他に郷青苗簿があり、そこに坪付が記載されていたという想定は、鎌田元一「律令制的土地制度と田籍・田図」（『律令公民制の研究』注(82)）の大宝令で田籍が成立したとする未証明の説に依拠しているため、認められない。
(106) 『令集解』賦役令9水旱条古記。
(107) 『続日本紀』養老三年九月丁丑条。
(108) 『続日本紀』養老六年閏四月乙丑条。
(109) 『続日本紀』養老七年四月辛亥条。
(110) 百万町歩開墾計画については、第三編第一章「日本古代の「水田」と陸田」を参照。三世一身法が未墾地開墾政策であることは、羽田稔「三世一身法について―奈良朝の墾田策―」（『ヒストリア』三〇、一九六一年）を参照。
(111) 簿は田令23班田条に規定され、「田文」は同条集解などに記されている。
(112) 山中敏史『古代地方官衙遺跡の研究』（注(77)）。
(113) 『続日本紀』天平元年三月癸丑条。
(114) 『続日本紀』天平元年十一月癸巳条。
(115) 第三編第一章「日本古代の「水田」と陸田」を参照。
(116) 天平元年班田の前提として田図を考える視点は、山本（松田）行彦「国家的土地支配の特質と展開」（『歴史学研究』五七三、一九八七年）において指摘されている。
(117) 三河雅弘「班田図と古代荘園図の役割―8世紀中頃の古代国家による土地把握との関わりを中心に―」（『歴史地理学』二四八、二〇一〇年）を参照。
(118) 田品が記載されていた可能性もある。
(119) 厳密にいえば班田図を原図として作成された図であり、山城国葛野郡班田図・西大寺大和国添下郡京北班田図がある。概要は東京大学史料編纂所編『日本荘園絵図聚影　釈文編一　古代』（東京大学出版会、二〇〇七年）を参照。
(120) 天平神護二年十二月五日伊賀国司解案（『大日本古文書　東南院文書二』三―一二）、天平神護三年二月二十八日民部省牒案（『大

日本古文書　東南院文書二』三―三五)。

(121)『類聚三代格』弘仁十一年十二月廿六日官符によれば、天平十四年(七四二)・天平勝宝七歳(七五五)・宝亀四年(七七三)・延暦五年(七八六)の「図籍」が四証図である。四証図については、岸俊男「班田図と条里制」(『日本古代籍帳の研究』塙書房、一九七三年、初出一九五九年)を参照。

(122)田図・田籍・田文等の分析には、弥永貞三「班田手続と校班田図」(『日本古代の政治と史料』高科書店、一九八八年、初出一九七九年)、伊佐治康成「古代田籍に関する初歩的考察」(『続日本紀研究』二九六、一九九五年)、鎌田元一「律令制的土地制度と田籍・田図」(『律令公民制の研究』注(82))などがある。

(123)鐘江宏之「公式令における「案」の保管について」(池田温編『日中律令制の諸相』東方書店、二〇〇二年)は、日本令の「田案」は、令文を実態にあてはめて解釈していくためのものと推定している。

(124)翻刻は、鎌田元一「律令制的土地制度と田籍・田図」(『律令公民制の研究』注(82))による。本史料は「弘福寺田数帳」(『大日本古文書(編年文書)二』)とされてきたが、継目裏書により、「山背国久世郡天平十四年寺田籍」であることが明らかになった。なお、本文書は、『東寺文書とそのかたちを読む―東寺古文書入門―』(東寺宝物館、二〇〇二年)に写真が掲載されている。その他鹿の子遺跡f区南端の第二五号住居跡から「天平十四年田籍」と記された漆紙文書が出土している。平川南「検田関係文書―鹿の子遺跡f区調査第一号文書―」(『漆紙文書の研究』吉川弘文館、一九八九年、初出一九八七年)を参照。ただし「天平十四年田籍」の「籍」字は口絵写真32による限り不鮮明である。

(125)田籍の成立を早期に認める鎌田元一「律令制的土地制度と田籍・田図」(『律令公民制の研究』注(82))の説は疑問である。

(126)朱雷「唐宋二代の田籍と田図―敦煌出土「万子・胡子不動産図」考―」(金田章裕他編『日本古代荘園図』東京大学出版会、一九九六年)によれば、中国において、唐代以前に田図に類するものはみられないとする。

(127)『続日本紀』天平十五年五月乙丑条など。

(128)『続日本紀』天平勝宝元年七月乙巳条。

(129)金田章裕『条里と村落の歴史地理学研究』(大明堂、一九八五年)。

(130)三谷芳幸「律令国家と校班田」(注(5))、同「班符と租帳―平安中・後期の班田制について―」(義江彰夫編『古代中世の政治と権力』吉川弘文館、二〇〇六年)では、校班田における土地分配機能と土地認定機能が大宝令制定時から十世紀前葉まで併存しており、後者が維持されていくとしているが、大宝令成立期の土地認定を後代のものと同質ととらえてよいかは問題であろう。

(131) 吉田孝「墾田永年私財法の基礎的研究」(『律令国家と古代の社会』注(12))。

(132) 坂上康俊「律令国家の法と社会」(『日本史講座2 律令国家の展開』注(33))。

(133) 大隅清陽「大宝律令の歴史的位相」(『日唐律令比較研究の新段階』注(3))が、大宝令編纂の画期性について、東アジアにおける律令制成立史のなかでの位置づけをはかっている。

〔付記〕「日本古代田制の特質―天聖令を用いた再検討―」(『歴史学研究』八三三、歴史学研究会、二〇〇七年)を初出とする。三節「班田収授法の意義と大宝令の制定」を増補し、初出で省略した史料を補った。

終章　結論と展望

本書では、近年発見された天聖田令から大宝田令、とくに班田収授法を復原し、その成立と意義を論じた。最後に本書において到達した結論とその後の展望を述べてまとめとする。

序章「班田制研究の課題」では、研究史の整理から本書の目的と方法を提示した。班田制の研究史は、村山光一『研究史班田収授』によれば[1]、①班田制成立の時期・意図、②浄御原令における班田制の内容、③大宝田令の復原研究、④班田制崩壊期における実施状況の背景、⑤班田制と律令国家との構造的関連の究明、⑥班田農民の階級的性格の六つに整理される。本書では、班田制は成文法に基づいた制度であるから、法規定自体を分析し、立法の意図を知ることが最優先であるという問題意識により、①班田制成立の時期・意図（ⅰ大化改新研究との関連・ⅱ授田と賦課の不対応・ⅲ口分田の経済的価値）、②浄御原令における班田制の内容（ⅰ西海道戸籍・ⅱ田積法）、③大宝田令の復原研究（六年一班条）についての分析を意識して行った。これらの分析に際しては、新発見の天聖令を使用した大宝令の復原を中核としたため、「③大宝田令の復原研究」から、「①班田制成立の意図」を探るという方法をとることとなった。

その前提として、①条里制研究、②出土文字資料研究、③地方官衙研究の成果によると、国を拠点とした土地自体の管理・支配は八世紀中頃からしか確認できないことを考慮した。

第一編「天聖令研究の方法」では、本書における分析の中核となる天聖令について、研究史上の位置づけと班田制に関わる田令についての日唐比較を行った。

第一章「天聖令研究の現状」では、一九九九年の公表から現在に至る天聖令研究の現段階を整理した。その結果、確認できたのは、唐令復原研究については、①天聖令が依拠した唐令は開元二十五年令とする説が有力である、②唐令の編目は永徽令以後一貫して同一である可能性が高い、③唐令の条文配列は養老令に類似しているがまれに変更されることもある、④天聖令にはすべての条文に対応する唐令がある、という点である。

次に日本古代史研究への影響については、①唐日令は類似していたため継受関係が明確になった、②唐日令の微細な差異から日本令の特徴が検討されるようになった、③日本令において独自条文を作成するときは編目の末尾に付されることが多い（末尾条文群）、④日本令への継受率や独自条文の数には編目によって偏りがあり浄御原令との関係が想定される、⑤唐令の体系的継受は大宝令段階であり浄御原令は近江令からの連続性でとらえられるべきである、となる。

本書ととくに関連するのは、①天聖令から復原した開元二十五年令は永徽令と類似している、②唐令の体系的継受は大宝令段階である、という二点である。

第二章「日唐田令の比較と大宝令」では、第一章の検討をふまえて、宋令の割合が少なく最も正確な唐令が復原できる日唐田令の比較を実施した。その結果、①大宝令は、可能な限り唐令を踏襲し変更をする場合も条文構成を維持しようとしていること、②養老令における修正は大宝令において生じた矛盾の解消が大きく、その際唐令の極端な踏襲は弱まることが明らかになった。唐日令は従来の想定以上に類似しており、その起源は大宝令段階における永徽令の体系的継受に求められるという考え方が有力となってきている。

このような原則が明らかになったとして、次に、新たな大宝令の復原が可能となる。今までは、『令集解』古記などによって復原できる大宝令の字句と養老令文との類似・相違点を比較するしかなかった。しかし今後は、大宝令が基にしたと考えられる永徽令に近い唐令条文とも比較できることとなり、先の原則を基準としていけば、おのずと新しい復原案が提起できることとなる。

本編では、班田制研究の基礎となる天聖令とそれを用いた日唐令比較の方法について検討することができた。

次に、第二編「大宝田令の復原研究」では、第一編で判明した天聖令の特徴を基に大宝令の復原を実施する。

第一章「大宝田令班田関連条文の復原」では、田制研究史上で最も難解とされる田令六年一班条の大宝令復原を行った。その結果判明したのは、①養老令の田令六年一班条は、大宝令においては以身死応収田条と神田条の二条に分かれていて、「田六年一班」の字句は存在しなかった可能性が高い、②大宝令では、収授と班田が別条に規定されていたが、養老令では六年一班と班田の条文に作りかえられた、という二点である。

さらに、これらのことを行った理由として、①大宝令は唐令の条文配列を崩さずに班田の規定を盛り込むため、唐令にあった条文の意味づけ等の変更を行い、②養老令は、大宝令における矛盾の解決のため班田の基本となる六年一班規定を作り、大宝令の収授規定に基づく条文を修正した、ということを想定した。

日本の独自規定という考え方が強かった六年一班条においても、大宝令では唐令を踏襲した要素があり、大宝令の独自規定はそのなかに盛り込まれたのである。

第二章「田令口分条における受田資格」では、通説となっている大宝令における六歳受田制について田令口分条を中心として再検討した。

ここでの結論は、①唐令と養老令を比較すると養老令における「六年一班」と「五年以下不給」は呼応する形になっておりともに班年を基準にしているとしてよく、六歳受田制は想定できない、②①の前提から考えると、「五年以下不給」は大宝令に存在しなかった可能性が高い、③大宝令と養老令の規定の内容には実質的な差はあまりなかった、

④大宝令は唐令の収授規定をその用法とともに継受していた、⑤養老令は大宝令における矛盾を調整している、ということになる。

結局のところ大宝令における口分田の受田資格は、戸籍記載者に対して、六年に一度の班田で田をとりさずけ、最小限六年間の用益を認めるという単純なことになる。これを養老令では、複雑な条文を整えるとともに、すべての田を班年に収授する規定を改めた。

「六年一班」とともに「五年以下不給」が養老令において作られた表記であるとすれば、六年一班条および口分条がともに説明できるのではないかという点が眼目である。体系的な唐令を継受しながらそのなかに日本独自の条項を規定するのがかなりの困難を伴うものだったのではないかということも指摘した。

第三章「大宝田令荒廃条の復原」では、六年一班条と並んで難解とされてきた田令荒廃条の復原を行い、その意義について論じた。

ここで判明したことは下記のとおりである。①天聖令に基づき唐令からの継受関係を検討した結果、大宝田令荒廃条には、ⅰ「公私」の規定が存在すること、ⅱ「荒地」が存在し「空閑地」は存在しないこと、ⅲ「百姓墾」規定は存在しないこと、の三点の蓋然性が非常に高いことが明らかになった。②唐令では借佃のみの規定であった荒廃条に、大宝令では前半の借佃規定に加え後半に未墾地の開墾規定を盛り込んだため、前後半の区別が不明確になった。そこで、養老令において、「荒地」を「空閑地」に変更して「荒廃（田）」との違いについて明確化したという、継受関係を具体的に説明した。③大宝令の編纂時においては郡司と百姓の違いが明確でなく、文書による耕地管理が一般的ではなかったため、一般農民の開墾権を示す「百姓墾」は想定外であり、土地管理制度としての田制は大宝令施行後に展開したという見通しができる。

本編では、大宝田令の復原について、唐令・大宝令・養老令の関係を図式化して、それぞれの法意を検討するという新たな方法を提示した。天聖令を中心とした具体的な史料に基づき詳細な分析を行ったことが、従来とは異なる点である。序章で整理した「③大宝田令の復原研究」という課題には、ここで回答したことになる。

第三編「古代田制の特質」では、第一編で検討した天聖令の特徴、第二編で復原した大宝田令の新条文を前提として、日本古代の田制について論じた。

第一章「日本古代の「水田」と「陸田」」では、土地管理制度は大宝令施行後に進展したという第二編第三章の見通しについて、水田と陸田を合わせた田制という視点から論じた。

ここでの結論は以下の二点である。①従来の研究において等閑視されてきた雑穀栽培奨励策と陸田そのものの管理は区別して考えなければならず、前者の目的は水田稲作を行っている百姓の再生産維持のための飢饉対策である。②「陸田」は大宝律令成立時には「田」の範疇でとらえられており、「田」の特殊な形態を指すものであった。その特徴は、水田に近い景観をもち、開発方法も「田」開発の一環として水田と一体となって行われた。ところが、天平元年の大規模な班田に際し、土地管理の必要上から「陸田」を含まない「水田」が政策上取り入れられ、「田」は「水田」と「陸田」を包摂する概念をもつ用語となった。その目的は、従来の「田」概念には「陸田」などが含まれる可能性があり曖昧であったので、水稲耕作地のみの呼称として「水田」を独立させ、「陸田」「田地」などの表記とともに田図による厳密な土地管理を可能とすることであった。

従来畠作は稲作とは分離して論じられてきたが、そのなかの「陸田」は田制の一環であり、大宝律令成立以後における土地支配の深化を反映しているという点が眼目である。田制の史料だけではなかなか明らかにならないことが、陸田の検討によって明確になったといえよう。

第二章「班田収授法の成立とその意義」では、上記の研究を総合して、班田収授法の意義について述べた。まず日本史研究から天聖令を使用する方法論について、①唐令と大宝令の比較、②大宝令の復原方法、③唐令・大宝・養老令の法意研究という面から新たな問題提起をしてみた。

次に大宝田令からみた班田収授法の特質について、①唐令の体系的継受は大宝令段階であり、養老令はその修正である、②大宝田令は唐令を継受しながらも、制定時の実情に合わせて作成されている、③大宝班田収授法は唐令の収授法を簡略化および改変して作られている、④班田収授法には権限が弱い田地を国司の管理下に置くことによって国家が関与を深めていく意図がある、⑤大宝田令は稲の収取を媒介として土地を支配する段階に適応している、とした。さらに、班田制の成立・展開過程について、①浄御原令段階に班田が実施されたのは畿内のみで、全国的には一〇〇代三束の租を徴収する原初的な制度として始まり、②大宝田令の制定と穀による徴収の開始によって班田制は確立した、③天平元年を契機にして大宝令では想定していなかった田地の位置特定機能をもつ田図を使用した土地自体の管理・把握が始まった、④班田収授法は田図による一元的な土地管理が完成することによって制定時に意図された役割を終える、⑤以上のことから班田制は在地首長に依存した土地支配から国家的土地支配が成立するまでの過渡的段階の制度であると位置づけられる、という点を指摘した。

さらに、大宝令の制定について、①大宝田令は唐田令の体系的継受を行うなかで制定当時の現状における完成を期したものであり、②唐律令の継受とは、体系的な唐律令から体系的な大宝令を作成する作業で、継受の枠内で独自性は記されることとなり、③唐律令の体系的継受を唯一実施した大宝令制定の意義は大きい、ということを確認した。

要するに、班田収授法は、在地首長が支配していた田地を国司の管理下に置くことで国家的土地支配を実現するという目的で大宝令段階に制定され、田図による国家的土地支配が成立するまでの過渡的制度だったのである。

本編では、「①班田制成立の時期・意図」「ⅰ大化改新研究との関連」という課題に対して、班田制の確立時期は田租制が成立する大宝期であり、その意図は権限が弱い田地に対して国家が関与を深めていくものであるということ、「ⅱ授田と賦課の不対応」という課題に対して、大宝田令は稲の収取を媒介として土地を支配する段階に適応しているということを、一つの回答として示しえた。「②浄御原令における班田制の内容」については、班田が実施されたのは畿内のみであり、全国的には一〇〇代三束の租を徴収する令前租法を内容とした原初的な制度であったと位置づけた。

残された課題として、①の「ⅲ口分田の経済的価値」、②の「ⅰ西海道戸籍」「ⅱ田積法」があげられる。まず「口分田の経済的価値」については、当初の研究では、農民の耕地はすべて国家によって支給され法制史料にも残存したと考えられていたが、第三編第一章で述べたように多様な生業が判明した現状では収取に関わる一部分しか記されていないと考えるのが妥当であり、法制史料から考証することは非常に困難である。また②の浄御原令班田制の根拠とされた点についても、序章によれば、「西海道戸籍」については、大宝令制下とみるのが妥当であり、「田積法」については、大宝令以前は「代」制とみてよい。これらの点から法規定において大宝令と浄御原令には断絶があるが、第三編第二章によれば、八世紀初頭まで、実態としては一〇〇代三束の令前租法によって連続していたともとらえられる。

以上本書では、序章での目的どおり、天聖令を使用した新たな大宝令班田収授法の復原的研究を実施した。さらには天聖令を使用した日唐令比較のモデルケースとしての役割も果たすことができた。端的にいえば、天聖令によって新たに証明されてきた、最初の体系的法典が大宝令であったという事実によって、旧来の浄御原令画期説を改めたということになろう。

それでは、本書の結論からどのような展望が開けるだろうか。まずあげられるのは第一編第一章でも述べた律令研究の進展である。

第一には、田令以外の日唐令比較研究である。田令は天聖令のなかでも唐令の比率が高く、日唐令比較研究には最も条件がよい。これを基点として天聖令が残存するその他の編目に応用するのである。全編目に関する共通した要素と各編目の相異点が浮かび上がってくるだろう(2)。

第二に、大宝令復原研究である。第一の比較結果に大宝令の逸文を加えることによって、大宝令がいかに作成されたかが判明するはずである。共通性と相異点は大宝令にも存在するはずである。

第三に、全編目の日本律令研究である。天聖令との比較によって判明した特徴を、天聖令が残存していない編目に応用することによって新たな日本令、とくに国家成立時の大宝令が明らかとなり、立法者がもっていた新たな国家の構想が推定できる。

ついで上記の律令研究で明らかになった事実を基点として、その形成および展開過程を再検討することができる。つまり、国家成立期の大宝令を基点として、新たな古代史像を構築することが可能となるのである。

ただし上記のような律令研究には問題点もある。

第一に、律令は法制史料であるから、その規定が実態であるとは限らないことである。つねにどのように施行されたかの検証が必要となる。ただし、一次史料であっても文字化にあたって法的な意味合いを付されたものも多いため、実態を表すとは限らない点に注意が必要である。

第二に、律令が社会のどこまでを規制したかという点である。律令に規定された財政のための収取は首長が共同体成員から収取する論理を示さないとすれば(3)、それを説明するための何らかの仮説が必要とされる。在地首長制論をとらないとしても、荷札木簡における法的擬制の問題をどう説明するかなど、[4] 解決すべき問題は多い。

第三に、律令が実質的に機能していたのは、どの期間かということである。一般的には、律令格式が出そろう時期が対象とされるため、律令を中心とした研究は七世紀後半から平安初期で終わってしまう場合が多い。律令制の形成と展開で説明できない時期をどのようにつなぐべきか考える必要があるだろう。

第四に、日唐令比較の方法論についての疑念である。日本の国制が中国的なものにどれほど接近したかを論じるのは、[5] 国制史（もしくは比較法制史）という一つの部門史の認識であるとする評価がなされている。[6] 日唐律令の比較から明らかになることは大きいが、それを用いていかなる歴史像を構築するか、その方法論が問われることとなろう。

以下、近年明らかになった事実と本書の検討から想定できる列島支配の変遷を略述することによって、上記の諸問題への現状での回答としたい。

まず七世紀を中心とした宮都出土の荷札木簡について、市大樹・吉川真司両氏の見解をまとめると、[7] 第一に、行政機関の表記については、天智四年（六六五）から始まった「国・評・五十戸」が天武六年（六七七）から一般化し、天武十年（六八一）から持統元年（六八七）の過渡期を経て、持統二年から「国・評・里」となる。第二に、物品表記については、七世紀後半（確実には天武朝以後）には、未分化である「調（贄）」・「養」の荷札木簡が確認されている。第三に、貢納物は実際には共同労働で生産されており、貢進者の表記は評家での法的擬制がなされた可能性が高いということになる。[8]

また大津透氏によれば、日唐財政は地方官による請負を前提とした人頭税の存在が共通しており、唐では里正が日本では在地首長がそれぞれ請負の主体であることが異なるとし、人頭税である課役制の特質は、課口数がわかれば徴税額が決まるという大雑把な支配の方式であるとする。[9] また、石上英一氏によって財政のための収取のあり方は、直

接に生産関係の内実を示すものではないという点も強調されている。(10)

上記をまとめると、律令租税において個人に負担させ、貢納者個人を記載させるのは、法の形式の問題であって、生産・負担の実態とは一致しないということになる。換言すれば、現実には分業を伴う共同労働によって生産されたものが、ある個人名によって貢納されるような法的擬制を受けているという想定が最も妥当なものであろう。だとすれば、文字によって記されたのは、現実的に貢納を請け負っていた在地首長としての評司と中央（究極的には天皇）との関係であるといえ、文字表記は現実的な生産の場を記載していないことになる。

ついで地方出土の「出挙木簡」について、三上喜孝氏の成果を中心にまとめると、(11)クラを単位として後の郡域を越えた出挙（井上薬師堂遺跡2号木簡）や、「貸給」と表記され「五百代」という田積が記されたもの（山垣遺跡5号木簡）などが紹介されている。また西河原遺跡群木簡からは、(12)「椋人」（22号）や「貸稲」（24号）と記された木簡があり、とくに24号には斤数が使用されていることが注目され、伊場遺跡群木簡には、(13)「田租」（伊場遺跡41号）や「和銅八年」の年紀と「貸給」という表記が併存したもの（中村遺跡1号）などもある。

これらの木簡では、クラ（椋）を単位として個人を対象とした貸稲が中心となっているが、七世紀後半の特徴が八世紀初頭まで残存するようである。荷札木簡の表記が大宝令の施行を画期として一気に変化するのに比較すれば、(14)出挙木簡の変化は漸次的である。またこの時期に土地管理や班田手続きに関連するようなものはみられない。

以上を総合すると、列島支配に関わる出土文字資料の始まりは、中央への貢納品に付された荷札木簡であり、表記法にもかなりの厳密性がある。ついで現れるのが出挙木簡であり、表記には荷札ほどの厳密性はみられない。要するに第一に中央財政、第二に地方財政に関わるものが文字化されているということになろう。

このように考えられるならば、調（贄）・養と同じく共同労働によっていた稲のみが個人や戸を単位とした口分田によって負担を把握されていたと考えてよいだろうか。しかも出土文字資料によれば、クラを単位とした貸稲が中心であり、土地管理や班田手続きに関する出土文字はまったく確認されていないのである。一〇〇代三束または五〇〇代（一町）一五束という令前租法が存在したとすれば（第三編第二章）、これも在地首長が拠出するための基準であり、現実的な生産の場を規定していない可能性が高いのではないか。[15]

上記支配の拠点は「評家（評衙）」と考えてよいであろう。山中敏史氏によれば、七世紀第Ⅳ四半期に後の郡の遺構に連続し、官衙施設の構成も変わらない後期評家（評衙）が全国的に成立し、これが令制郡と同質の地方行政単位が全国的に成立していく画期であったという。[16]

このような状況のなかで大宝令は制定・施行された。大宝令は唐令の体系的継受を最初に行った体系的法典であることは本書で述べたが（第一編第一章）、その施行はどのように位置づけられるのであろうか。常識的に考えられるのは、発令と実施にずれがあるということである。たとえば文書の書式は大宝令の施行によって短期間のうちに大幅に変更される。在地においても出土文字資料からみれば、中央に貢納するものが最も厳密で、在地のものの変化は緩やかであるという差異がある。ところが国などの組織・建物や現実的な生産の場である田制などは簡単には変わらない。国については、定型的な国庁ができるのは八世紀前半から中頃にかけてであり、[17]その財源である官稲混合は天平六年（七三四）であり公廨稲設置は天平十七年（七四五）である。田制については、田図が天平期頃（第三編第二章）であり、条里地割と条里呼称法が成立するのは八世紀中頃とされる。[18]両者とも大宝令には規定が存在せず、施行後に整備されてきた制度である。田令の検討によれば、これらは大宝令制定時には想定できず、日本独自の工夫がなされたものと評価できる。ここからさかのぼって考えると、大宝令の施行時においては従来のしくみをそのまま追認したということになる。

以上を要するに、在地支配においては七世紀末から八世紀前半がひとまとまりの時期であり、八世紀中頃から新たな支配形態が生じてくる。発令から実施までの期間を考慮すると、前者が七世紀後半の単行法令を含んだ慣習法、後者が大宝律令およびその後の格の施行の影響によると位置づけられるだろう。ただし、浄御原令ですら中央官司にしか下賜されていないのに対して(19)、大宝令の施行記事は多く存在するように、大宝令以前が口頭伝達により、大宝令以後が文書施行によるという相異点があることにも注意が必要である(20)。

このような在地支配は、田図に基づいた国衙支配へと進展していく。大宝令とはかなり相違するとはいえ、その形成過程を考えると、大宝令の施行なしには存在しえなかった形態である。大宝令制定の意義は、短期的な実施の有無だけではなく、長期的な展開のなかで考えなければならない。

注

（1） 村山光一『研究史班田収授』（吉川弘文館、一九七八年）。
（2） 服部一隆「養老令と天聖令の概要比較」（『古代学研究所紀要』一五、二〇一一年）では、編目別の差異について検討している。
（3） 石上英一「日本古代における所有の問題」（『律令国家と社会構造』名著刊行会、一九九六年、初出一九八八年）。
（4） 吉川真司「税の貢進」（山中章編『文字と古代日本3　流通と文字』吉川弘文館、二〇〇五年）。
（5） 吉田孝「律令国家の諸段階」（『律令国家と古代の社会』岩波書店、一九八三年、初出一九八二年）。
（6） 吉川真司「律令体制の展開と列島社会」（上原真人他編『列島の古代史8　古代史の流れ』岩波書店、二〇〇六年）。
（7） 市大樹「飛鳥藤原地域の遺跡と木簡」「飛鳥藤原出土の評制下荷札木簡」（『飛鳥藤原木簡の研究』塙書房、二〇一〇年）、吉川真司「税の貢進」（『文字と古代日本3』注（4））。
（8） さらに近年、東村純子『考古学からみた古代日本の紡織』（六一書房、二〇一一年）によって、織物生産が共同労働で実施されていることが明らかになっている。
（9） 大津透「律令制的人民支配の特質」（『日唐律令制の財政構造』岩波書店、二〇〇六年）。

(10) 石上英一「日本古代における所有の問題」(『律令国家と社会構造』注(3))。
(11) 三上喜孝「古代の出挙に関する二、三の考察」(笹山晴生編『日本律令制の構造』吉川弘文館、二〇〇三年)、同「出挙・農業経営と地域社会」(『歴史学研究』七八一、二〇〇三年)、同「出挙の運用」(『文字と古代日本3』注(4))による。
(12) 市大樹「西河原遺跡群の性格と木簡」(『飛鳥藤原木簡の研究』注(7))。
(13) 浜松市生涯学習課編『伊場遺跡総括編(文字資料・時代別総括)』(浜松市教育委員会、二〇〇八年)。
(14) 岸俊男「木簡と大宝令」(『日本古代文物の研究』塙書房、一九八八年、初出一九八〇年)。
(15) 改新詔第四条における「田之調」もこのような性質のものとして考えられるであろう。ただし、今津勝紀「律令税制と班田制をめぐる覚書」(『日本古代の国家と村落』塙書房、一九九八年)は、このような考え方を認めていない。
(16) 山中敏史「評制の成立過程と領域区分」(岸和田市他編『考古学の学際的研究―浜田青陵賞受賞者記念論文集Ⅰ―』昭和堂、二〇〇一年)。なお、大橋泰夫「国郡制と地方官衙の成立―国府成立を中心に―」(『古代地方行政単位の成立と在地社会』奈良文化財研究所、二〇〇九年)がいう「初期国庁」は評家(郡家)に依存したものととらえるべきであろう。
(17) 山中敏史「国衙・郡衙の成立と変遷」(『古代地方官衙遺跡の研究』塙書房、一九九四年)。
(18) 金田章裕『条里と村落の歴史地理学研究』(大明堂、一九八五年)。
(19) 『日本書紀』持統三年六月庚戌条に「班二賜諸司令一部廿二巻一」とある。
(20) ただし文書施行とはいえ、口頭伝達と併用されたことは、川尻秋生「口頭と文書伝達―朝集使を事例として―」(平川南編『文字と古代日本2 文字による交流』吉川弘文館、二〇〇五年)を参照。

あとがき

本書は二〇一一年度、明治大学大学院文学研究科に提出した博士学位請求論文『班田収授法の復原的研究』（二〇一二年三月二五日取得）を改稿して刊行するものである。その概要は、現在失われている大宝令に規定されていた班田収授法を、中国において新たに発見された天聖令を使用して復原するという方法に基づいた日本古代史研究となる。また本書では天聖令から復原された唐令を日本令作成のための手本として取り扱っている。唐令継受の際に改変した部分には何らかの理由があるはずで、そこから日本令の法意を探ることは可能であろう。以下、各章および初出論文執筆の経緯を記す。なお、新稿以外も全面的に加筆・修正を行っているので、本書の記載が現在の見解と考えていただきたい。

序章　班田制研究の課題（新稿）　班田制に関する法制とその成立についての研究史である。研究者ごとに整理し、平易に記述することを試みた。日唐令の比較とその歴史的前提が重要であることと、班田収授制の前提に条里制があったという旧説がくずれ、七世紀後半から八世紀中頃までをどう説明するかが課題となったことを確認した。

第一編　天聖令研究の方法

第一章　天聖令研究の現状（原題「日本における天聖令研究の現状―日本古代史研究を中心に―」『古代学研究所紀要』一二、明治大学古代学研究所、二〇一〇年）「複眼的日本古代学研究の人材育成プログラム」の特別講義（二〇〇九年）に基づいている。論点を網羅した客観的記述を心がけ、若干の私見も交えている。体裁を整えるため文献目録の一部を注に組み込んだ。初出論文執筆後の天聖令全体に関わる研究は付記したが、個別編目とくに鈴木靖民・荒井秀規編『古代東アジアの道路と交通』（勉誠出版、二〇一一年）所収の厩牧令研究に触れることができなかった。なお、本書各章の初出論文には天聖令の概要説明を付しているが、本章と重複するので簡略化している。

第二章　日唐田令の比較と大宝令（同名で『文学研究論集』一八、明治大学大学院文学研究科、二〇〇三年）日本古代史の立場による、最初の天聖田令の専論である。戴建国氏の研究によって天聖令と開元二十五年令の関係を理解したところで、『駿台史学』に宋家鈺氏の新翻刻が掲載され、修補を手伝わせていただいたことが大きい。当時の通説では日唐田令は相当異なっていたとされており、天聖令と養老令が思った以上に類似していたのは驚きであった。約半分が史料という短文ではあるが、その後の展開を考えると、筆者にとっては重要な研究であった。

第二編　大宝田令の復原研究

第一章　大宝田令班田関連条文の復原（原題「大宝田令班田関連条文の再検討─天聖令を用いた大宝令復原試論─」『駿台史学』一二二、駿台史学会、二〇〇四年）史学会大会（二〇〇三年）での報告をまとめたものである。大宝田令に六年一班規定がないということが話題となったように思うが、筆者の真意は、天聖令を使用すれば、唐令から大宝令・養老令への継受関係が明らかになり、それぞれの法意が明確になるという点の方にあった。

第二章　田令口分条における受田資格（原題「田令口分条における「五年以下不給」の法意」吉村武彦編『律令制国家と古代社会』塙書房、二〇〇五年）吉村武彦先生の還暦記念論文集に執筆したものである。「五年以下不給」が大宝令になかったというのは、通説に反するため勇気が必要だったが、自らの史料解釈に従い、筋を通せたことには満足している。大宝令と養老令に実質的な違いがないというのは通説より簡明な解釈だと思う。

第三章　大宝田令荒廃条の復原（原題「天聖令を用いた大宝田令荒廃条の復原」『続日本紀研究』三六一、続日本紀研究会、二〇〇六年）　古代史サマーセミナー（山形・二〇〇四年）で報告したものである。大宝荒廃条の復原では最も簡明であると思う。史料に記されたことを説明しただけのような気もするが、意外と評判は良いようである。百姓墾規定の検討に当たっては、『令集解』写本研究の重要性を再認識した。

第三編　古代田制の特質

第一章　日本古代の「水田」と陸田（同名で『千葉史学』三一、千葉歴史学会、一九九八年）　修士論文の一部を千葉歴史学会大会（一九九七年）で報告したものである。初めての論文ということもあり不用意な部分をかなり書き直したが、土地支配の深化によって八世紀以後に陸田などのハタケが表記されるようになるという問題意識は一貫していると思う。

第二章　班田収授法の成立とその意義（原題「日本古代田制の特質―天聖令を用いた再検討―」『歴史学研究』八三三、歴史学研究会、二〇〇七年）　歴史学研究会大会古代史部会（二〇〇七年）で報告したものである。思いもよらなかった天聖令の全文公開（二〇〇六年）直後であり、第二編の諸研究の総括でもあった。当時の研究状況では天聖令の紹介に時間を割く必要があり、大宝令の成立を中心に取り扱ったため、本書収録に当たって、班田制の成立と展開について新たに執筆した。併せて、条里制以前に実施された班田制は国家的土地支配が完成するまでの過渡的制度であるという位置づけも考えてみた。

終章　結論と展望（新稿）　上記の結論から想定できる列島支配の変遷を略述し、在地支配においては単行法令の影響による七世紀末から八世紀前半の時期と、大宝律令施行による八世紀中頃からの時期に区分されることを論じた。

研究史を振り返ると、大化改新で条里制と班田収授法ができたという古典的学説は、条里制によって口分田が成立し班田収授が可能となるという「公地公民制」の論理で明確な説明が可能であった。ところが、律令制成立の画期としての大化改新に疑問が持たれ、条里制の成立は八世紀の中頃以降とされ、公地公民制も批判にさらされるようになったため、班田収授の対象である口分田がどのように成立したのか苦しい説明が続いていたように思う。筆者は上記の枠組みを破棄して、班田制は条里制以前の制度と位置づけた方がわかりやすいと考えた。近年社会経済史の研究は低調であるが、歴史学は全体史であるべきという信念の基に今後も継続していきたい。

以上の研究経緯を述べると、筆者はまず卒業論文・修士論文では古代の畠作に興味を持った。ところが土地制度の中核となる水田関係史料の検討を怠ったことと、マルクス経済学に対する理解不足のため、研究は悪戦苦闘の連続であった。陸田研究（三編一章）にはその頃の苦い思い出が詰まっている。ただ現在の自分があるのは、このころに史料講読の基礎をじっくり学べたためであるので、決して無駄な時期ではなかったと考えている。

筆者の転機となったのは、まず「古代史研究の現在―石母田正『日本の古代国家』発刊三〇年を契機として―」（歴史学研究会日本古代史部会、二〇〇三年）というシンポジウムである。その準備段階で『日本の古代国家』の理論出典を整理し、ようやく自分の歴史観が明確になった。ついで北宋天聖令の公表である。日本古代史の分野でこれだけの発見は滅多にないと思い、研究テーマに選ぶことを決断した。暗中模索のなか日唐田令の概要比較を行い（一編二章）、天聖令は大宝田令の復原に活用できるのではないかと考えて主要条文の復原を実施した（二編）。これらの総括を歴史学研究会大会で行うことができたが、討論で質疑が集中した班田制の成立過程について新たに書き加えた（三編二章）。博士論文の構成については、田制を長期的に検討するか、天聖令全体の検討を深めるか二種類の選択肢があったが、足下を固めることが肝要ということで後者を選択した。上記の構想で科学研究費を申請して、天聖令の研究史をまとめ（一編一章）、「養老令と天聖令の概要比較」（『古代学研究所紀要』一五、二〇一一年〈本書未所収〉）でも研究を継続している。序章・終章は博士論文のための新稿である。本書の特徴は、天聖令を使用した大宝令の復原と法意研究にあると思うが、読み直してみると難渋な部分もある。全体構想が固まらないうちに個別史料の検討を実施したことがその一因であるが、今後は論理明快な文章についても挑戦していきたい。

最後に謝辞をもって結びに替えたい。まず本書の基になった博士論文の主査であり、恩師でもある吉村武彦先生、副査の加藤友康先生・川尻秋生先生に御礼申し上げたい。三先生には千葉大学学部時代からご指導をいただいている。ついで大学院で所属した明治大学古代史ゼミおよび現在の職場である明治大学古代学研究所の皆さん、千葉歴史学会古代史部会・歴史学研究会日本古代史部会・古代史サマーセミナー参加者の皆さんにも貴重な御教示をいただいた。またアルバイトなどでお世話になった国立歴史民俗博物館の仁藤敦史先生をはじめとした諸先生方にも感謝したい。日本古代史ゼミの出身でない私がここまで来られたのは、数多くの方々のお陰である。

本書刊行の契機となったのは、日本歴史学会賞受賞（対象論文「娍子立后に対する藤原道長の論理」『日本歴史』六九五、二〇〇六年）であるが、テーマが異なるため本書には収録していない。筆者の勝手な都合をお許しいただいた吉川弘文館には謝意を表したい。また、本書の校正には志村佳名子氏にご協力いただいた。御礼申し上げる。

最後に、私をここまで育て、現在に至るまで温かく見守ってくれている両親に感謝したい。

本書は科学研究費補助金（若手研究B）「天聖令を使用した大宝令の復原研究」（課題番号二一七二〇二四〇）の成果の一部である。

二〇一二年三月

服部一隆

著者略歴

一九七〇年　長崎市生まれ
一九九三年　千葉大学文学部史学科卒
二〇〇六年　明治大学大学院文学研究科史学専攻博士後期課程退学
現在　明治大学文学部兼任講師・古代学研究所研究推進員　博士（史学）

〔主要論文〕
「娍子立后に対する藤原道長の論理」（『日本歴史』六九五、二〇〇六年）
「養老令と天聖令の概要比較」（『古代学研究所紀要』一五、二〇一一年）

班田収授法の復原的研究

二〇一二年（平成二十四）五月十日　第一刷発行

著　者　服《はっ》部《とり》一《かず》隆《たか》

発行者　前田求恭

発行所　株式会社　吉川弘文館
郵便番号一一三―〇〇三三
東京都文京区本郷七丁目二番八号
電話〇三―三八一三―九一五一（代）
振替口座〇〇一〇〇―五―二四四番
http://www.yoshikawa-k.co.jp/

印刷＝株式会社　三秀舎
製本＝株式会社　ブックアート
装幀＝山崎　登

ISBN978-4-642-02496-9

索　　引

1. 本索引は，I 事項，II 史料（日本），III 史料（中国），IV 人名に分類した．
2. I と IV は，本書で重要と思われる事項，人名を五十音順に配列した．
3. II は，日本史料を「法制史料」「六国史」「古文書・出土文字資料・典籍」に分類して配列した．「法制史料」のうち，「律令条文」「延喜式」は編目順に配列した．なお便宜のため，「律令条文」は田令を冒頭に配列している．上記以外は，各史料の中で年紀の古い順に配列した．
4. III は，中国史料を「天聖令（唐令・宋令）」「法制史料・その他」に分類して配列した．上記は主に編目順に配列している．

I 事　　項

あ 行

か 行

さ　行

た　行

な 行

は 行

ま・や・ら行

II 史 料(日本)

法制史料

六国史

古文書・出土文字資料・典籍

III　史　料(中国)

天聖令(唐令・宋令)

法制史料・その他

IV 人　　名

あ　行

か　行

さ　行

た　行

な　行

は　行

ま　行

や・ら・わ行